# 기초환경분석화학

김정배 · 박상원 저

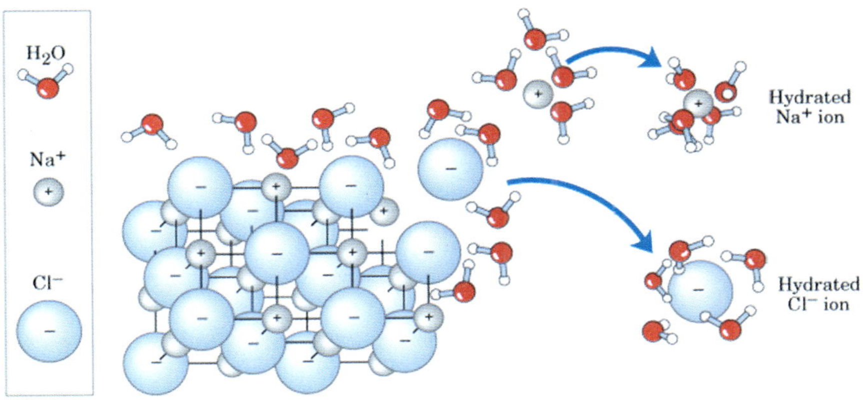


계명대학교출판부

# 학습지침

## 1. 학습목표

환경분석화학을 효율적으로 학습하기 위해서는 기초 학과목을 철저히 해 두어야 한다. 여기에서 말하는 기초 학과목이라 함은 화학과 생물 그리고 지학 등을 말한다.

환경분석화학은 환경과학을 학습하는데 꼭 필요한 화학의 일부분과, 환경에 노출되어 있는 각종 유해물질의 분리·분석을 위한 분석화학을 그 내용으로 하고 있다.

본 학과목의 학습목표는 환경을 전공하는 과정의 고급과정을 학습할 대 어려움이 없도록 기초를 확립하는데 있다.

모든 자연과학분야 학문의 특성은 기초가 없으면 다음 단계로 절대 넘어갈 수 없다는 것이다. 특히 본 교과목은 환경을 전공하는 과정의 기초과목으로 그 중요성은 매우 크다고 말할 수 있다.

따라서 이 학과목의 학습을 게을리 하면 상급학년에서 상당한 어려움이 뒤따르리라 예상된다. 그러므로 본 학과목을 처음부터 차근차근히 확실히 학습해 두기 바란다.

## 2. 학습방법

① 암기하는 것보다 이해하려고 노력한다.

② 이해를 근거로 해서 중요한 내용은 암기를 한다.

③ 계산문제는 눈으로 읽지만 말고 실제로 직접 풀어본다.

④ 그림이나 표를 이해하도록 노력한다.

⑤ 전공용어에 대한 개념과 그의 활용을 익숙해지도록 노력한다.

## 3. 학습계획

| 강의 횟수 | 강 의 주 제 | 주 요 내 용 |
|---|---|---|
| 1 | **제1장** 기초화학 | 물체의 형태, 원자설, 원자량, |
| 2 | | 분자량, 원자, 주기율, 화학결합 |
| 3 | **제2장** 기체의 성질 | 기체의 분자적 특성, 압력, 보일의 법칙 |
| 4 | | 아보가드로의 법칙, 기체의 상태방정식 |
| 5 | **제3장** 용액과 농도 | 용액, 용액의 농도 |
| 6 | | 용액의 총괄성, 콜로이드 용액 |
| 7 | **제4장** 용액의 평형 | 화학평형, 활동도, 산-염기의 정의 |
| 8 | | 수소이온 농도, 염의 종류와 가수분해 |
| 9 | **제5장** 산화-환원 | 산화와 환원, 전기화학전지 |
| 10 | | 금속의 표준전극전위, Nernst 식 |
| 11 | **제6장** 화학반응속도론 | 반응속도의 정의, 반응속도식 |
| 12 | | 온도변화에 따른 속도변화 |
| 13 | **제7장** 무게분석법 | 침전의 메카니즘, 침전의 조건 |
| 14 | | 무게분석에서의 계산 |
| 15 | **제8장** 부피분석법 | 표준용액, 부피분석의 종류 |
| 16 | | 부피분석에서의 계산 |
| 17 | **제9장** 탄소화학 | 사슬화합물, 고리화합물 |
| 18 | | 천연유기화합물, 합성유기화합물 |
| 19 | **제10장** 수질화학 | 물의 이용, 수질오염원 |
| 20 | | 수질오염원과 그 영향, 폐수처리 |
| 21 | **제11장** 환경오염공정시험법 | 총칙, 항목별 시험법(1) |
| 22 | | 항목별 시험법(2) |

# 머리말

환경이란 인간이 삶을 영위하고 있는 주위 즉, 자연계를 통칭한다. 따라서 환경의 소재는 자연계를 구성하고 있는 것으로서, 지금까지 무한하리라 생각하면서 절제 없이 남용했던 공기, 물, 햇빛, 자연경관 등이다. 일반적으로 열역학 법칙에 의하면, 자연계는 엔트로피(entropy)가 증가하는 방향 즉, 순도가 감소하는 쪽으로 변하는 반면, 자연은 자연을 자연답게 하는 자연 나름대로의 순환과정과 파괴에 대한 일정 한계의 치유능력 및 자정 작용력을 가지고 있기에 긴 세월이 지나면서도 어느 정도의 고유성을 보존할 수 있었다. 그러나 20세기에 이르러 급속한 과학기술의 진보와 인구의 증가, 도시화, 산업의 발전 등에 따른 소비의 증대는 자원을 대규모로 이용하게 되면서 수요와 공급의 평형은 일시에 무너져 버렸다. 이 과정에서 자연은 자체조절기능이 허물어져 환경을 구성하고 있는 요소는 오염되고 파괴되어 급기야는 생태계의 생존을 위협하고 있다.

환경의 오염과 그 피해에 대하여는 너무나 광범위해서 전부 체계화하기가 어렵지만, 일반적으로 볼 때 환경오염원들은 환경 소재 중에 과다하게 함유된 유해물질로서, 대개는 우리 인간들이 긴요하게 사용한 후 함부로 버린 것들이 주축을 이루고 있다. 환경분석화학(environmental analytical chemistry)이란 환경의 소재 즉 대기, 물, 토양을 구성하고 있는 물질들의 근원지, 반응, 이동, 영향, 소멸 등과 함께 발생하는 환경오염물질들을 분석하고 진단하여, 이러한 현상들에 대해 인간 활동이 어떻게 영향을 미치고 있는가를 연구하는 학문이다.

따라서 1장과 2장에서는 환경의 구성에 기본이 되는 물질을 대상으로, 이들의 조성, 성질, 구조 등 기본개념과 상호반응으로 인한 일반적인 화학현상, 기체의 성질에 대해 다루며, 3장과 4장에서는 용액의 농도 및 용액의 평형에 대해서 다루었고, 5장과 6장에서는 산화-환원 및 화학반응속도론에 대해 다루었다. 7장에서는 무게분석법에 대해 다루었고, 8장에서는 부피분석법에 대해 다루었다. 9장에서는 유기화학에 대해서, 10장에서는 수질오염의 경로, 피해 및 폐수처리에 대해서, 마지막 11장에서는 수질환경기사 자격증 취득을 준비 중인 학생들과 현장에서 폐수처리를 하고 있는 기사들을 위해 환경오염공정시험법해설(수질편)을 취급하였다.

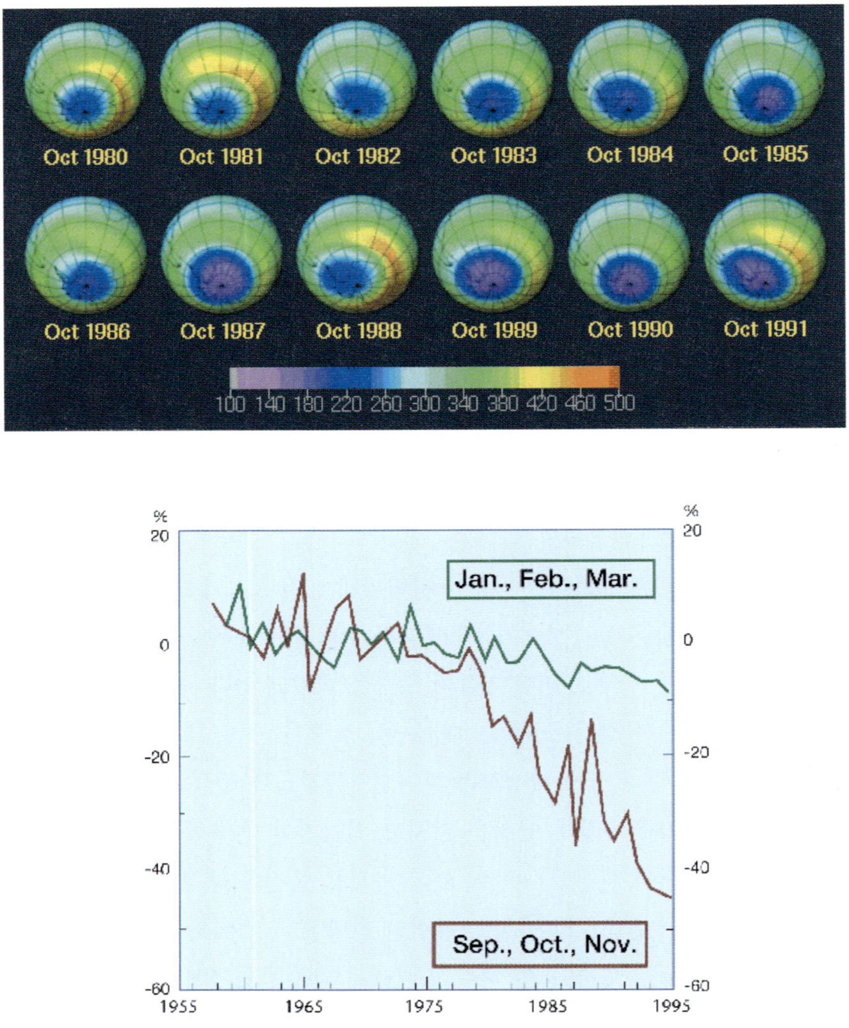


〈그림 1〉 남극대륙에서 관측한 10월의 연도별 오존밀도(위) 및 연도별 계절별 오존층의 오존 감소(아래).

# 목 차

Contents

## Chapter 1 : 기초화학



## Chapter 2 : 기체의 성질

Contents

Contents

Contents

## Chapter 10 : 수질화학



## Chapter 11 : 환경오염공정시험법 해설(수질분야)



## 부 록

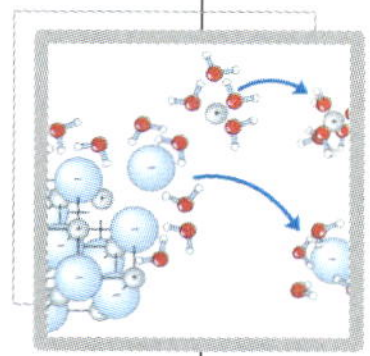

# Chapter 1 기초 화학

우주는 여러 가지 종류의 물체와 에너지로 구성되어 있다. 화학은 자연과학의 한 분야로서 물체의 조성, 성질 및 구조 그리고 이들 사이의 상호변화의 반응을 연구하는 학문이다. 우주의 규모가 방대하므로 존재하는 물체와 에너지도 너무 다양하다. 따라서 이들의 본질이 각각 다르고, 이들 상호작용에 의하여 이루어지는 화학과정 또한 헤아릴 수 없을 정도로 많기 때문에 화학이 차지하는 영역은 실로 광범위하다.

본 장에서는 물질을 대상으로 하여 구조와 성질, 상호반응, 화학용어 및 화학법칙 등 화학에 대한 기본개념을 취급함으로써 화학현상이 환경에 미치는 영향을 이해하고자 한다.

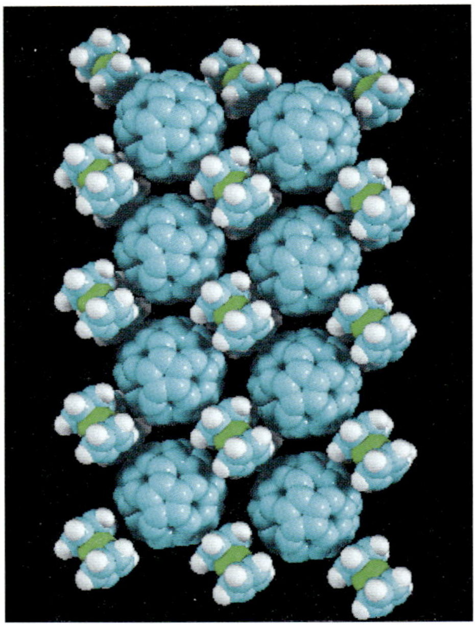

〈bis(ferrocene) $C_{60}$ fullerene〉

## 1 물체의 특성

물체(matter)란 질량(mass)을 갖고 공간을 차지하는 대상을 말하고 물체를 이루고 있는 재료(material)를 물질(substance)이라고 한다. 물질의 구성 단위체는 분자(molecule)이며 분자는 다시 원자(atom)로 구성되어 있다.

원소(element)는 가장 간단한 형태의 물체로서 한 종류의 원자로 구성되어 있기 때문에 더 이상 다른 화학성분으로 나눌 수 없다. 화합물(compound)이란 둘 또는 그 이상의 서로 다른 원소들이 화학적으로 결합하여 생성된 물질로서 구성 원소들의 성질과는 다른 새로운 자체 특성을 가진다. 예를 들면 순수한 물은 수소와 산소가 화학결합을 하여 생성된 화합물이다.

자연계의 대부분은 둘 이상의 순수물질이 균일하게 혼합된 식염수, 공기, 설탕용액 및 합금 같은 균일 혼합물(homogeneous mixture)과 콘크리트, 흙탕물, 소변 및 연무와 같이 조성이 균일하지 않은 불균일 혼합물(heterogeneous mixture)로 되어있다.

〈표 1.1〉 물질의 분류

| | | | |
|---|---|---|---|
| 물질 | 혼합물 | 불균일 혼합물 | 소변, 연무, 흙탕물 |
| | | 균일 혼합물 | 공기, 식염수, 합금 |
| | 순물질 | 단체 | 산소, 탄소, 황, 금, 알루미늄 |
| | | 화합물 | 물, 이산화탄소, 염화나트륨 |

* 순물질 ; 물리적 성질{녹는점(m.p = melting point), 끓는점(b.p = boiling point), 밀도, 용해도}이 일정함(물리적 방법에 의해 분리 안 됨)
혼합물 ; 혼합비에 따라 물리적 성질이 다름(물리적 방법으로 분리 가능)

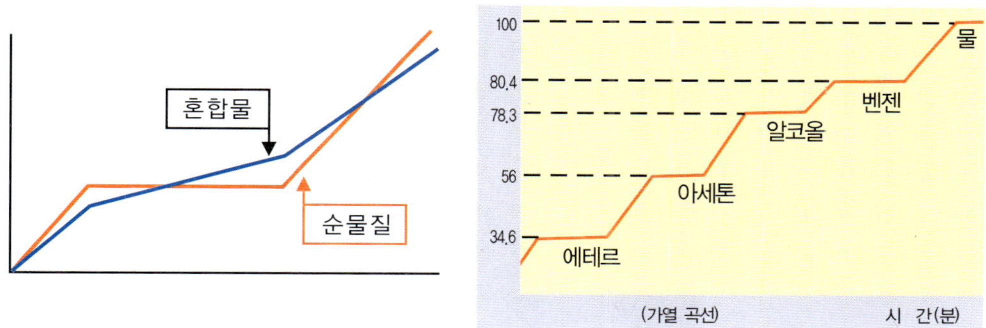


〈그림 1.1〉 혼합물과 순물질의 끓는점 곡선 및 액체 혼합물의 가열 곡선

## 1. 혼합물의 분리 방법

① 재결정 법 ; 고체의 액체에 대한 용해도의 차를 이용
(예) 질산염의 정제, 황산구리의 정제 등

② 추출 법 ; 둘 이상의 물질이 혼합되어 있을 때 특정 물질만 용해시킬 수 있는 용매를 사용

하여 추출함.

(예) 콩 속의 유지 → 에테르를 이용하여 녹여냄.

③ 승화 법 : 가열하여 승화성 고체만 얻어냄.

(예) 요오드 및 나프탈렌의 정제

④ 여과 법 : 액체 + 고체의 혼합물 → 여과지 이용, 고체만 분리

⑤ 증류 법 : 고체가 액체에 용해된 용액 → 가열 액체를 증발하여 다시 냉각 하여 순수한 액체를 얻는 방법.

(예) 증류수 제조법

⑥ 분별 증류 법 ; 액체에 액체가 혼합된 용액 끓는점의 차를 이용하여 분리함

(예) 원유의 정유

⑦ 분액 깔데기 법 ; 섞이지 않는 액체의 분리

(예) 기름과 물의 혼합물 분리

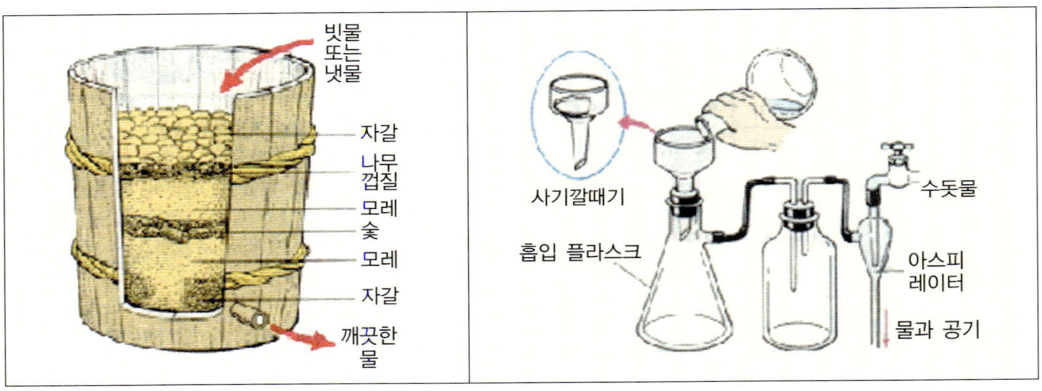


〈그림 1.2〉 거름법(재래식 정수)과 흡입여과장치

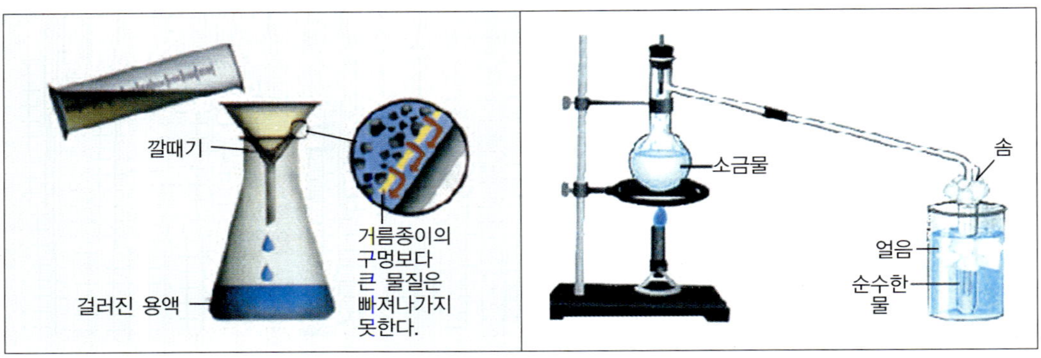


〈그림 1.3〉 여과법과 증류법

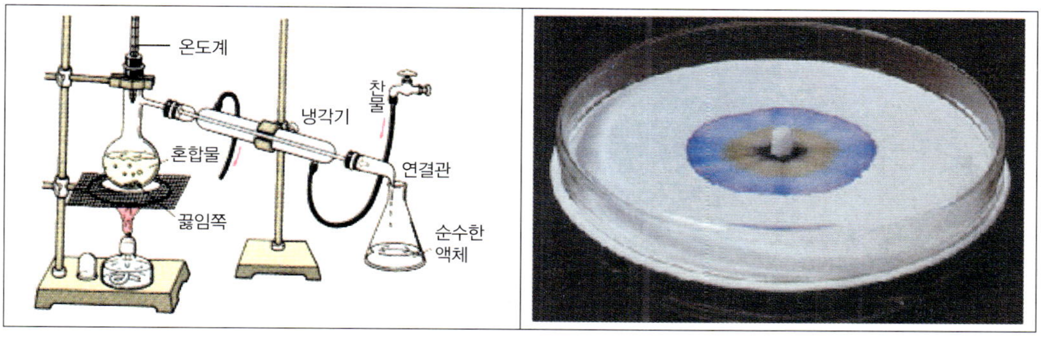


〈그림 1.4〉 분별 증류장치와 크래마토그러피법

〈그림 1.5〉 분액깔데기법과 철가루와 황가루의 분리

## 2. 물질의 변화

물이 얼음이 되거나, 수증기로 변화하는 것, 그리고 고체 드라이아이스(dry ice)가 이산화탄소($CO_2$) 가스로 변화하는 것은 상태가 변화하는 것 일뿐 물($H_2O$)과 이산화탄소라는 물질은 전혀 변화하지 않았다는 것을 알 수 있다. 이와 같이 상태만 바뀌는 변화를 물리적 변화(physical exchange)라 한다.

그러나 철이 녹슬었다는 것은 철이라는 물질이 변화하여 산화철($Fe_2O_3$)이라는 전혀 다른 물질이 되었다고 할 수 있다. 이와 같이 물질자체가 변화하는 것을 화학적 변화(chemical exchange)라 한다.

## 2 원자설

1772년 Lavoisier는 "화학반응에서 반응물질의 총합은 반응 후 생성된 물질의 총합과 같다"고 제안하였다. 이것을 **질량보존의 법칙** 혹은 질량불변의 법칙이라 하고 그 이후에 독일의 Landolt에 의해 실험으로 확인 되었다.

1799년 Proust는 "모든 순수한 화합물을 구성하고 있는 성분원소들의 질량비는 항상 일정하다"고 발표하였다.

이것을 **일정성분비의 법칙**이라 하고 1817년에 스웨덴의 Berzelius에 의해 실험으로 확인되었다. 예를 들면 순수한 물은 수소원자 2개와 산소원자 1개로 구성되어 있으므로 수소와 산소 무게의 비는 물의 근원에 관계없이 2:16 즉 1:8이 된다.

(예) $H_2O$ 의 H : O의 질량 비 → 2 : 16 = 1 : 8
$CO_2$의 C : O 의 질량비 → 12 : 32 = 3 : 8

(예제) $CO_2$의 질량비는 C : O = 3 : 8이다. C 15g과 반응하는 산소의 질량은?
3 : 8 = 15 : x ∴ x =40

(문) 수소 + 산소 → 물을 생성할 때 수소 1g 과 산소 10g을 반응시켰을 때 어떤 물질이 몇 g 남는가?
(해) H : O = 1 : 8 ∴ 산소 = 2g 남는다.

1803년 Dalton은 질량보존의 법칙과 일정성분비의 법칙에 바탕을 두고 다음과 같은 **원자설**을 제창하였다.

① 모든 원소들은 원자라고 하는 더 쪼갤 수 없는 작은 입자로 이루어져 있다.
② 한 원소의 원자는 다른 원소의 원자로 쪼개거나 변화시킬 수 없다. ⇒
(변경 : 핵분열 반응후 다른 원소로 변환 됨)
③ 한 원소의 원자들은 똑같은 물리적·화학적 성질을 가지며 질량, 크기 및 그 외 성질들이 같다. ⇒ (변경 : 동위원소의 발견)
④ 한 원소의 원자들은 다른 원소의 원자들과는 서로 다른 성질을 가진다.

⑤ 새로운 원자가 창조되거나 소멸될 수 없다.

오늘날에는 분자(molecule)라는 말을 사용하여 원자와 달리 표현하지만 그 당시 Dalton은 원소나 화합물에서 모두 원자(atom)라는 용어를 사용하였다. 또한 Dalton은 자기의 원자설에 기초를 두고 배수비례의 법칙을 가정하였다. 이것은 화합물의 조성과 관계되는 법칙으로 "두 원소가 화합하여 둘 이상의 화합물을 만들 때 한 원소와 결합하는 다른 원소와의 질량 사이에는 간단한 정수비가 성립된다"고 제안하였다.

예를 들면 수소와 산소는 두 화합물 즉, 물($H_2O$)과 과산화수소($H_2O_2$)를 생성한다. 물은 수소 1g에 대하여 산소 8g을 포함하고, 과산화수소는 수소 1g에 대하여 산소 16g을 포함한다. 따라서 두 화합물에서 수소 1g에 대한 산소의 질량비는 8:16, 즉 1:2가 된다.

## 3 원자량과 분자량

1814년 스웨덴의 화학자 Belzelius는 각 원소들의 기호를 그것의 라틴어명 첫 대문자로 표기하되, 두개 이상의 원소가 똑같은 대문자로 시작될 경우는 그 다음의 소문자까지 사용하여 표기할 것을 주장하였다. 예를 들면 탄소는 C(carbon), 염소는 Cl(chlorine), 질소는 N(nitrogen)으로 표기한다. 원소기호의 탄생은 화학방정식(예, $C + O_2 \rightarrow CO_2$)을 만드는데 결정적인 역할을 하였다.

어떤 원소의 원자량(atomic weight)이란 탄소의 동위원소인 $^{12}_{6}C$의 질량 12.00 amu을 기준하여 12.00 amu 중에 포함되어 있는 $^{12}_{6}C$의 수와 같은 수의 상대적인 어떤 원소의 질량을 말하고, 단위는 원자질량 단위인 amu(atomic mass unit)로 표현하였다. 즉 탄소원자 1개의 질량을 12.0으로 정하고, 이것을 기준으로 다른 원자의 질량은 상대적인 값으로 정하였다.

분자량(molecular weight)이란 $^{12}_{6}C$의 원자량이 12.00 amu일 때 분자의 상대적인 질량을 말하고 이것은 분자식에 포함된 각 원자들의 원자량을 합하여 얻는다.

예를 들면 $CCl_4$의 분자량은 C의 원자량(12.00 amu)에 4개의 Cl원자량(4 × 35.45 amu)을 합한 153.80 이다. 따라서 원자량과 분자량은 단위가 없다.

## 4 화학식과 화학식량

### 1. 화학식

#### (1) 화학식의 종류

① 실험식

* 화합물에 포함된 원소의 종류와 원자의 수를 가장 간단한 정수 비로 표시한 식

(예1) 아세트산($CH_3COOH$, 분자식 = $C_2H_4O_2$)

원자수의 비 → C : H : O = 1 : 2 : 1

∴ 실험식 = $CH_2O$

(예2) 벤젠($C_6H_6$) 과 아세틸렌($C_2H_2$)의 원자수의 비 → C : H = 1 : 1

∴ 실험식 = CH

* 이온 결합성 물질 ; 거대 분자이므로 원자의 수는 알 수 없고 원자수의 비를 표시한 실험식

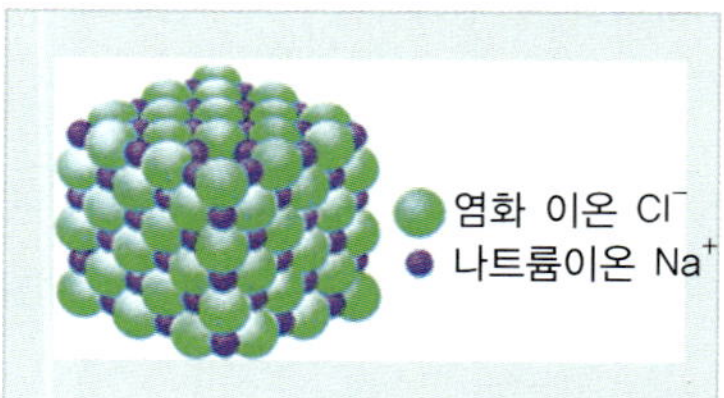


$Na_nCl_n$ = Na : Cl의 비 = n : n = 1 : 1

② 분자식

* 원소기호를 사용하여 분자를 구성하고 있는 원자의 종류 및 수를 표시한 식

③ 시성식 ; 물질의 특성을 표시

* 분자 중에 그 물질의 특성을 지닌 기능기가 있을 때 기능기를 이용하여 물질의 특성을 표시한 식

(예) 지방산 → 기능기인 -COOH(카르복시기 = 산성)를 가짐

아세트 산($CH_3$ COOH)

〈그림 1.6〉 부탄($C_4H_{10}$)과 벤젠($C_6H_6$)과 아세틸렌($C_2H_2$)의 분자모형

〈표 1.2〉 특성을 지닌 기능기(functional group)

| 기능기 | 이름 | 특성 | 기능기 | 이름 | 특성 |
|---|---|---|---|---|---|
| -OH | 수산화기 | 염기성(중성, 산성) | -COO- | 에스테르기 | 향기 |
| -CHO | 알데히드기 | 환원성 | $-NO_2$ | 니트로기 | 폭발성 |
| -CO- | 케톤기 | 유기용매 | $-NH_2$ | 아미노기 | 염기성 |
| -COOH | 카르복시기 | 산성(지방산) | $-SO_3H$ | 슬폰산기 | 산성 |

④ 구조식

* 한 분자 속의 각 원자간의 결합된 상태를 원자가와 같은 수의 결합선으로 표시한 식

* 원자가 = -H(1가) -O-(2가) -N-(3가) -C-

| 물질 | 실험식 | 분자식 | 시성식 | 구조식 | |
|---|---|---|---|---|---|
| 아세트산 | $CH_2O$ | $C_2H_4O_2$ | $CH_3COOH$ | 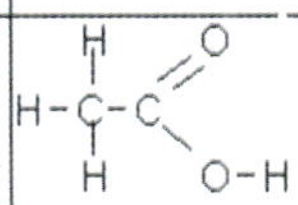 | 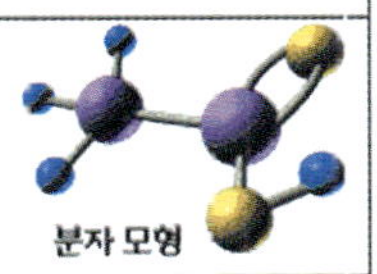 |

## 2. 화학식량(formula weight)

의 원자량을 12.000 amu로 할 때 화학식에 포함된 각 원자들의 원자량 합으로 나타내며 분자량과 같은 의미이다.

예를 들면 $MgCl_2$의 화학식량은 Mg의 원자량(24.30 amu)에 두개의 Cl 원자량(2 × 35.45 amu)을 합한 95.20 이다. 일반적으로 분자식은 공유결합물질로 분자특성을 가질 때, 또 화학식은 이온결합물질로 결정격자 중 양이온과 음이온의 비로 표현할 때 주로 사용된다.

몰(mole, mol)이란 원자량 혹은 분자량에 무게단위인 g을 붙인 것으로 g원자량 혹은 g분자량이라고도 한다, 이것은 원자 혹은 분자가 Avogadro 수($6.023 \times 10^{23}$) 만큼 모여서 이루어진 무게이다. 따라서 $^{12}_{6}C$ 원자 1개의 무게 혹은 $CCl_4$분자 1개의 무게는 $^{12}_{6}C$ 12.000g 혹은 $CCl_4$ 153.80g을 각각 $6.023 \times 10^{23}$으로 나누어서 얻는다.

## 5 원자(Atom)

### 1. 원자를 구성하는 입자

원자를 크게 나누면 2종류의 입자로 나눌 수 있다. 즉, 원자의 중심에는 원자핵(atomic nucleus)이라는 무거운 입자가 있고, 그 주변을 전자(electron)라는 입자가 고속으로 돌고 있다. 원자핵은 다시 양성자(proton)와 중성자(neutron)로 구성되어 있다.

즉, 양성자와 중성자가 원자핵을 구성하고, 그 주변을 고속으로 회전하는 전자가 둘러싸고 있다.

### 2. 원자의 조성

1897년 영국의 J.J. Thomson은 저압의 기체를 봉입한 진공관에 높은 전압을 걸어줄 때 음극에서 전자(electron)가 발생한다는 사실을 발견하였고, 이 전자의 전하(e:charge) 대 질량($m_e$)의 비를 구하였다.

$$e/m_e = 1.76 \times 10^8 \quad C/g$$

또, 1909년 R. A. Millikan은 기름방울실험(oil drop experiment) 장치를 이용하여, 미세한 기름입자가 띤 전하의 값을 측정하여, 이들 값들은 각각 $1.60 \times 10^{-19}$Coulomb의 정수배로 표시될 수 있음을 발견하였다. 따라서 Millikan은 이 값이 전자 1개의 전하에 해당한다고 생각하고 위 식에 대입하여 전자의 질량($m_e$)을 계산하였다.

$$m_e = \frac{e}{e/m_e} = \frac{1.60 \times 10^{-19}\ C}{1.76 \times 10^8\ C/g} = 9.10 \times 10^{-28}\ g$$

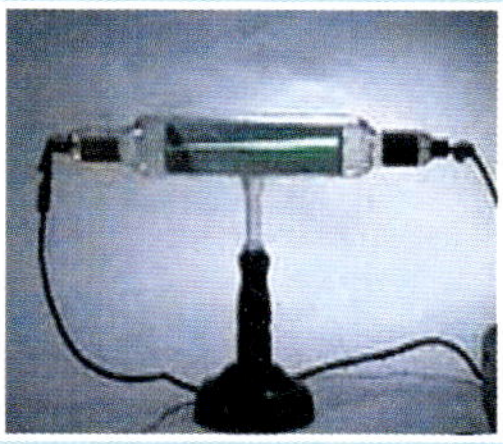

◇ J. J. Thomson (1856~1915) 영국의 물리학자. 캠브리지 대학의 물리학 교수로 재직했으며, 1906년 전자에 대한 연구로 노벨상 수상. (왼쪽: 실험실에서의 톰슨, 오른쪽: 개조된 음극선 장치)

또, 물을 전기분해할 때 발생한 수소의 양을 측정하고, 그 때에 사용한 전기량을 재어서 다음의 방법에 의해 수소의 질량($m_H$)을 얻었다.

$$e/m_H = 9.57 \times 10^4 C/g \text{ 에서}$$

$$e = 1.60 \times 10^{-19} C \text{ 이므로}$$

$$m_H = \frac{1.60 \times 10^{-19} C}{9.57 \times 10^4 C/g} = 1.67 \times 10^{-24} g$$

1911년 L. Rutherford는 약 5000 Å의 극히 얇은 금박을 α-입자(He 핵)로 때린 결과 대부분의 α-입자는 금박을 통과하였으나, 극히 일부분의 입자들은 방향이 큰 각도로 굴절하거나, 그대로 반사되어 나오는 것을 관찰할 수 있었다<그림1.7>. 그래서 Rutherford는 원자는 빈 공간이 거의 대부분이고 원자의 양전기는 아주 작은 부피 안에 집중되어 있다고 가정하였다. 이와 같이 양전기와 질량이 집중되어 있는 부분을 **원자의 핵**(nuclues)이라고 불렀다.

또한 원자핵 속의 양전하의 단위를 양성자라 하고, 양성자의 질량은 전자질량의 약 1836배, $m_H / m_e = \left( \frac{1.67 \times 10^{-24} g}{9.10 \times 10^{-28} g} \right) = 1836$, 이며, 전하의 크기는 전자와 같으나 그 부호가 반대임을 밝혔다.

핵 속의 양성자수를 그 원소의 원자번호(atomic number)라 하며, 원자가 전기적으로 중성일 때는 핵 속의 양성자의 수와 핵 밖의 전자수는 같다.

◇ E. Rutherford (1871 ~ 1937)
뉴질랜드에서 태어나 Canterbury 대학에서 수학. 1895년 캠브리지 대학의 톰슨 연구실에서 Post. Doc. 연구수행. 28세에 McGill 대학교 물리학과 교수로 취임. 1912년 화학과의 Frederick Soddy와의 공동연구에 의하여 방사능 붕괴에 대한 "Spontaneous Transformation" 발표. 1911년 톰슨 교수의 후임으로 캠브리지 대학 교수로 전임. 1908년 노벨화학상 수상.

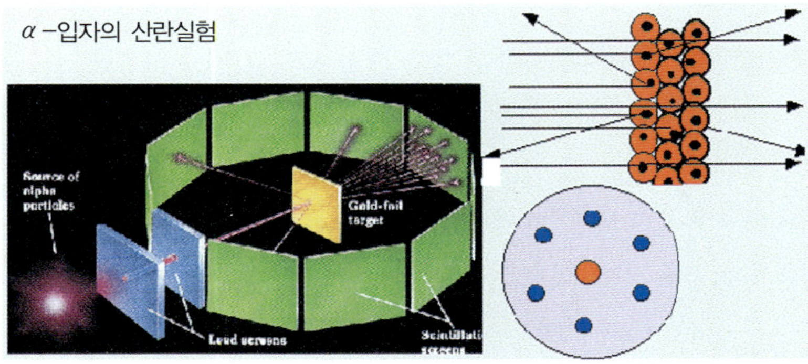


〈그림 1.7〉 Rutherford의 α－입자 산란실험

1932년 J. Chadwick가 중성자(neutron)를 발견한 다음부터 원자핵은 양성자와 중성자로 이루어져 있음이 밝혀졌다. 한 원자 안에 있는 양성자의 수와 중성자의 수를 합한 것을 질량수(mass number)라 부르고, 원자번호는 같으나 질량수가 다른 것들을 동위원소(isotope)라고 한다.

수소의 3가지 동위원소는 다음과 같다.

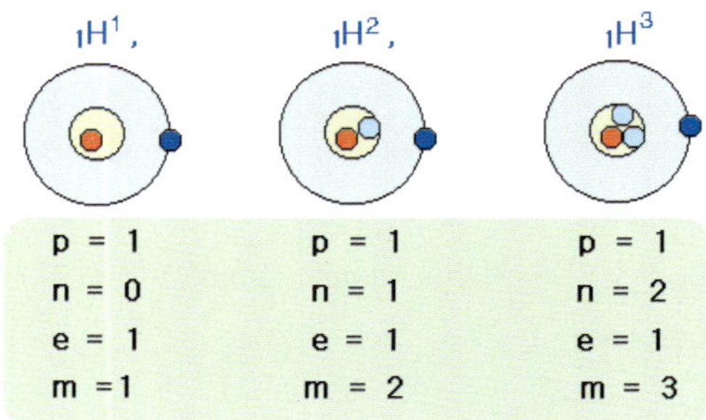


질량수는 양성자수와 중성자수를 합한 것이다. 원소기호 표현법은 다음과 같다.

$$^{A}_{Z}E$$

여기서 E는 원소기호이고, A는 질량수, Z는 원자번호(양성자수)이다.

〈표 1.3〉 원자 모델의 변천사

| Dolton | Thomson | Rutherford | Bohr | 현대원자모델 |
|---|---|---|---|---|
|  | 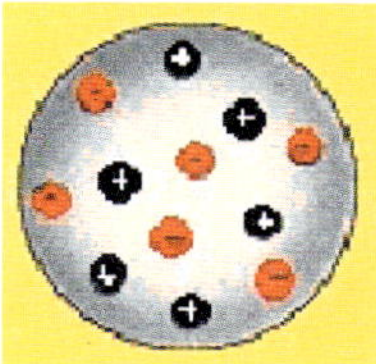 | 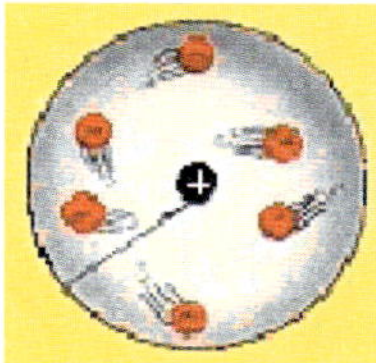 | 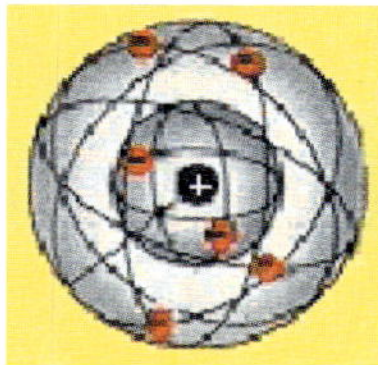 | 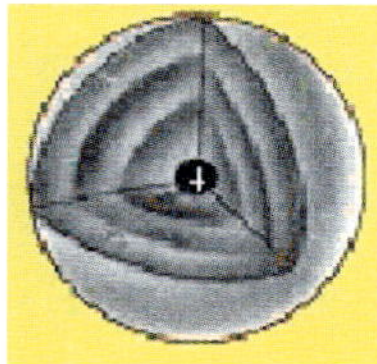 |
| 원자는 더 이상 쪼갤 수 없는 단단한 작은 공과 같다. | 양 전하가 가득 차 있는 곳을 음 전하를 띤 전자가 움직이고 있다. (건포도 모델) | 원자의 중심에 크기가 매우 작고 질량이 큰 원자핵이 있고 그 둘레를 음 전하를 띤 전자가 움직이고 있다. | 태양계모델이라고도 하며 원자핵을 중심으로 전자가 일정한 궤도를 그리며 돌고 있다. | 전자구름 모델로써 원자핵 둘레에 전자가 구름처럼 퍼져 있다. |

## 3. 원자의 전자상태(양자수 : quantum number)

1920년 이후 Schrödinger, Heisenberg 및 Dirac에 의하여 원자구조에 대한 현대적 개념이 수립되었다. 파동역학에서는 전자의 운동은 일정하지 않고, 또 Heisenberg의 불확실성원리에 의하면 전자의 정확한 위치와 속도는 알 수 없다. 따라서 핵 주위를 돌고 있는 전자의 위치와 운동량(혹은 에너지)은 동시에 측정할 수가 없다. 전자는 "어떤 위치에서 발견할 수 있는가?"라는 확률과 관계된 파동함수의 해로서 구할 수 있다. Schrödinger의 파동방정식의 일반해는 전자의 좌표($r$, $\theta$, $\phi$)로 기술되는 파동함수와 전자의 에너지(혹은 운동량)를 결정하여 준다. 파동함수와 전자의 에너지는 정수를 포함하고 있다. 이 정수를 양자수(quantum number)라 하고, 원자내 각 전자들은 주양자수(n), 부양자수(각운동량양자수 : $\ell$), 자기양자수($m_\ell$), 자기spin양자수($m_s$)에 의해 이들의 공간적 분포상태 및 에너지 상태가 기술된다.

(1) 주양자수(Principal quantum number : n)

1, 2, 3 … 등의 자연수만이 허용되며 전자의 총에너지 준위와 전자의 위치를 결정한다. 즉 **n** 값이 증가하면 전자의 에너지 준위는 높아지고, 원자핵에서 전자 구름 까지의 평균거리는 멀어진다. 같은 **n** 값을 가진 전자들은 같은 에너지준위 또는 같은 전자껍질(electron shell)에 있다 하고, 이 전자껍질을 *K*, *L*, *M*, *N* 등으로 표시한다.

(2) 부양자수(Subsidiary quantum number : ℓ )

부양자수는 각운동량 양자수, 방위양자수 라고도 하며 기호 ℓ로 표시한다. 부양자수 ℓ 값은 주양자수 n에 의해 결정되며, 전자의 각운동량과 궤도의 모양을 결정하며, 허용되는 값은 0, 1, 2 …, (n−1) 까지 이다. ℓ 값에 따른 전자의 상태를 전자 부껍질(subshell)이라 하고 다음과 같은 기호로 표시한다.

ℓ = 0 이면 *s* (sharp in the spectra : 구형)
ℓ = 1 이면 *p* (principal in the spectra : 아령형 $p_x$, $p_y$, $p_z$)
ℓ = 2 이면 *d* (diffuse in the spectra : 혼합형, 5개)
ℓ = 3 이면 *f* (fundamental in the spectra : 혼합형, 7개)

부양자수 ℓ은 핵으로부터 떨어진 임의의 거리에서 전자구름의 기하학적 모양을 정해준다. **n** = 1이면 ℓ = 0이고 이 두 양자수에 의하여 결정되어지는 파동함수를 1*s* 오비탈(orbital)이라고 한다. *s* 오비탈의 전자 분포는 구형이다. <그림 1.8(a)>에서 보여 주듯이, 핵으로부터 r 만큼 떨어진 공간에서 전자를 발견할 확률은 공간적 배향 $\theta$ 및 $\phi$ 각도에 관계없이 균일하다. **n** = 2이면 ℓ = 0과 1이다. **n** = 2 및 ℓ = 1에 의하여 결정되어지는 파동함수는 2*p* 오비탈이며, 일반적으로 *p* 오비탈의 전자 구름은 핵을 중심으로 아령의 모양을 한다. **n** = 2 및 ℓ = 0에 의하여 결정되어지는 파동함수는 2*s* 오비탈이다.

같은 *s* 오비탈이더라도 주양자수에 따라서 전자를 발견할 확률 분포는 다르다. <그림 1.8(b)>에서 보여주듯이 2*s* 오비탈의 경우 1*s* 오비탈과는 달리 두 껍질 모양의 전자 분포를 갖는다. 핵에 가까운 공간에서는 파동함수 값은 양의 함수 값을 가지며 핵으로부터 멀리 떨어질수록, 즉 r이 증가할수록 점점 감소하여 어느 값에서는 0이 된다. 거리가 이 보다 더 증가하면 파동함수는 음의 값으로 변하여 최소값이 될 때까지 감소하며, 이후 증가하기 시작하여 무한

한 r에서는 0으로 된다. 양에서 음으로 변하는 공간에서는 전자를 발견할 확률은 0이며, 공간적으로 구형마디가 된다.

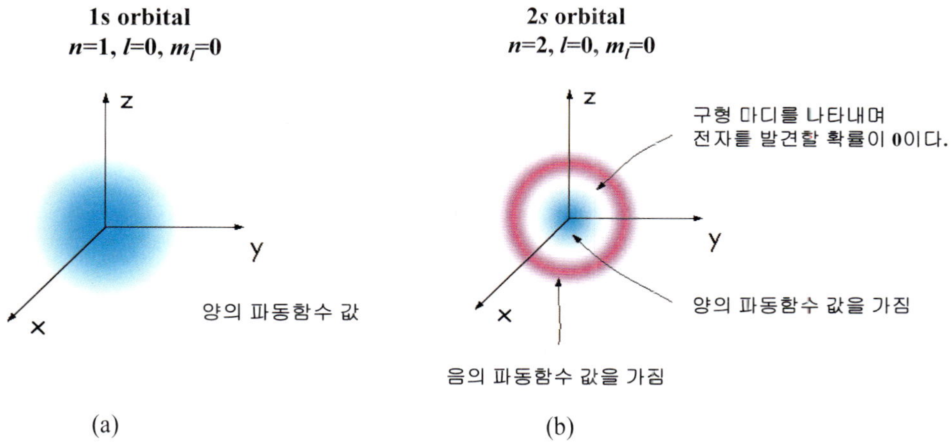


〈그림 1.8〉 1s 및 2s 오비탈들의 전자분포도.

(3) 자기양자수(Magnetic orbital quantum number : $m_l$)

전하를 가진 입자가 운동을 할 때 자기장이 만들어진다. 따라서 전자는 하나의 작은 자석과 같은 효과를 나타낸다. 전자의 각운동으로 인한 자기효과와 관계되므로 자기양자수라고 한다. 자기양자수는 어떤 임의의 축(일반적으로 x, y, z축을 택함)에 대하여 전자구름이 취할 수 있는 궤도의 방향을 결정하며, 부양자수내의 전자의 배향을 결정한다. $m_l$은 $\ell$에 의하여 결정되어지며, 양자역학적으로 허용되는 $m_l$의 범위는 $-l \leq m_l \leq +l$이다. 따라서, $m_l$ = 0, ±1, ±2, ⋯, $\pm(l-1)$, ±로 주어지는 $2\ell+1$개의 값을 취한다. 즉, $\ell$ = 0일떄의 $m_l$의 값은 0 하나뿐이다. $\ell$ = 1일 때 $m_l$의 값은 +1, 0, −1로서 전자구름이 취할 수 있는 방향은 서로 직각을 이루는 3가지 방향 $(p_x, p_y, p_z)$이다. 또한 $\ell$ = 2일 때의 $m_l$의 값은 +2, +1, 0, −1, −2로서 전자구름이 취할 수 있는 방향은 5가지이다.

(4) 스핀양자수(s) 및 자기스핀양자수($m_s$)

스핀양자수는 전자가 핵주위를 움직이면서 축을 중심으로 자전하는 소위 spin 운동으로부터 기인되는 스핀 각운동량과 관계가 있다. 전자가 갖는 스핀 각운동량은 오비탈 각운동량과 유사하게 설명되어지지만, 오비탈 각운동량과는 달리 한 전자가 갖는 스핀양자수는 **n**, $\ell$ 및 $m_l$과는 관계없이 항상 **s** $=\frac{1}{2}$이다. 오비탈 각운동량의 크기와 성분을 표시하는데 두 개의 양자수 $\ell$과 $m_l$을 사용하였듯이 스핀 각운동량의 배향을 나타내는 자기스핀양자수 $m_s$가 필요하다. $m_s$는 자전 방향을 나타내며, $+\frac{1}{2}$과 $-\frac{1}{2}$ 값만이 허용된다. <그림 1.9>에서와 같이 +, −는 자전방향이 서로 반대임을 뜻한다. 보통 $+\frac{1}{2}$은 ↑, $-\frac{1}{2}$은 ↓와 같이 화살표로 표시하기도 한다.

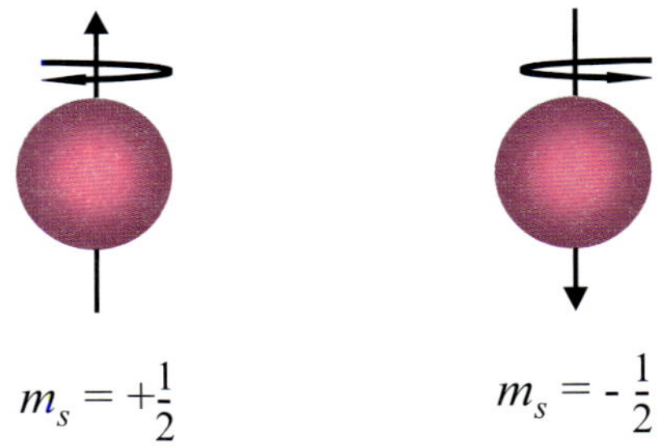


〈그림 1.9〉 전자의 스핀양자수

모든 전자의 특성은 4개의 양자수(**n**, $\ell$, $m_l$ 및 $m_s$)에 의하여 결정되어지며, 허용되는 4개의 양자수는 다음과 같이 Pauli의 배타원리에 의해 통제를 받는다.

> 원자 내의 두 전자는 같은 값의 네가지 양자수(n, $\ell$, $m_l$, $m_s$)를 동시에 가질 수 없다.

예를 들면, 1s 오비탈의 양자수는 **n** = 1, $\ell$ = 0, $m_l$ = 0인데 여기에 전자 2개를 채우려면 스핀 양자수가 각각 $+\frac{1}{2}$ 및 $-\frac{1}{2}$이어야 한다. **n**, $\ell$, $m_l$ 값이 정해진 어떤 오비탈에는 스핀이 짝을 이룬 2개의 전자만이 들어갈 수 있다. 따라서 *s*, *p*, *d*, *f*의 부껍질에 존재하는 오비탈에는 스핀이 짝을 이룬 2개의 전자를 포함할 수 있으므로 *s*, *p*, *d*, *f*에 수용될 수 있는 전자의 총수는 2, 6, 10, 14이다. <표 1.4>는 주양자수에 따른 가능한 양자수의 세트를 나타내고 있다. **n** = 1일 때는 총 2가지의 양자수 세트가 가능하고, **n** = 2일 때는 8가지, **n** = 3일 때는 18가지, **n** = 4일 때는 32가지가 가능하다.

〈표 1.4〉 허용된 양자수의 값

| 양자수 | 허용된 값 | 양자수 사이의 관계 |
|---|---|---|
| $n$ | 양의 정수 | 1 ; 2 |
| $l$ | 0 부터 (n – 1)까지의 정수 | 0 ; 0, 1 |
| $m$ | $+l$ 부터 0 을 거쳐 $-l$ 까지의 정수 | 0 ; 0 ; +1, 0, −1 |
| $s$ | $+\frac{1}{2}$ 또는 $-\frac{1}{2}$ | $+\frac{1}{2}\ -\frac{1}{2}$ ; $+\frac{1}{2}\ -\frac{1}{2}$ ; $+\frac{1}{2}\ -\frac{1}{2}$ ; $+\frac{1}{2}\ -\frac{1}{2}$ ; $+\frac{1}{2}\ -\frac{1}{2}$ |

| 양자수 | 양자수 사이의 관계 |
|---|---|
| $n$ | 3 |
| $l$ | 0 ; 1 ; 2 |
| $m$ | 0 ; +1, 0, −1 ; +2, +1, 0, −1, −2 |
| $s$ | $+\frac{1}{2}\ -\frac{1}{2}$ ; $+\frac{1}{2}\ -\frac{1}{2}$ ; $+\frac{1}{2}\ -\frac{1}{2}$ ; $+\frac{1}{2}\ -\frac{1}{2}$ ; $+\frac{1}{2}\ -\frac{1}{2}$ ; $+\frac{1}{2}\ -\frac{1}{2}$ ; $+\frac{1}{2}\ -\frac{1}{2}$ ; $+\frac{1}{2}\ -\frac{1}{2}$ ; $+\frac{1}{2}\ -\frac{1}{2}$ |

## 3. 원자의 전자배치

원자내의 전자들은 에너지가 증가하는 순서로 오비탈을 차지하며 각 원자의 특유한 전자배치를 갖는다. 각 오비탈의 에너지 준위의 순서를 낮은 것부터 늘어 놓으면 다음과 같다.

$$1s,\ 2s,\ 2p,\ 3s,\ 3p,\ 4s,\ 3d,\ 4p,\ 5s,\ 4d,\ 5p,\ 6s,\ 4f,\ 5d,\ 6p,\ 7s,\ \ldots$$

각 orbital의 에너지 준위의 상대적 순위는 Aufbau의 규칙에 따르며 <그림 1.10>에 나타내었다.

전자가 가능한 한 가장 낮은 에너지를 가진 오비탈에 들어가 있을 때 그 원자는 가장 안전한 상태에 있게 된다. 이러한 전자배치를 바닥상태(ground state)라고 한다. 이와 다른 배치는 전자가 에너지를 흡수할 때 그 원자의 들뜬상태(exited state)가 된다. 바닥상태로 부터 들뜬상태로 또는 그와 반대로의 전이가 일어나면 일정한 양의 에너지가 흡수되거나 방출된다.

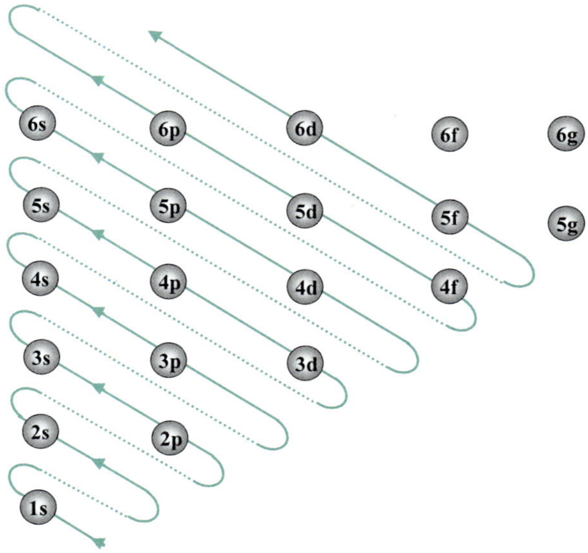


〈그림 1.10〉 Aufbau 과정

원자의 전자배치는 보통 각 오비탈에 들어있는 전자 수를 다음과 같이 나타낸다.

${}_{19}K$: $1s^2\ 2s^2\ 2p^6\ 3s^2\ 3p^6\ 4s^1$, 이 때 윗 첨자의 합은 그 원자의 전자 수와 일치하여야 한다. 한편, 같은 부껍질에 포함된 오비탈에 전자가 채워지는 방법은 Hund의 법칙에 따른다. 즉, 전자가 원자 속의 같은 에너지 orbital에 들어가야 할 때는 가능한 한 스핀쌍을 이루지 않는 상태를 취한다. 예를 들면, 원자번호 7인 질소의 경우 전자배치는 $1s^2\ 2s^2\ 2p^3$이므로, $p$전자 3개는 $2p$ 오비탈 셋($2p_x$, $2p_y$, $2p_z$)중 어느 곳에 스핀을 짝지어 들어가지 않고 3개의 전자는 세 개의 오비탈에 균일하게 1개씩 먼저 들어간다.

${}_7N$ : $1s^2\ 2s^2\ 2p^3$

| ↑↓ | | ↑↓ | | ↑ | ↑ | ↑ |
|---|---|---|---|---|---|---|
| | | | | $p_x$ | $p_y$ | $p_z$ |

## 6 주기율표(Periodic table)

1869년 D. I. Mendeleev는 "원소의 성질과 원자량과의 관계"라는 논문에서 원소를 원자량 순으로 배열하면 그 성질이 주기적으로 변하는 사실을 발견하고 이를 주기율(periodic law)이라고 하였다. 그는 그것을 토대로 하여 그 당시까지 발견된 50여 종의 원소를 분류한 주기율표를 만들었다. 그의 주기율표는 몇 군데 빈칸이 있고 그 곳에는 미발견 원소가 차지할 것이며, 그 원소들의 물리·화학적 성질을 예언하였다.

주기율표에 있어서 원소의 배열순서는 원자량의 순으로 되어 있으나 Ar 과 K, Co 와 Ni, Te 와 I에 있어서는 그 순서가 바뀌어 있는 사실이 궁금하였다.

(예) Ar(39.95) 와 K(39.10), Co(58.93) 와 Ni(58.70), Te(127.6) 와 I (126.9)

1913년 영국의 물리학자 H. G. J. Moseley의 X선 스펙트럼 연구에 의하여 원자핵 중 양전하의 수 즉, 원자번호가 원자량보다 적절하다는 것이 밝혀짐으로써 이 문제는 해결되었다. 따라서 "원소의 화학적 성질은 원자번호와 더불어 주기적으로 변화 한다"라고 제안하였다.

20세기에 들어와 W. Ramsey에 의하여 헬륨을 위시한 불활성기체원소들이 발견되었고, 최근에는 원자로와 각종의 가속기에 힘입어 $_{103}Lr$, $_{104}Ku$, $_{105}Ha$ 등의 인공원소들이 추가되었다.

원소를 원자번호 순서로 배열하면 일정한 간격으로 주기성이 나타난다.

예) 원자번호 2, 8, 8, 18, 18, 32의 간격으로 비슷한 원소 등장

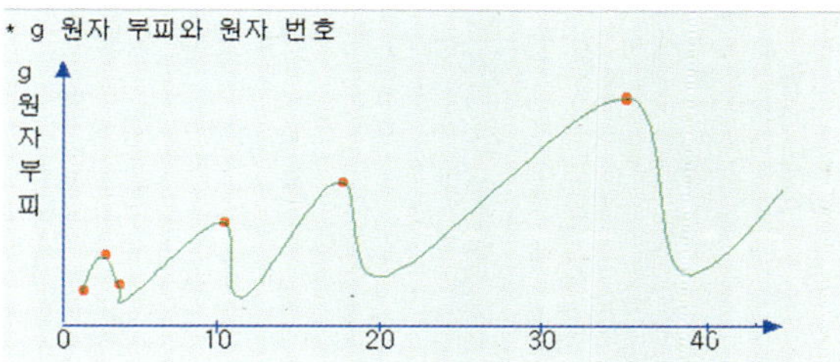


〈그림 1.11〉 원자번호의 주기성

이러한 원소의 주기성은 원자의 가장 바깥에 있는 최외각 전자(원자가전자) 때문이다. 이 최외각 전자는 원소의 화학적 성질을 지배한다.

〈표 1.5〉 전자배치와 원자가전자

| 주 기 | 1족 | 전자배치 | | | | | | 18족 | 전자배치 | | | | | |
|---|---|---|---|---|---|---|---|---|---|---|---|---|---|---|
| | | K | L | M | N | O | P | | K | L | M | N | O | P |
| 1 | $_1H$ | 1 | | | | | | $_2He$ | 2 | | | | | |
| 2 | $_3Li$ | 2 | 1 | | | | | $_{10}Ne$ | 2 | 8 | | | | |
| 3 | $_{11}Na$ | 2 | 8 | 1 | | | | $_{18}Ar$ | 2 | 8 | 8 | | | |
| 4 | $_{19}K$ | 2 | 8 | 8 | 1 | | | $_{36}Kr$ | 2 | 8 | 18 | 8 | | |
| 5 | $_{37}Rb$ | 2 | 8 | 18 | 8 | 1 | | $_{54}Xe$ | 2 | 8 | 18 | 18 | 8 | |
| 6 | $_{55}Cs$ | 2 | 8 | 18 | 18 | 8 | 1 | $_{86}Rn$ | 2 | 8 | 18 | 32 | 18 | 8 |
| | 알칼리 금속(1족) = 최 외각전자 1개 | | | | | | | 비활성기체(18족) = 최 외각 전자 8개 | | | | | | |

계속 수정 확장된 Mendeleev주기율표를 좀 더 새로운 틀(신형주기율표)에 넣어 보았다. 원자번호로만 나타낸 신형주기율표를 여기에 소개하고, 특히 전형(기표형) 원소들의 주기성을 비교해 보면 <표 1.6>과 같다.

## 1. 원소들의 주기성

① 원자의 크기

원자의 지름은 두 원자의 핵간 거리(결합길이)의 측정으로 계산된다. 원자의 크기를 보면 같은 주기에서는 오른쪽으로 갈수록 핵전하의 증가 즉 핵인력의 증가로 원자크기는 감소하고, 같은 족에서는 아래로 내려갈수록 주양자수 **n** 값이 커지므로 원자크기는 증가한다.

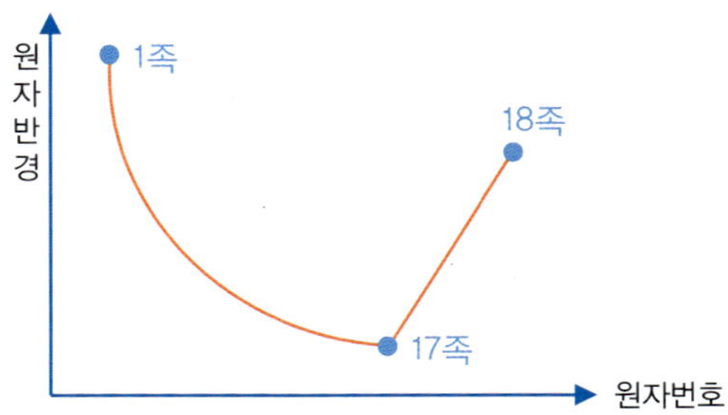


〈그림 1.12〉 원자번호와 원자반경과의 관계

〈표 1-6〉 전자배치를 나타낸 주기율표

| 주기 | 궤도 | 원소수 | 궤도함수 | sp형 원소(기표형 원소): s형 | sp형 원소(기표형 원소): p형 | d형원소 (전이원소) | f형 원소 (희토류 원소) 57 ~ 71 : 란타니드계 원소, 89 ~ 103 : 악타니드계 원소 |
|---|---|---|---|---|---|---|---|
| 1 | *K* | 2 | $1s^2$ | 1 | 2 | | |
| 2 | *L* | 8 | $2s^22p^6$ | 3 4 | 5 6 7 8 9 10 | | |
| 3 | *M* | 18 | $3s^23p^63d^{10}$ | 11 12 | 13 14 15 16 17 18 | 21 22 23 24 25 26 27 28 29 30 | |
| 4 | *N* | 32 | $4s^24p^64d^{10}4f^{14}$ | 19 20 | 31 32 33 34 35 36 | 39 40 41 42 43 44 45 46 47 48 | 58 59 60 61 62 63 64 65 66 67 68 69 70 71 |
| 5 | *O* | 32 | $5s^25p^65d^{10}5f^{14}$ | 37 38 | 49 50 51 52 53 54 | 57 72 73 74 75 76 77 78 79 80 | 90 91 92 93 94 95 96 97 98 99 100 101 102 103 |
| 6 | *P* | 11 | $6s^26p^66d^3$ | 55 56 | 81 82 83 84 85 86 | 89 104 105 ······ | |
| 7 | *Q* | 2 | $7s^2$ | 87 88 | | | |

② 이온화에너지(Ionization energy)

바닥상태에 있는 고립된 기체원자로부터 전자 1개를 떼어내는데 필요한 에너지를 그 원소의 이온화에너지라고 한다. 이온화에너지는 같은 주기에서는 오른쪽으로 갈수록, 같은 족에서는 위로 올라갈수록 증가한다.

첫 번째 전자를 떼어내는데 필요한 에너지를 제1 이온화에너지라 하고, 두 번째 전자를 떼어내는데 필요한 에너지를 제2 이온화에너지라 한다.

$$Mg + E_1 \rightarrow Mg^{+} + e^{-} \quad (E_1 = 175\ Kcal)$$

$$Mg^{+} + E_2 \rightarrow Mg^{+2} + e^{-} \quad (E_2 = 345\ Kcal)$$

③ 전자친화도(Electron affinity)

바닥상태에 있는 고립된 기체원자에 전자 1개를 더할 때 방출되거나 흡수되는 에너지이다. 전자를 받는 과정이므로 음이온이 될 때의 에너지이다. 이온화에너지에서와 같이 같은 주기에서는 오른쪽으로 갈수록, 같은 족에서는 위로 올라갈수록 증가한다.

$$X + e^{-} \rightarrow X^{-} + E \quad (E = \text{전자친화도})$$

④ 전기음성도(Electronegativity)

전자를 잃기 쉬운 금속원소를 전기양성 원소라 하고 전자를 얻기 쉬운 비금속원소를 전기음성 원소라 한다. 전자를 끌어당기는 성질을 전기음성이라 하며, 전자를 끄는 힘의 척도를 전기음성도라 한다. 전기음성도는 같은 주기에서 오른쪽으로 갈수록 증가하며(0족은 예외), 같은 족에서는 위로 올라갈수록 증가한다.

1934년 R.S. Millikan은 전기음성도를 이온화에너지와 전자친화도와의 평균값으로 정의하였다. 전기음성도가 큰 원소는 이온화에너지가 크기 때문에 전자를 떼어내기 어렵고, 전자친화도가 크기 때문에 전자를 첨가할 때 안정하게 된다.

## 2. 장주기형 주기율표

장주기형 주기율표는 18족을 표준으로 하여 만들어졌으며 최근에 많이 사용되고 있다. <표 1-7>과 같이 중앙부군에는 **전이원소**를 배치시키고 그 양측에 **전형원소**를 배치시켜 놓았다.

주기율표에서 종축은 족(group)을 나타내고 같은 족은 서로 화학적 성질이 유사한 원소들이 나열되어 있다. 그리고 주기율표의 횡축은 주기(period)라 하며 제1주기에는 수소와 헬륨 2개의 원소가 있고, 제2주기와 3주기에는 8개씩의 원소를 가지고 있다. 그리고 제4주기와 제5주기에는 18개씩의 원소가 배열되어 있다.

〈표 1.7〉 장주기형 주기율표

| 1 | 2 | 3 | 4 | 5 | 6 | 7 | 8 | 9 | 10 | 11 | 12 | 13 | 14 | 15 | 16 | 17 | 18 |
|---|---|---|---|---|---|---|---|---|---|---|---|---|---|---|---|---|---|
| H | | | | | | | | | | | | | | | | | Ne |
| Li | Be | | | | | | | | | | | B | C | N | O | F | Ne |
| Na | Mg | | | | | | | | | | | Al | Si | P | S | Cl | Ar |
| K | Ca | Sc | Ti | V | Cr | Mn | Fe | Co | Ni | Cu | Zn | Ga | Ge | As | Se | Br | Kr |
| Rb | Sr | Y | Zr | Nb | Mo | Tc | Ru | Rh | PD | Ag | Cd | In | Sn | Sb | Te | I | Xe |
| Cs | Ba | La | Hf | Ta | W | Re | Os | Ir | Pt | Ar | Hg | Ti | Pb | Bi | Po | At | Rn |
| Fr | Ra | Ac | Rf | Ha | Sg | | | | | | | | | | | | |

| | | | | | | | | | | | | | | |
|---|---|---|---|---|---|---|---|---|---|---|---|---|---|---|
| 락탄계열 | Ce | Pr | Nd | Pm | Sm | Eu | Gd | Tb | Dy | Ho | Er | Tm | Yb | Lu |
| 악티늄계열 | Tn | Pa | U | Np | Pu | Am | Cm | Bk | Cf | Es | Fm | Md | No | Lr |

## 3. 주기율표와 원소의 성질

주기율표의 각 족에는 별도의 명칭이 붙는 경우가 많다. 이것은 그 족에 속하는 원소가 유사한 화학적 성질을 나타내기 때문이다.

### (1) 알칼리 금속 : 1족(1A족)금속

Li, Na, K 등이 여기에 속하고, 이들을 물에 넣으면 격렬하게 반응하여 수소 가스를 발생시킨다.

① 물리적 성질

㉠ 은백색의 가볍고 연한 금속

* Li, Na, K는 물에 뜨고 칼로 베어짐.

㉡ 원자번호大 → 원자 반경大, m.p 및 b.p가 낮아짐

※ Li > Na > K > Rb > Cs > Fr 의 순

② 화학적 성질

칼륨

㉠ 원자가 전자 = 1개 ($ns^1$)

㉮ +1가의 양이온 되기 쉽다.

㉯ 원자 번호大 → 이온화 에너지 小 = 반응성 大

(반응성의 크기 ; Li < Na < K < Rb < …… 의 순)

㉡ 공기 중에서 쉽게 산화 → 산화물 형성

* $4M + O_2 \rightarrow 2M_2O$ ($4Na + O_2 \rightarrow 2Na_2O$)

㉢ 물과 폭발적으로 반응 → 수소발생

* $2M + 2H_2O \rightarrow 2MOH + H_2$

$2Na + 2H_2O \rightarrow 2NaOH + H_2$

* Alkali 금속의 보관 : 석유나 벤젠에 보관

㉣ 할로겐 원소 및 수소와 직접 반응

* $2M + X_2 \rightarrow 2MX$ ($2Na + Cl_2 \rightarrow 2NaCl$)

* $2M + H_2 \rightarrow 2MH$ ($2Na + H_2 \rightarrow 2NaH$)

㉤ Alkali 금속의 검출 반응 ☞ 불꽃반응

* 알칼리 금속 염의 수용액은 산화 불꽃에서 금속 특유의 불꽃색을 냄

〈표 1.8〉 알칼리 금속의 전자배치와 불꽃색

| 원소 | 전자배치<br>K, L, M, N, O, P, | m.p(℃) | b.p(℃) | $E_1$(Kcal) | 불꽃색 |
|---|---|---|---|---|---|
| $_3$Li | 2, 1 | 181.0 | 1342.0 | 124.3 | 적색 |
| $_{11}$Na | 2, 8, 1 | 97.8 | 882.9 | 118.5 | 노랑 |
| $_{19}$K | 2, 8, 8, 1 | 63.3 | 760.0 | 100.1 | 보라 |
| $_{37}$Rb | 2, 8, 18, 8, 1 | 38.9 | 686.0 | 96.3 | 적색 |
| $_{55}$Cs | 2, 8, 18, 18, 8, 1 | 28.4 | 669.3 | 89.8 | 파랑 |

| 원소 | Li | Na | K | Rb | Cs |
|---|---|---|---|---|---|
| 불꽃색 | 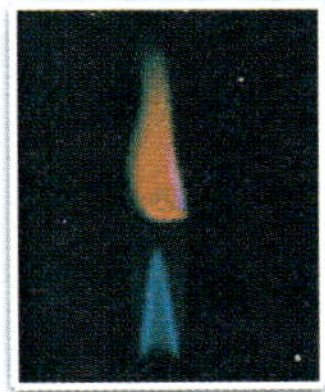 | 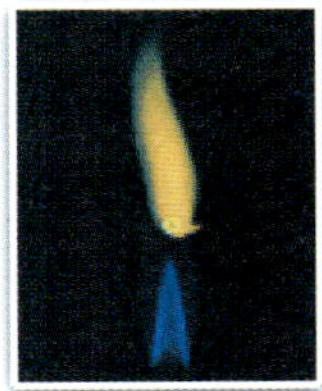 | 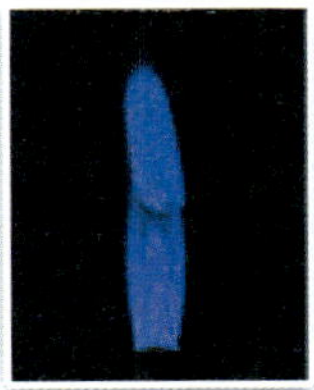 | 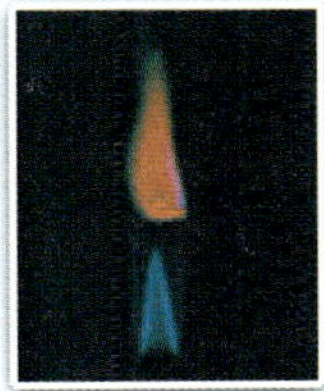 | 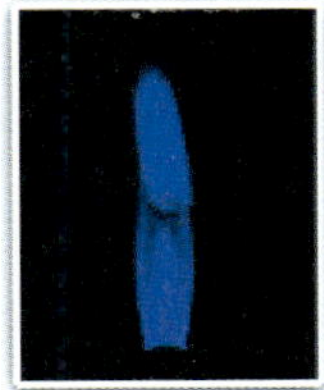 |
| | 붉은색 | 노랑색 | 연한보라색 | 붉은색 | 파랑색 |

〈그림 1.12〉 알칼리 금속의 불꽃색

### (2) 할로겐 원소 : 17족(7B족)

F, Cl, Br, I를 할로겐원소라 하며 화학반응성이 대단히 좋다. 이들 원소는 많은 금속원소 및 수소와 화합물을 만든다.

(예) $NaCl$, $MgBr_2$, $CaF_2$, $HCl$

① 할로겐 원소의 성질

㉮ 최 외각 전자 수 = 7개($ns^2$, $np^5$ )

* 전자 1개를 얻어 -1가의 음이온 되기 쉽다.

$X + e^- \rightarrow X^- + E$ (전자 친화도가 크다.)

(Cl > F > Br > I ; 음이온 되기 쉬운 척도)

㉯ 2원자 분자로 존재($F_2$, $Cl_2$, $Br_2$, $I_2$ )

㉰ 색이 있으며( 원자번호大 ☞ 색이 진함 )

* $F_2$ (연황색), $Cl_2$(황록색), $Br_2$(적갈색), $I_2$(흑자색)

㉱ 원자번호 大 ☞ m.p 및 b.p 高

* $F_2(g) < Cl_2(g) < Br_2(\ell) < I_2(s)$

㉲ 금속 및 수소와 반응 ☞ $2Na + X \rightarrow 2NaX$

$H_2 + X_2 \rightarrow 2HX$

(예) $H_2 + F_2 \rightarrow 2HF$ (암실에서 폭발적 반응)

$H_2 + Cl_2 \rightarrow 2HCl$ (햇빛)

$H_2 + Br_2 \rightarrow 2HBr$ (고온)

$H_2 + I_2 \rightarrow 2HI$ (가열)

* 할로겐화 수소 화합물은 발연성, 자극성기체, 물에 잘 용해 : 강산성.

㉶ 반응성의 크기 : $F_2 > Cl_2 > Br_2 > I_2$

$2Br^- + Cl_2 \rightarrow 2Cl^- + Br_2$,

$2Cl^- + Br_2(I_2)$ → 반응이 일어나지 않음.

$2I^- + Cl_2 \rightarrow 2Cl^- + I_2$

$2I^- + Br_2 \rightarrow 2Br^+ + I_2$

㉵ 할로겐 이온의 검출 : $Ag^+$을 포함한 용액 ($AgNO_3$등)과 반응시켜 침전물의 색을 관찰

* $Ag^+ + F^- \rightarrow AgF$ (수용성)

$Ag^+ + Cl^- \rightarrow AgCl\downarrow$ (백색)

$Ag^+ + Br^- \rightarrow AgBr\downarrow$ (연한황색)

$Ag^+ + I^- \rightarrow AgI\downarrow$ (황색)

② 할로겐의 화합물

* 반응성이 크므로 거의 모든 원소와 화합물을 형성

㉮ 할로겐화 수소(HX = HF, HCl, HBr, HI)

㉠ 모두 무색 발연성 기체, 자극성 냄새를 가짐

㉡ 물에 잘 용해 ▶ 수용액은 산성을 나타냄

$HX + H_2O \rightarrow X^- + H_3O^+$(옥소늄 이온)

* $H_2O + H^+ \rightarrow H_3O^+$ ∴ $H_3O^+ = H^+$

* 산성의 세기 : HF << HCl <HBr <HI (HF: 약산, HCl <HBr <HI: 강산)

〈표 1.9〉 할로겐화 수소의 성질

| 분자식 | 이 름 | m.(℃) | b.(℃) | 수용액 이름 | 산성의세기 |
|---|---|---|---|---|---|
| HF | 플로오르화수소 | -83 | 20 | 플로오르화 수소 산 | 약산 |
| HCl | 염화수소 | -115 | -85 | 염산 | 강산 |
| HBr | 브롬화수소 | -89 | -67 | 브롬화수소산 | 강산 |
| HI | 요오드화수소 | -51 | -35 | 요오드화수소산 | 강산 |

㉢ 플로오르화 수소산 (HF)은 유리를 부식

* 폴리에틸렌 병에 보관, $SiO_2 + 4HF \rightarrow SiF_4 + 2H_2O$

㉣ 염화수소는 암모니와 반응 ☞ 흰연기 발생

* 염화수소 검출

: $HCl + NH_3 \rightarrow NH_4Cl$ (흰연기)

③ 2족(2A족, 알칼리 토금속) : Be, Mg, Ca, Sr, Ba 등이 여기에 속하고 1족보다는 반응성이 적다.

④ 3족(3A족, 희토류족) : 란탄족, 악티늄족 원소가 포함되어 있으며, 인공적으로 만들어진 원소가 많다.

⑤ 4족(4A족, 티탄족), 5족(5A족, 토산금속족), 6족(6A족, 크롬족), 7족(7A족, 당간족)이 있다.

⑥ 8족(8, 9, 10족 포함. 철족과 백금족) : 철족과 백금족으로 나눈다.

⑦ 11족(1B족 이라고도 함. 구리족) : Cu, Ag, Au가 있다.

⑧ 12족(2B족, 아연족) : Zn, Cd, Hg가 있다.

⑨ 13족(3B족, 알루미늄족), 14족(4B족, 탄소족), 15족(5B족, 질소족), 16족(6B족, 산소족)이라 한다.

⑩ 18족(0족 기체, 불활성기체) : He, Ne, Ar 등이 있으며 반응성이 거의 없는 안정한 기체이다.

## 4. 전이원소의 성질

※ 주기표상 위치 : 4주기 이후, 3족~11족의 원소

〈표 1.10〉 전이원소의 주기표상 위치

| | 1 | 2 | 3 | 4 | 5 | 6 | 7 | 8 | 9 | 10 | 11 | 12 | 13 | 14 | 15 | 16 | 17 | 18 |
|---|---|---|---|---|---|---|---|---|---|---|---|---|---|---|---|---|---|---|
| 1 | H | | | | | | | | | | | | | | | | | He |
| 2 | Li | Be | | | | | | | | | | | B | C | N | O | F | Ne |
| 3 | Na | Mg | | | | | | | | | | | Al | Si | P | S | Cl | Ar |
| 4 | K | Ca | | | | | | | | | | | Ga | Ge | As | Se | Br | Kr |
| 5 | Rb | Sr | 전이 원소(금속) | | | | | | | | | | | | | | I | Xe |
| 6 | Cs | Ba | | | | | | | | | | | | | | | At | Rn |
| 7 | Fr | Ra | | | | | | | | | | | | | | | | |

### (1) 전이 원소의 특성

① 물리적 특성

㉮ 모두 중금속, 열전기의 양도체

㉯ m.p 및 b.p가 높다

㉰ 원자번호가 증가해도 원자반경 및 이온반경의 차가 크지 않다.

㉱ 특유의 광택을 지님(금, 구리, 망간을 제외하고 모두 은백색).

| 금속의 광택 | | |
|---|---|---|
|   |   |  |
| 금 | 은 | 아연 |
| 연성(뽑힘) 및 전성(퍼짐) | | |
|  | 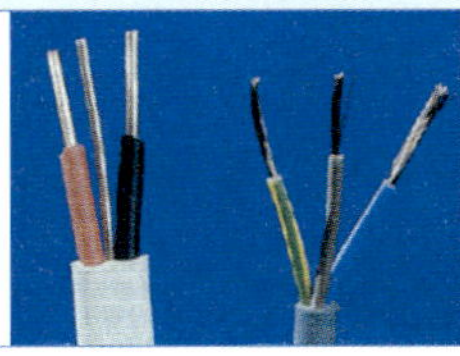 | 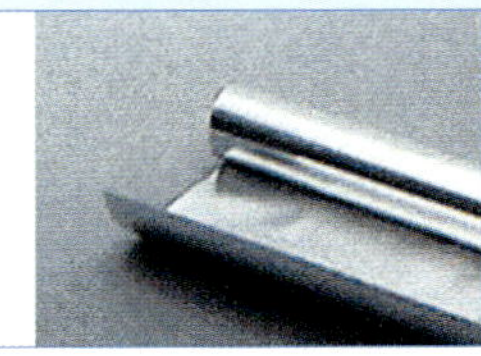 |
| 마그네슘 | 구리전선 | 루미늄 박 |

〈그림 1.12〉 여러가지 금속의 광택과 연성

② 화학적 특성

㉮ 산화 수 = +2($ns^2$의 전자배치때문), +2 외에도 여러 가지가 있다.

(예) Mn의 화합물 : +2, +3, +4, +5, +7 등이 있다.

Mn : [$_{18}$Ar] $4s^2$ , $3d^5$

$Mn^{+2}$ : " $4s^0$ , $3d^5$

$Mn^{+4}$ : " $4s^0$ , $3d^3$ * 3d orbital의 전자도 원자가 전자로 작용함.

㉯ 이온은 색이 있음.

| 전이원소 이온의 색 | |
|---|---|
|  | 좌에서<br>$CrCl_3$ (청색)<br>$Cr(NO_3)_3$ (초록)<br>$K_2CrO_4$ (노랑)<br>$K_2Cr_2O_7$ (주황) |

③ 반응성이 약함(촉매로 이용 ; Fe, Pt, $MnO_2$, Ni등)

〈표 1.11〉 전이 원소의 이온의 색

| 수용액에 포함된 이온 | | | 수용액에 포함된 이온 | | |
|---|---|---|---|---|---|
| 이온 | 이름 | 수용액 색 | 이온 | 이름 | 수용액색 |
| $Fe^{+3}$ | 철(Ⅲ) 이온 | 담황색 | $CrO_4^{-2}$ | 크롬산이온 | 황색 |
| $Fe^{+2}$ | 철(Ⅱ) 이온 | 담록색 | $Cr_2O_7^{-2}$ | 중크롬산이온 | 주황색 |
| $Co^{+2}$ | 코발트(Ⅱ) 이온 | 암적색 | $MnO_4^{-}$ | 과망간산이온 | 적자색 |
| $Ni^{+2}$ | 니켈(Ⅱ)이온 | 녹색 | $[Fe(CN)_6]^{-4}$ | 육시아노철(Ⅱ)산 칼륨 | 담황색 |
| $Cr^{+3}$ | 크롬(Ⅲ)이온 | 암록색 | $[Fe(CN)_6]^{-3}$ | 육시아노철(Ⅲ)산 칼륨 | 황색 |
| $Cu^{+2}$ | 구리(Ⅱ)이온 | 청색 | $[Cu(NH_3)_4]^{+2}$ | 사암민구리이온 | 청자색 |

주기율표에는 양쪽성 원소(Amphoteric element)가 있다. 이들은 주기율표에서 금속원소와 비금속원소의 경계에 있는 원소들이며, **Al, Zn, Sn, Pb** 등이 있다.

일반적으로 금속원소는 산과 반응하고 비금속원소는 염기와 반응한다. 그러나 양쪽성 원소는 산과 염기와 동시에 반응하여 수소기체를 발생시킨다.

## 4. 불활성기체의 성질

불활성기체(He, Ne, Ar, Kr, Xe, Rn)는 다른 원소와 반응하여 화합물을 만드는 성질이 거의 없으며, 보통 1개의 독립된 원자로 존재하고 있다. 즉 이것은 대단히 안정된 원자라는 것을 의미한다.

이 불활성기체가 안정한 이유는 이 원자들이 가진 전자배치에 그 이유가 있다.

전자배치를 보면 He은 2개의 최외각전자를 가지며, 나머지 원소들은 모두 8개의 최외각전자를 가진다. 모든 화학반응은 원자가 가지는 최외각전자의 이동에 의해 일어나며, 불활성기체가 8개의 최외각전자를 가졌다는 것은 안정적인 전자배치를 의미하며 이것을 옥테트 규칙이라 한다.

# 7 화학결합

분자들은 불활성기체와 같이 1개의 원자로 구성된 1원자 분자가 있고, $H_2$, $O_2$, $Cl_2$ 등과 같은 비금속 단체들은 대부분 2원자 분자인가 하면, $H_2O$, $CO_2$, $O_3$ 등은 3원자 분자, $H_2SO_4$는 7원자 분자이며, 고무, 수지 등 거대분자에 이르기까지 분자들은 한 개의 원자로부터 수 백만개의 원자로 구성되어 있다.

**원자사이의 결합에는 이온결합, 공유결합, 배위결합, 금속결합** 등이 알려져 있는데, 이들은 원자가전자인 최외각 전자의 이동에 의하여 결합이 형성된다. 또 **분자사이의 결합에는 수소결합, Van der Waals** 결합과 같이 분자간의 인력에 의하여 결합이 이루어진다.

## 1. 이온결합(Ionic bond)

불활성기체인 0족 원소들은 화학적으로 매우 안정하다. 그러므로 원자의 바깥껍질이 0족 원소의 전자구조를 가지면 안정하다고 생각할 수 있다. 예를 들면 할로겐원소의 원자들은 7개의 원자가전자를 가지고 있는데, 다른데서 전자 하나를 받는다면 0족 원소의 전자배치를 가지게 되면서 음전하를 띤 이온이 될 것이다.

할로겐원자 공급된 전자 할로겐이온 (0족 원소의 전자구조)

이온화에너지가 낮은 나트륨과 같은 알칼리 금속은 내어주기 쉬운 원자가전자를 하나 가지고 있다. 이 원자가전자를 잃으면 양전하를 띤 이온이 되고 나머지 전자는 0족 원소의 전자배치를 가지게 된다.

$$E\cdot \longrightarrow E^{+} + \cdot$$

알카리금속원자 알카리금속이온 부여될 전자

만일 이들 두 반응이 동시에 일어난다고 하면 다음과 같이 될 것이다.

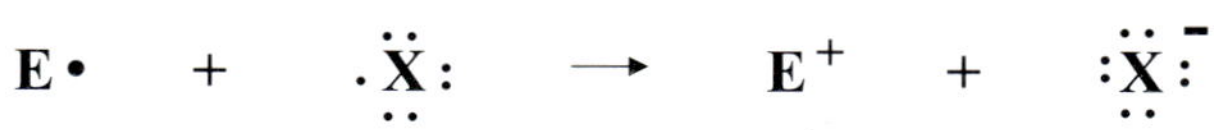

이와 같이 형성되는 이온들 사이의 결합을 **이온결합**이라고 한다. 이온결합의 중요한 특징은 하나 또는 그 이상의 전자들이 한 원자에서 또 다른 원자로 완전히 이동하는 것이다. 이온결합에 있어서 결합력은 반대전하를 가진 이온들 사이의 정전기적 인력이다. 또한 이온이 되면서 잃거나 얻는 전자의 수를 그 원자의 **원자가(valence)**라고 부른다. **이온결합은 대개의 경우 알카리 및 알카리 토금속 원소들이 전자친화도가 큰 산소족 및 할로겐족과 결합**할 때 일어난다.

### (1) 이온 결합의 형성

(가) 양이온과 음이온사이에 작용하는 힘

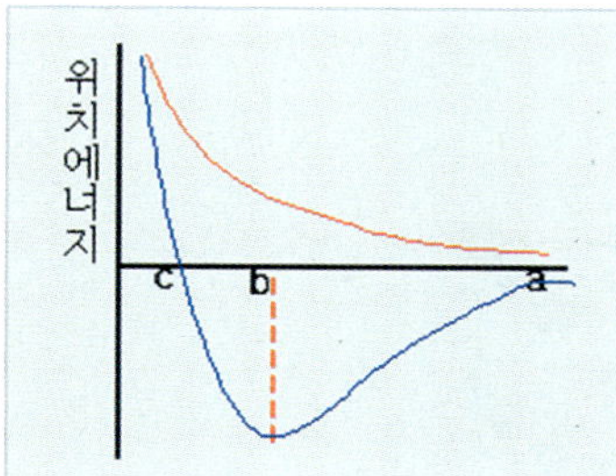


① a → b ; (+)이온과 (−)이온이 접근 쿨롱의 작용(위치에너지 감소)

② a → c ; +이온과 −이온이 너무 접근, 두 이온의 전자구름 사이의 쿨롱의 반발력이 증가 = 불안정

③ b ; 두 힘(인력과 반발력)이 합치면 두 이온은 b거리에서 위치에너지가 최소가 된다. (가장 안정된 상태)

(나) 염화마그네슘의 생성과정

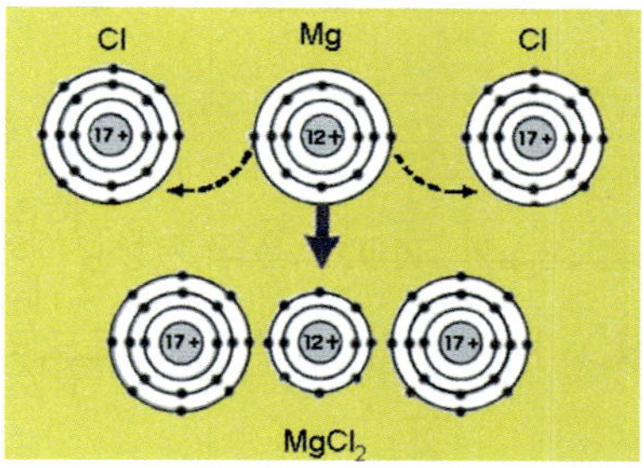


〈그림 1.13〉 이온결합에 의한 마그네슘 생성

### (2) 이온 결합의 성질

(가) 이온결정은 단단하고 휘발성이 없고 부스러지기 쉽다

(나) 고체 상태에서 전기의 부도체. 수용액이나 용융 상태에서 양도체

(다) 이온간의 거리가 짧을수록 전하량이 클수록 인력이 강하므로 m.p 및 b.p가 높다. (다른 물질에 비해 높다.)

(라) 이온결정은 독립된 분자가 아니고 화학식은 이온의 조성만 나타낸 실험식

(마) 물과 같은 극성용매에 잘 녹고 수화된 이온을 형성

### (3) 이온결합성 물질의 구조

(가) 이온결정의 구조

* 라우에(Laue)의 무늬 ; X-ray를 투과 ☞ 회절파를 사진건판에 대면 결정을 이룬 이온들이 규칙적인 점으로 나타남.

염화나트륨(NaCl)은 나트륨 원자가 1개의 전자를 내어놓고 나트륨 양이온이 되고, 염소 원자는 1개의 전자를 받아서 염소 음이온이 되면서 이온결합을 형성한다. <그림 1.14>는 염화나트륨의 이온결정을 나타내고 있으며 그 구조를 살펴보면 1개의 양이온(음이온) 주위에 6개의 음이온(양이온)이 둘러 싸여져 있다. 이러한 구조를 **면심입방구조**라 한다.

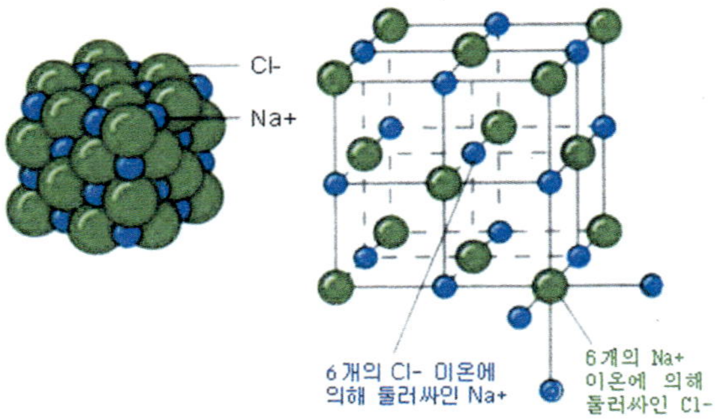


〈그림 1.14〉 염화나트륨의 면심입방구조

그리고 <그림 1.15>와 같이 염화세슘(CsCl) 같은 결정은 1개의 양이온(음이온) 주위에 8개의 음이온(양이온)이 둘러 싸여져 있다. 이러한 구조를 **체심입방구조**라 한다.

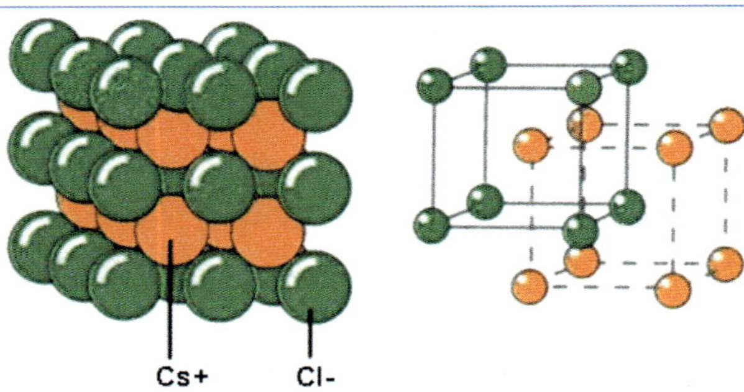


〈그림 1.15〉 염화세슘의 체심입방구조

## 2. 공유결합(Covalent bond)

G.N, Lewis(1875~1946)는 "두 원자가 전자쌍을 공유하여 8개의 바깥껍질을 형성하면 전자의 완전한 이동 없이도 두 원자사이에 결합이 이루어 질 수 있다"고 제의하였다.

플루오르 분자($F_2$)는 두개의 플루오르 원자들의 결합으로 형성되어 있으며 루이스 구조식으로 나타내면 다음과 같다.

분자에 있는 두 플루오르원자들은 모두 8개의 바깥껍질을 가지고 있다. 이와 같이 전자의 완전한 이동 없이 두 원자가 전자쌍을 공유함으로써 형성된 결합을 공유결합이라 한다.

각 원자는 완전한 바깥껍질을 만드는데 필요한 만큼의 공유결합을 형성한다. 대부분의 원자들은 최외각에 8개의 전자를 가지는 완전한 바깥껍질을 형성하고자 한다. 이것을 옥테트 규칙이라고 한다.

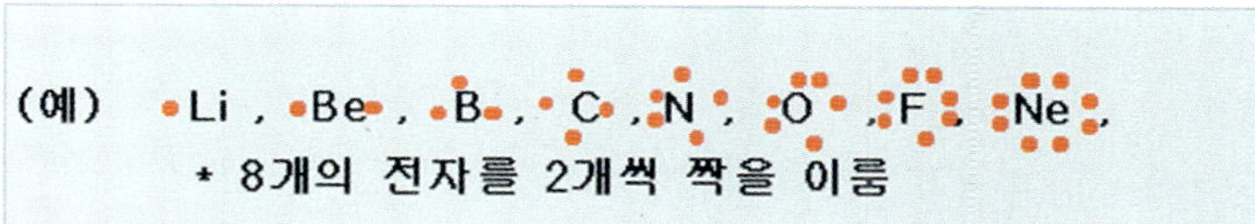


어떤 원자에 의하여 형성된 공유결합의 수를 그 원자의 원자가라고 부른다.
메탄과 암모니아 그리고 물의 점구조식을 나타내면 다음과 같다.

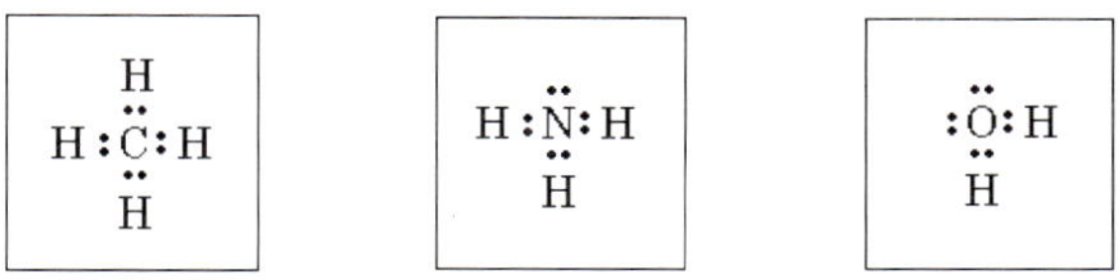

### (1) 루이스(Lewis)의 점 전자 구조식

① 원자가 전자 = 1개 ~ 8개 ( 8개일 때 안정 ; Octet 규칙)

② 최외각 전자 7개인 원자 ; F는 3쌍의 전자(고립전자 쌍 = 비 공유 전자쌍)와 1개의 부대전자(홀 전자)로 구성

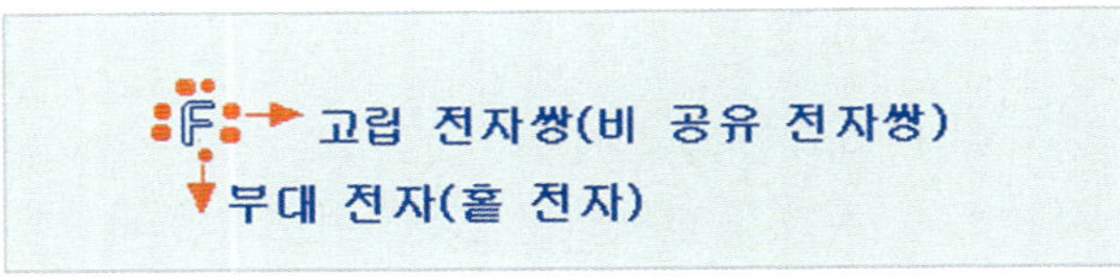


## (2) 공유결합의 분자형성

① $H_2$ 분자의 공유결합

H。 + °H → H : H(H−H) ☞ 루이스의 점 전자식

공유 전자쌍

② HCl 분자의 공유결합

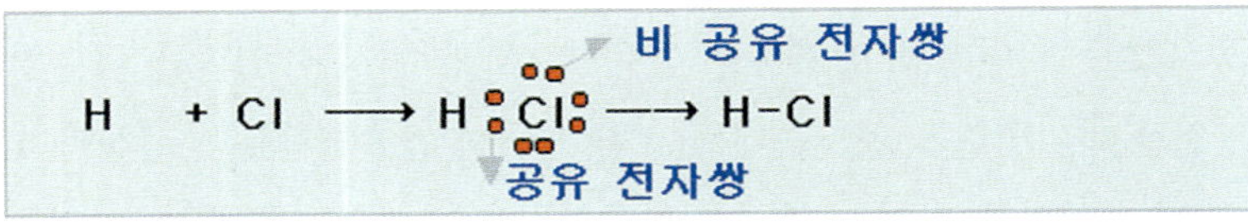


※ 공유전자 쌍 1쌍 : 단일결합 ☞ H−H, H−F, Cl−Cl

2쌍 : 이중결합 ☞ O=O, O=C=O

3쌍 : 삼중결합 ☞ N≡N, H−C≡C−H

* 구조식 ; 공유전자 쌍의 수와 같은 선으로 표시한 식

③ 결합길이 ; 두 원자핵 사이의 거리(핵간 거리)

* 단일결합 > 이중결합 > 삼중결합(결합수가 많으면 결합력이 강하므로 결합거리가 짧다.)

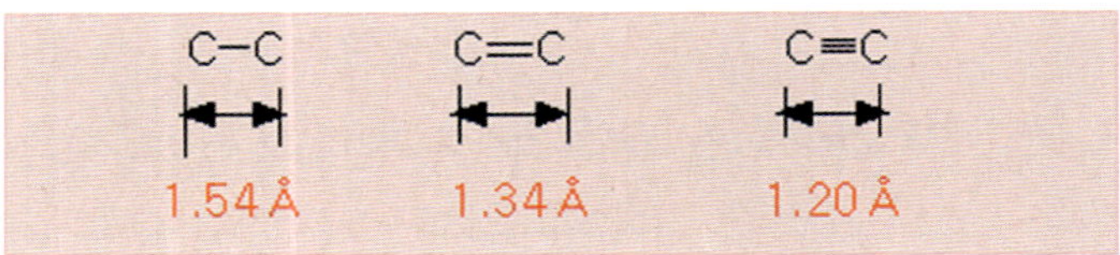


## (3) 공유 결합성 물질의 성질

① 이온 결합에 비해 결합력이 약함

* 녹는점, 끓는점이 낮으며, 상온에서 기체상태로 존재하는 경우가 많다.

② 고체, 액체 상태에서 전기 전도성이 없다.

③ 물에 잘 녹지 않음.

④ 공유 결정과 분자성 결정

(가) 공유 결정(원자성 결정)

- 원자와 원자가 공유결합에 의해 그물구조를 형성
- 녹는점, 끓는점 높고 경도가 크다.
- (예) 다이아몬드, 흑연, 수정($SiO_2$), 카보런덤(SiC) 등

(나) 분자성 결정

- 기체나 액체상태의 공유 결합 분자, 비활성 기체들이 이룬 결정.
- 분자 사이의 인력 약함(m.p, b.p 낮다)
- 승화성 있음( $I_2$, $CO_2(s)$, 나프타렌 등)
- 전기전도성 없다.

공유 결합 물질에서 양쪽 원자를 떼는데 필요한 에너지를 공유결합에너지라 한다.

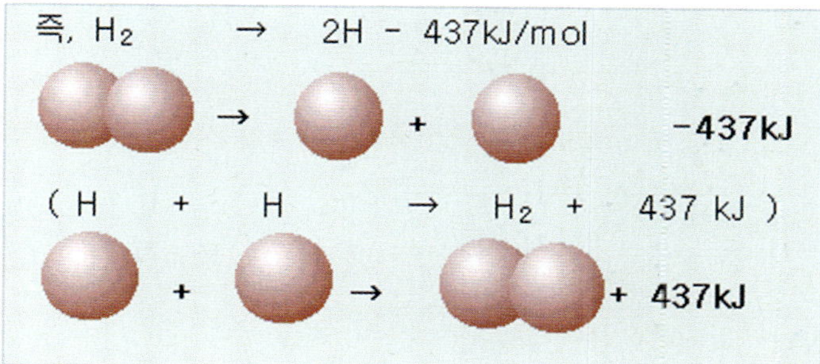


〈그림 1.16〉 수소의 공유결합에너지

## 3. 배위결합(Coordinated bond)

공유결합은 원자가 서로 전자를 내어서 생긴 전자쌍을 공유함으로써 일어나는 결합이지만, 결합하고 나면 어느 원자에서 나온 전자인지 구별할 수는 없다. 그러면 한 원자가 일방적으로 2개의 전자를 내어 이것을 공유하는 원자의 결합도 가능하다. 이런 종류의 결합을 배위결합이라고 한다. 이때 전자쌍을 내는 원자나 원자단을 전자주게(electron donator)라 하고 전자쌍을 받는 원자 또는 이온을 전자받게(electron acceptor)라 한다. 전이원소는 배위결합의 중심원자로 되기 쉬우며, 착화합물은 배위결합에 의하여 생긴 것이다.

삼플루오르화붕소와 암모니아와의 반응에 의해 형성되는 화합물에서 이러한 배위결합을 볼 수 있다.

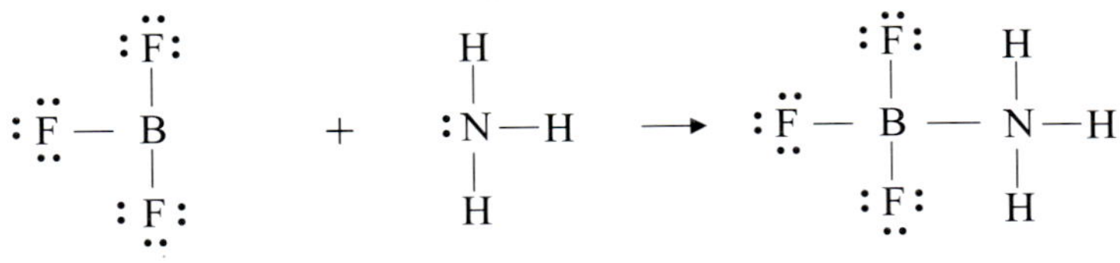

일단 배위결합이 형성된 다음에는 보통의 공유결합과 다른 점이 없다. 따라서 이러한 경우에도 옥테트 규칙이 적용되어야 하므로 전자쌍을 받는 화합물은 6개의 바깥껍질전자를 가진 원자를 포함하고 있어야 한다.

이 외에도 $H^+$ 또는 금속이온들은 전자쌍을 받아 배위결합을 한다. 예를 들면 $H^+$는 물과 반응하여 **히드로늄 이온**을 만들고 또 암모니아와 반응하여 **암모늄이온**을 형성한다.

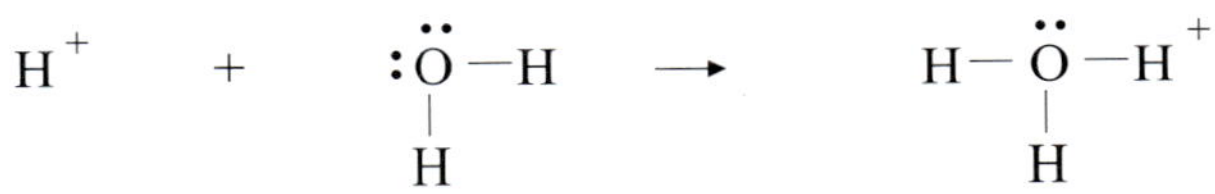

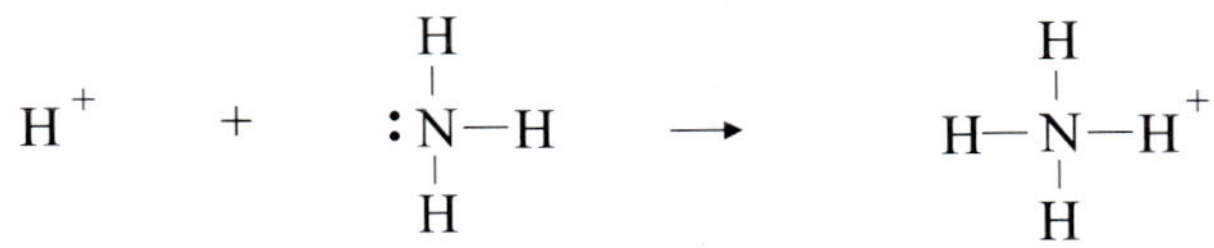

(1) 착(complex) 이온 : 중심금속 + 배위자(*Ligand*)

① 중심 금속 : 주로 전이원소의 금속

② 배위자(ligand) : 비 공유 전자쌍 있는 분자나 이온

(예) $H_2O$, $NH_3$, $CN^-$, $Cl^-$, 등

③ 결합 형식 : 중심 금속과 배위자가 배위 결합

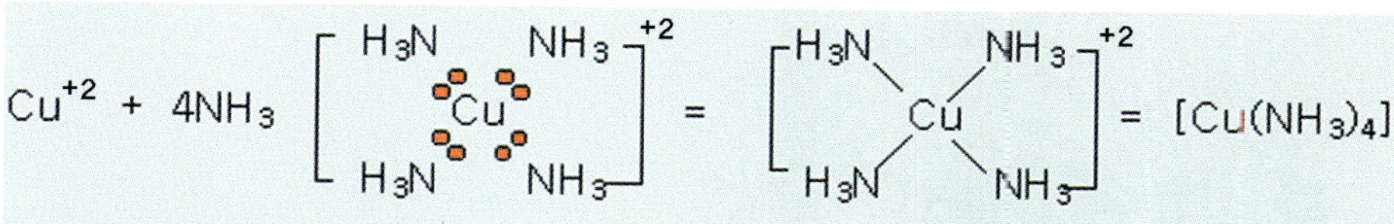


Where ; 중심금속 : $Cu^{+2}$, 배위자 : $NH_3$, 배위수 : 4

④ 배위수 : 배위자의 수 = 2, 4, 6등 중심 금속에 대칭이 될 수 있는 수

(예) $[Ag(NH_3)_2]^{+}$ = 배위수 = 2

$[Cu(NH_3)_4]^{+4}$ , $[Zn(H_2O)_4]^{+2}$ = 배위 수 4

$[Co(NH_3)_4Cl_2]^{+}$ = 배위 수 6

### (2) 분자궤도 함수

원자가 부대 전자를 없애기 위해 원자 궤도함수(Orbital)가 겹쳐 분자 궤도함수가 형성됨.

(가) 시그마($\sigma$ ) 결합

① 수소원자의 1s orbital이 겹쳐서 형성된 분자 궤도함수 (s-s의 겹침)

② s-p, p-p의 겹침 중 같은 축으로 된 p orbital의 겹침.

③ 단면 ; 원형 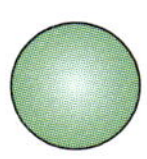

㉮ s-s의 겹침 ; $H_2$

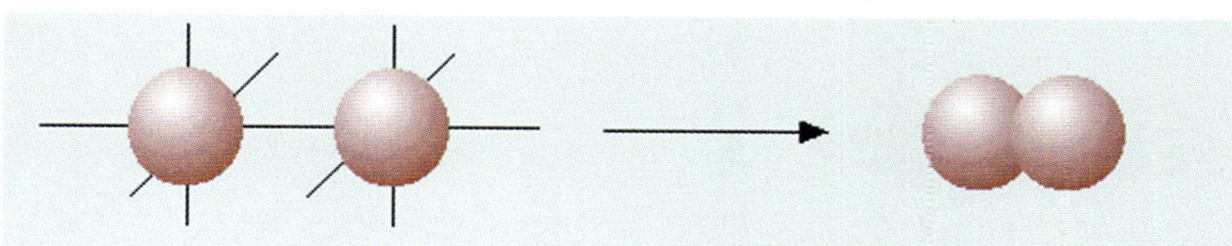

㉯ s-p의 겹침 ; H-F, H-Cl, $H_2O$, $NH_3$

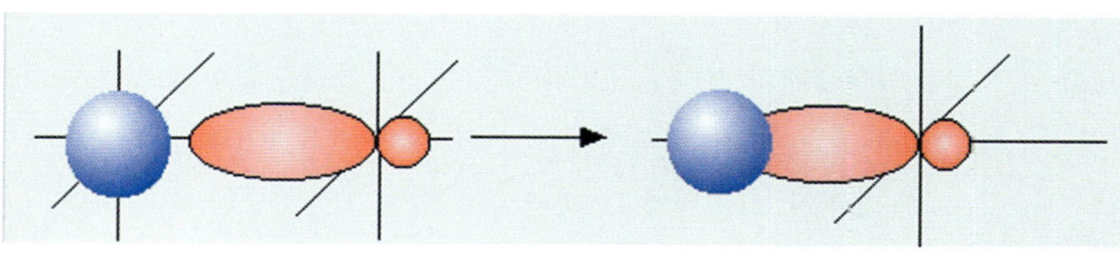

㉰ p-p의 겹침 ; $F_2$, $Cl_2$, $I_2$

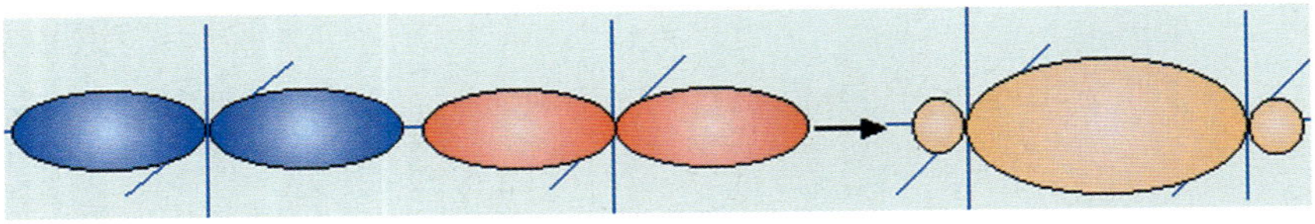

(나) π 결합(pi orbital)

① p-p의 겹침 중 p-orbital의 축의 방향이 평행 인 pz-pz, py-py의 겹침

② 단면 ; 아령형

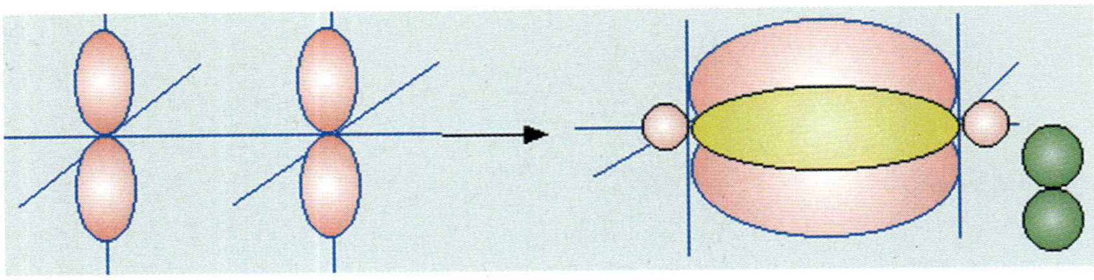

(다) 분자의 골격

① 전자구름 ; σ궤도함수 ; 두 원자 핵 사이에 집중

π궤도함수 ; 두 원자핵을 잇는 축 주위에 퍼져 있다.

∴ 분자 골격은 σ궤도함수에 의해 형성 π궤도함수는 영향을 미치지 못함.

② 결합력의 세기 σ결합 > π결합

## 4. 금속결합(Metallic bond)

금속결합의 띠이론(band theory)은 금속이 비금속과 구별되는 성질을 설명하기 위하여 발전되어 왔다. 먼저 개개 원자의 원자궤도함수로부터 분자궤도함수가 형성되는 과정을 상기하는 것이 편리하다.

2개의 리튬 원자로부터 2원자 리튬분자가 생성되는 과정을 생각해 보면, 내부에 있는 전자들은 매우 낮은 에너지를 갖고 있으므로 원자가전자, 즉 각 원자의 $2s$ 전자만이 고려된다. 2개의 $2s$ 궤도함수가 결합하여 2개의 분자궤도함수 즉, $\sigma_{2s}$ 결합궤도함수(bonding orbital) 1개와 $\sigma_{2s}{}^*$ 반결합궤도함수(antibonding orbital) 1개가 생긴다. 2개의 전자가 $\sigma_{2s}$ 궤도함수에 들어가면서 형성된 $Li_2$ 분자는 2개의 리튬원자로 해리되어 있는 것보다 더 안정하다.

<그림 1.17>에서 보는바와 같이 4개의 리튬원자의 $2s$ 궤도함수가 결합한다면 4개의 분자궤도함수가 생기고 이들의 상대적인 에너지는 원자들의 기하학적 배치와 궤도함수가 결합궤도함수인가 또는 반결합궤도함수인가에 따라 달라진다.

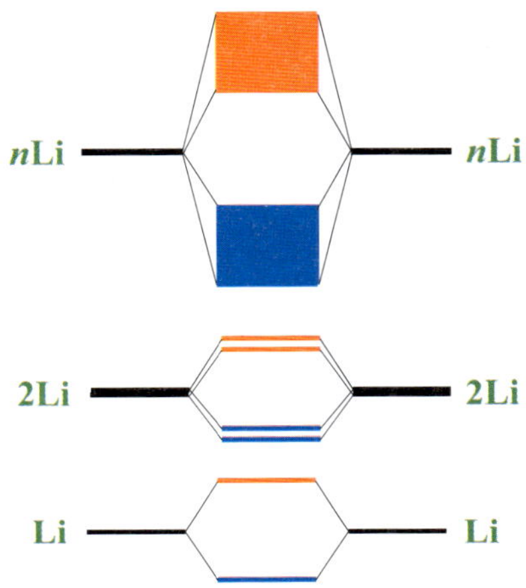


〈그림 1.17〉 원자궤도함수로 부터 비편재화된 에너지띠 형성

대단히 많은 수의 리튬원자, 예컨대 $10^{23}$개의 리튬원자가 모여서 고체 리튬금속의 구조를 형성한다면 $10^{23}$개의 분자궤도함수가 생길 것이다. 이와 같이 중복된 분자궤도함수를 자유로이 이동할수 있는 원자의 가전자가 있는데, 이 가전자는 금속을 구성하고 있는 모든 원자에 공유되어 있다. 이와 같이 자유로이 이동하는 전자를 자유전자 또는 바다전자라 한다.

금속은 가전자가 원자를 이탈해서 자유롭게 이동하므로 원자 자신은 양이온으로 되어 있다. 이 때 자유전자가 원자간을 끊임없이 이동하므로 양이온이 되어 있는 금속원자 사이의 반발을 억제하여 금속결합이 유지되도록 하여 준다.

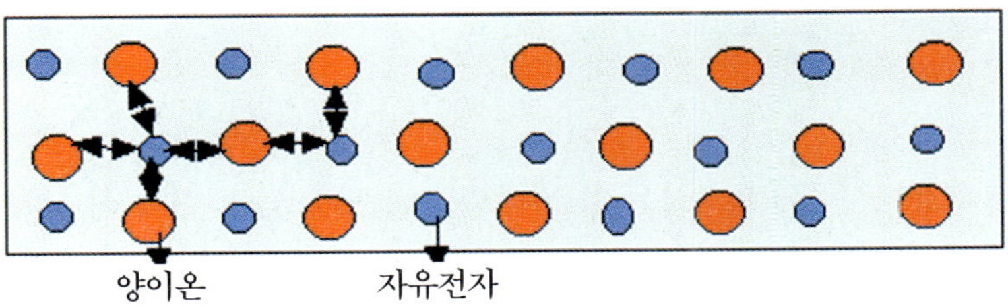


〈그림 1.18〉 금속과 양이온 사이를 자유롭게 돌아다니는 자유전자

금속결합물질과 이온결합물질에 충격을 가하면 금속결정은 변형된 채로 결정구조를 그대로 유지하지만 이온결정은 같은 전하끼리 반발하여 깨어진다.

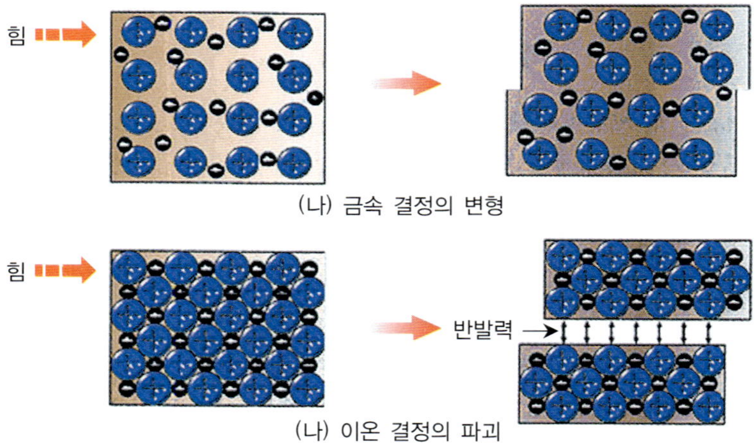


〈그림 1.19〉 금속결정과 이온결정의 충격 후의 모양

## 5. 수소결합(Hydrogen bond)

수소를 포함하는 극성공유결합 분자간의 결합으로 액체나 고체를 이룰 때 수소결합이 생긴다. H가 F, O, N 과 같은 전기음성도가 큰 원소와 극성공유결합을 형성할 때 수소와 이들 원소간에는 쌍극자-쌍극자 인력이 생긴다. 이와 같이 쌍극자-쌍극자 상호작용을 수소결합이라고 한다. 물이 상온에서 기체가 아니고 액체인 것은 수소결합 때문이다.

수소결합의 세기는 F > O > N 순으로 수소와 전기음성도 차가 클수록 결합이 강하다. 따라서 $(HF)_n$에서의 수소결합이 다른 수소결합보다 가장 세다.

## 6. van der Waals 결합

수소결합 이외 분자사이에 작용하는 힘은 대부분 van der Waals 힘에 의한다. 이 힘은 이웃원자 사이에 순간적으로 핵의 한 쪽에 전자가 몰려 있을 수 있으며, 따라서 한쪽에는 부분적인 음전하($\delta^+$)를 다른 한 쪽에는 부분적인 양전하($\delta^-$)를 띠게 되는데, 이 음전하와 양전하가 서로 작용하기 때문에 생기는 순간쌍극자-유발쌍극자 사이의 인력을 말한다. 비극성 공유결합분자들 사이에도 약한 van der Waals 힘이 작용하고 있다. van der Waals 힘은 분자들이 가까이 모여 있어야 작용하고 또 힘의 세기는 대체로 분자내의 전자수에 비례한다.

예를 들면 0족 기체 원소들은 1원자 분자로 극성이 없으면서도 낮은 온도에서 액체화나 고체화가 일어난다. 이와 같은 현상은 분자간의 인력에 의한 것으로 이 힘을 van der Waals 힘이라고 한다.

## 8 화학식과 화학방정식

### 1. 화학식

화학식(chemical formula)이란 물질의 구성단위 속에 들어있는 각 성분원자들의 상대적인 수, 실제적인 수 그리고 분자의 구조 및 성질 등을 간단히 나타내는 식으로 실험식, 분자식, 구조식 및 시성식이 있다.

① 실험식(empirical formula) : 원소분석의 결과로서 구성단위 중에 포함된 원소의 종류와 원자수를 가장 간단한 정수비로 나타낸 식이다. (예) $C_2H_4$, $C_3H_6$ → $C_1H_2$

② 분자식(molecular formula) : 구성단위인 분자 중에 포함된 원소의 종류와 실제 원자수를 원소기호와 아래첨자로서 나타낸 식이다. (예) $H_2O$, $NH_3$, $C_2H_4$, $C_2H_5O$

③ 구조식(structual formula) : 구성단위 중 성분원자들의 결합상태를 '—' 표(원자간의 결합 표시)로 나타낸 식이다.

| [구조식] | H H<br>\ /<br>O | O=C=O | H<br>\|<br>H—N—H |
|---|---|---|---|
| [분자식] | $H_2O$ | $CO_2$ | $NH_3$ |
| [물질명] | 물 | 이산화탄소 | 암모니아 |

④ 시성식(relation formula) : 구성단위인 분자를 작용기(functional group) 단위로 표현한 식이다.

예를 들면 ethyl alcohol과 dimethyl ether의 실험식과 분자식은 $C_2H_6O$로 똑같다. 그러나

구조식과 시성식을 비교하면 다음과 같다.

| | | |
|---|---|---|
| [구조식] | 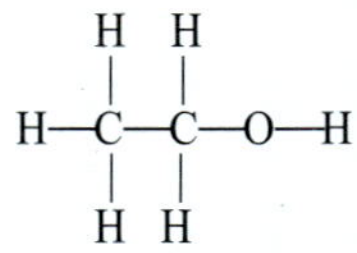 | 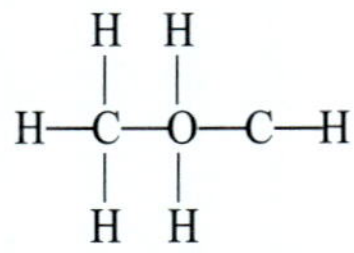 |
| [시성식] | $CH_3CH_2$-**OH** | $CH_3$-**O**-$CH_3$ |
| [물질명] | Ethyl alcohol | Dimethyl ether |

## 2. 화합물의 조성백분율 계산

과학자들은 물질의 조성을 조사하는 것뿐만 아니라 실제로 화합물들의 조성백분율에 더 많은 관심을 보낸다. 일반적으로 화학자들이 물질의 성분비를 나타낼 때 질량백분율로 표시하므로, 먼저 화합물내에 있는 여러 원소의 원자질량을 결정한다. 다음에 화합물의 총 원자질량을 계산하고, 마지막으로 각 원소의 원자질량 단위값을 총질량으로 나눈 다음 100을 곱하여 백분율을 계산한다.

**예 1.1** 염화에틸($C_2H_5Cl$)에서 각 원소의 조성백분율을 계산하라.

<풀이> ① 분자내의 각원소의 원자질량을 계산한다.

탄소 : 2 × 12 = 24
수소 : 5 × 1 = 5
염소 : 1 × 35.5 = 35.5
분자량 합 = 64.5

② 각 원소의 백분율을 계산한다.

$$C\% = \frac{24}{64.5} \times 100 = 37.2\%$$

$$H\% = \frac{5}{64.5} \times 100 = 7.8\%$$

$$Cl\% = \frac{35.5}{64.5} \times 100 = 55.0\%$$

### 3. 실험식과 분자식의 계산

새로운 화합물이 발견되면 화학자들은 원소분석 등을 통하여 그 화합물의 실험식을 결정한다. 이어서 분자량 측정을 통하여 분자질량이 결정되면 실험식과 분자질량을 이용하여 분자식을 결정한다.

**예 1.2** Na 32.4%, S 22.6% 그리고 O 45.1%로 구성된 화합물의 실험식을 구하여라.

<풀이> ① 100g의 화합물을 기준 ; Na = 32.4g, S = 22.6g, O = 45.1g ⇒ 몰수로 변경

Na의 몰수 : $32.4g\ Na \times \dfrac{1몰\ Na\ 원자}{23g\ Na} = 1.41$ 몰 Na 원자

S의 몰수 : $22.6g\ S \times \dfrac{1몰\ S\ 원자}{32g\ S} = 0.7$ 몰 S 원자

O의 몰수 : $45.1g\ O \times \dfrac{1몰\ O\ 원자}{16g\ O} = 2.82$ 몰 O 원자

② 간단한 정수비로 나타낸다.

Na : S : O = 1.41 : 0.7 : 2.82 ≅ 2 : 1 : 4

③ 각 원소의 개수를 표시한다.

$Na_2S_1O_4$ ⇒ $Na_2SO_4$

**예 1.3** 포도당을 원소분석하여 그 결과 40.0%의 C, 6.70%의 H, 53.3%의 O를 함유하고 있음을 알았다. 이 포도당의 실험식을 구하시오.

<풀이> ① 100g의 화합물을 기준 ; C = 40.0g, H = 6.70g, O = 53.3g ⇒ 몰수로 변경

C의 몰수 : $40.0g\ C \times \dfrac{1몰\ C\ 원자}{12g\ C} = 3.3$ 몰 C 원자

H의 몰수 : $6.70g\ H \times \dfrac{1몰\ H\ 원자}{1g\ H} = 6.7$ 몰 H 원자

O의 몰수 : $53.3g\ O \times \dfrac{1몰\ O\ 원자}{16g\ O} = 3.3$ 몰 O 원자

② 간단한 정수비로 나타낸다.

C : H : O = 3.3 : 6.7 : 3.3 ≅ 1 : 2 : 1

③ 각 원소의 개수를 표시한다.

$C_1H_2O_1$ ⇒ $CH_2O$ (실험식)

**예 1.4** 어떤 탄화수소 화합물이 다음과 같이 C 92.3%, H 7.7%로 구성되어 있다. 분자량 측정 실험을 통해 이 화합물의 분자량이 78임을 알았다. 이 화합물의 분자식을 구하여라.

<풀이> ① 100g의 화합물을 기준 ; C = 92.3g, H = 7.7g ⇒ 몰수로 변경

$$\text{C의 몰수 : } 92.3\text{g C} \times \frac{1\text{몰 } C\text{원자}}{12g\ C} = 7.69 \text{ 몰 C 원자}$$

$$\text{H의 몰수 : } 7.7\text{g H} \times \frac{1\text{몰 } H\text{원자}}{1g\ H} = 7.7 \text{ 몰 H 원자}$$

② 간단한 정수비로 나타낸다.
C : H = 7.69 : 7.7 ≅ 1 : 1

③ 각 원소의 개수를 표시한다.
$C_1H_1$

④ 분자질량을 이용하여 분자식을 결정한다.
$(C_1H_1)n = 78$
$13 \times n = 78$
$n = 6$

⑤ 분자식 = $C_6H_6$

**예 1.5** 커피, 콜라, 홍차에 들어 있는 카페인 1.261g을 분석한 결과 C ; 0.624g, H ; 0.065g, N ; 0.364g, O ; 0.208g을 함유하고 있음을 알았다. 또한 분자량 측정기로 분자량을 측정한 결과 그 값이 194라는 값을 얻었다. 카페인의 실험식과 분자식을 구하여 구조식을 그려 보아라.

<풀이> ① 각 성분의 g수를 ⇒ 몰수로 변경

$$\text{C의 몰수 : } 0.624\text{g C} \times \frac{1\text{몰 } C\text{원자}}{12g\ C} = 0.052 \text{ 몰 C 원자}$$

$$\text{H의 몰수 : } 0.065\text{g H} \times \frac{1\text{ 몰 } H\text{ 원자}}{1g\ H} = 0.065 \text{ 몰 H 원자}$$

$$\text{N의 몰수 : } 0.364\text{g C} \times \frac{1\text{몰 } N\text{원자}}{14g\ N} = 0.026 \text{ 몰 N 원자}$$

$$\text{O의 몰수 : } 0.208\text{g H} \times \frac{1\text{ 몰 } O\text{ 원자}}{16g\ O} = 0.013 \text{ 몰 O 원자}$$

② 간단한 정수비로 나타낸다.

C : H : N : O = 0.052 : 0.065 0.026 : 0.013 ≅ 4 : 5 : 2 : 1

③ 각 원소의 개수를 표시한다.

$C_4H_5N_2O_1$

④ 분자질량을 이용하여 분자식을 결정한다.

$(C_4H_5N_2O_1)n = 194$

$97 \times n = 194$

$n = 2$

⑤ 분자식 = $C_8H_{10}N_4O_2$

⑥ 카페인(caffeine) 구조식 :

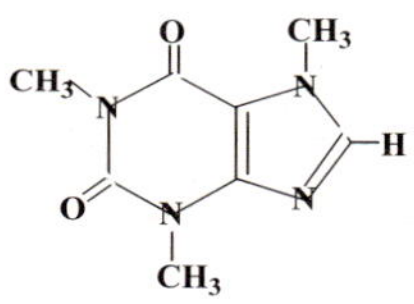


## 4. 화학방정식

화학방정식은 화학반응을 간단한 기호를 사용하여 표현한 방정식이다. 즉, 등호(⇄) 또는 화살표(→) 왼편에는 반응물의 화학식, 또 오른편에는 생성물의 화학식이 자리한다. 양쪽의 화학식 앞에 계수를 붙여 질량불변의 법칙을 충족시킬 때 방정식은 완결된다.

(1) 화학방정식은 반응물과 생성물의 정량적인 관계를 나타낸다.

즉, 아연 1몰과 염산 2몰이 반응하면 $ZnCl_2$ 1몰과 $H_2$ 1몰이 생긴다.

$$Zn + 2HCl \rightarrow ZnCl_2 + H_2$$

(2) 화학반응식은 반응물과 생성물의 물리적인 상태를 나타낸다.

$$Zn(solid) + 2HCl(aqueous) \rightarrow ZnCl_2(aqueous) + H_2(gas)$$

(3) 용액중의 반응일 때에는 이온방정식으로도 나타낸다.

$$Ag^+(aq) + NO_3^-(aq) + Na^+(aq) + Cl^-(aq) \rightarrow AgCl(s) + Na^+(aq) + NO_3^-(aq)$$

(4) 알짜이온 방정식으로도 나타낼 수 있다.
즉 반응전후에 아무런 변화가 없는 구경꾼 이온들을 제거하여 얻는다.

$$Ag^+(aq) + Cl^-(aq) \rightarrow AgCl(s)$$

(5) 화학방정식에 반응열을 포함시켜 열화학방정식을 얻는다.

$$C(s) + O_2(g) \rightarrow CO_2(g) + 94.05\ Kcal$$
$$C(s) + O_2(g) \rightarrow CO_2(g) \quad \triangle H^o = -94.05\ Kcal$$

고체 탄소 1mole(12.0g)을 완전히 태우면 $CO_2$ 1 mole과 94.05 Kcal의 열량을 얻는다. 표준생성엔탈피($\triangle H^o$)가 + 값이면 **흡열반응**이고 – 값이면 **발열반응**이다.

(6) 화학반응식의 정량적 의미

① 계수 맞추기

| $C_3H_8$ | + | $5O_2$ | → | $3CO_2$ | + | $4H_2O$ |
|---|---|---|---|---|---|---|
| 1분자의 $C_3H_8$ | | 5분자의 $O_2$ | | 3분자의 $CO_2$ | | 4분자의 $H_2O$ |
| 1mol의 $C_3H_8$ | | 5mol의$O_2$ | | 3mol의 $CO_2$ | | 4mol의 $H_2O$ |
| $6\times10^{23}$개 $C_3H_8$ | | $5\times6\times10^{23}$개 $O_2$ | | $3\times6\times10^{23}$개 $CO_2$ | | $4\times6\times10^{23}$개 $H_2O$ |
| 44g $C_3H_8$ | | $5\times32$g $O_2$ | | $3\times44$g $CO_2$ | | $4\times18$g $H_2O$ |

**예 1.6** 황산제이철($Fe_2(SO_4)_3$)과 염화바륨($BaCl_2$)의 반응식은 다음과 같다.

$$Fe_2(SO_4)_3 + 3BaCl_2 \rightarrow 3BaSO_4 + 2FeCl_3$$

① $BaSO_4$ 100g을 얻는데 필요한 $Fe_2(SO_4)_3$의 양은 몇 g인가?

$$\frac{100\text{g } BaSO_4}{} \times \frac{1\text{mol } BaSO_4}{233\text{g } BaSO_4} \times \frac{1\text{mol } Fe_2(SO_4)_3}{3\text{mol } BaSO_4} \times \frac{400\text{g } Fe_2(SO_4)_3}{1\text{mol } Fe_2(SO_4)_3} = 57.2\text{g } Fe_2(SO_4)_3$$

② $Fe_2(SO_4)_3$ 100g과 반응하는 $BaCl_2$의 무게는 얼마인가?

$$\frac{100\text{g } Fe_2(SO_4)_3}{} \times \frac{1\text{mol } Fe_2(SO_4)_3}{400\text{g } Fe_2(SO_4)_3} \times \frac{3\text{mol } BaCl_2}{1\text{mol } Fe_2(SO_4)_3} \times \frac{208\text{g } BaCl_2}{1\text{mol } BaCl_2} = 156\text{g } BaCl_2$$

③ $Fe_2(SO_4)_3$ 50g과 $BaCl_2$ 100g을 혼합하여 생성되는 $FeCl_3$의 최대량은 얼마인가?

※ 한정반응물 결정: 한정반응물은 생성물의 양을 제한하는 반응물로서 몰농도로 결정한다(반응물 중 적은 몰농도).

$$\frac{50\text{g } Fe_2(SO_4)_3}{} \times \frac{1\text{mol } Fe_2(SO_4)_3}{400\text{g } Fe_2(SO_4)_3} = 0.125 \text{ mol } Fe_2(SO_4)_3$$

$$\frac{100\text{g } BaCl_2}{} \times \frac{1\text{mol } BaCl_2}{208\text{g } BaCl_2} \times \frac{1}{3} = 0.16 \text{ mol } BaCl_2$$

∴ 한정반응물 = $Fe_2(SO_4)_3$

$$\frac{50\text{g } Fe_2(SO_4)_3}{} \times \frac{1\text{mol } Fe_2(SO_4)_3}{400\text{g } Fe_2(SO_4)_3} \times \frac{2\text{mol } FeCl_3}{1\text{mol } Fe_2(SO_4)_3} \times \frac{162.3\text{g } FeCl_3}{1\text{mol } FeCl_3} = 40.6\text{g } FeCl_3$$

# 제1장 연·습·문·제

1. 다음 각 이온들에 대한 화학식을 써라.

a. sulfate b. nitrate c. carbonate d. chloride
e. chlorite f. sulfite g. bromate h. bromide
i. perbromate j. hydrogen carbonate k. chromate
l. dichromate m. iron(III) n. iron(II) o. barium
p. copper(II) q. aluminum r. potassium
s. tin(IV) t. stannous

2. 다음의 각 화합물에 대한 정확한 화학식을 써라.

a. sulfur trioxide b. dinitrogen tetroxide c. carbon dioxide
d. tetraphosphorus hexaoxide e. carbon monoxide
f. sulfur dioxide g. dinitrogen monoxide
h. dinitrogen pentoxide i. diphosphorus pentasulfide
j. chlorine dioxide

3. 다음의 각 화합물들에 대한 정확한 이름을 써라.

a. $Fe(NO_2)_2$ b. $Mg(CN)_2$ c. $(NH_4)_2SO_4$ d. $CdCO_3$ e. $Al_2(Cr_2O_7)_3$
f. $Al_2(SO_4)_3$ g. $Li_2SO_3$ h. $Cu_2C$ i. $Ba(NO_3)$ j. $Ag_3PO_4$

4. 다음의 각 화합물들을 산, 염기, 또는 염으로 분류하여라. 모두 수용액에 용해된 화합물이라고 가정한다.

a. $H_3PO_4$ b. $SrCO_3$ c. $(NH_4)_2CO_3$ d. $AlCl_3$
e. $HMnO_4$ f. $Ca(OH)_2$ g. $HC_2H_3O_2$ h. $CaCl_2$

5. 다음의 항을 정의 또는 설명하여라.

a. mole b. 아보가드로 수 c. 몰질량 d. 표준온도와 표준압력
e. 기체의 몰부피 f. 실험식 g. 분자식

6. 다음에 주어진 화합물들의 분자량, 화학식량을 계산하여라.

a. $CO_2$  b. $C_6H_{12}O_6$  c. $NH_3$  d. CH4  e. $SO_3$  f. $N_2O_3$

f. $Al_2O_3$  g. $ZnF_2$  h. $Ca(OH)_2$  i. $Hg(NO_3)_2$  j. $Ca(PO_4)_2$

k. $Al_2(SO_4)_3$  l. CO  m. $C_2H_4$  n. $CaCl_2$  o. $Ca(NO_3)_2$

7. 다음을 계산하여라.

a. 알루미늄 3.6g에서 알루미늄의 몰수
b. 산소원자 50g에서 산소원자의 몰수
c. 산소원자 50g에서 산소분자의 몰수
d. $AgCl_3$ 3.5g에서 AgCl의 몰수
e. $CaCO_3$ 3.5g에서 $CaCO_3$의 몰수
f. 황산 0.125Kg에서 황산의 몰수
g. $FeCl_3$ 1.5 mole에서 Fe와 Cl원자의 몰수
h. 인산마그네슘 2.7 mole에서 마그네슘이온의 몰수
i. $1.6 \times 10^{23}$ Na 원자에서 Na의 몰수
j. $7.5 \times 10^{24}$ $H_2O$ 분자에서 $H_2O$의 몰수
k. 22.0g Na에서 Na의 몰수
l. 황(S) 85g에서 황의 몰수
m. 108g $CH_4$에서 $CH_4$(메탄)의 몰수
n. 4.25g sodium chloride에서 sodium chloride의 몰수
o. 4.2Kg calcium carbonate에서 calcium carbonate의 몰수
p. 12.6g aluminium 이온에서 aluminium의 몰수
q. 황산알루미늄 0.350 mol에서 황(S)의 몰수
r. 17.6g의 arsenic에서 arsenic의 몰수
s. 18.9g의 potassium bromide에서 potassium bromide의 몰수
t. 3.2 mol barium chloride에서 chloride원자의 몰수
u. arsenic 원자 갯수 $5.25 \times 10^{24}$에서 arsenic의 몰수
v. potassium bromide 갯수 $4.21 \times 10^{25}$에서 potassium bromide의 몰수

# 제1장 연 • 습 • 문 • 제

8. 다음 화합물들의 실험식을 구하여라.

   a. 48.0% Zn과 52.0% Cl

   b. 19.0% tin(주석)과 81.0% iodine(요오드)

   c. 25.9% 철과 74.1% bromine(브롬)

   d. 62.6% pb와 8.5% $N_2$와 29.0% $O_2$

   e. Mg 28.8%와 탄소(C) 14.2%와 산소 57.0%

   f. Ca 38.8%와 인 20.0% 그리고 산소 41.3%

   g. Na 36.5%와 황 25.4% 그리고 산소 38.1%

   h. K 44.9%와 황 18.4%와 산소 36.7%

   i. 인 7.2% 브롬 92.8%

   j. gallium 74.4%와 산소 25.6%

10. 박테리아 감염 처리제로 사용되는 술파제인 sulfadiazime를 분석한 결과, 48.0% C, 4% H, 22.4% N, 12.8% S, 그리고 12.8% O를 나타내었다. 분자질량이 250 amu가 됨을 알았을 때, sulfadizime의 분자식을 구하여라.

11. 여성 성호르몬인 estrogen을 분석한 결과, 80% C, 8.2% H, 그리고 11.8% O를 나타내었다. 분자량이 270 amu가 됨을 알았을 때, estrogen의 분자식을 구하여라.

12. 담배잎에는 2 ~ 8%의 nicotine이 있다. 이것을 분석한 결과, 74.0% C, 8.7% H, 그리고 17.3% N를 나타내었다. 분자질량이 162amu 일때, nicotine 의 분자식을 구하여라.

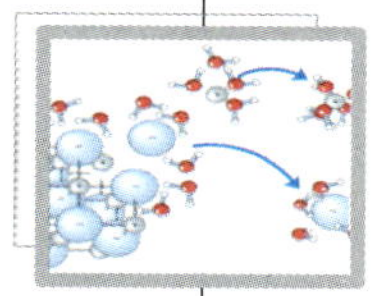

# Chapter 2

# 기체의 성질

모든 기체물질들은 확산에 의해 용기의 크기와 모양에 관계없이 용기 전체를 고르게 차지하여 균일 기체용액이 된다. 기체의 물리적 성질은 기체의 양, 부피, 온도 및 압력에 의해 결정된다. 기체분자는 빠른 속도로 운동을 하고 운동하는 기체분자는 그것이 담겨진 그릇의 벽에 부딪혀 압력을 준다. 기체분자의 압력은 기체의 양과 온도에 비례한다. 일반적으로 기체상태 표현은 몰수(n), 부피(V), 온도(T), 압력(P)의 네 가지 변수를 이용한다.

## 1 기체의 분자적 특징

기체 분자들은 서로 멀리 떨어져 있으며 끊임없이 무작위 운동을 하며 전 방향으로 확산한다. 더구나 기체들은 무질서하게 운동하여 용기의 벽에 부딪치며 이러한 충돌이 기체압력의 원인이 된다.

기체의 압축성 - 쉽게 작은 부피로 제한시킬 수 있으며, 분자들 사이에 빈 공간 많음.

## 2 압력

기체상태 표현 : 몰수(n), 부피(V), 온도(T), 압력(P)의 네 가지 변수이용.

$$압력(P) = \frac{힘(F)}{면적(A)}$$ : 단위 면적 당 작용하는 힘 (단위 = $N/m^2$)

기체의 압력 : 기체분자들의 용기벽에 충돌결과로 생김.

압력측정 : 기압계(barometer)로 측정

- 장치고안 : Torricelli (17세기)
- 측정원리 : 수은기둥의 높이 이용(수은기둥 높이는 대기압에 비례)
- 압력(P) = 힘/면적 = F/A = mg/A = d·h·A·g/A = d·h·g

  [A : 기둥의 면적, h : 기둥의 높이, m : 수은의 질량,

  g : 자유낙하가속도($9.81 m/s^2$), d : 수은의 밀도]
- 압력 P는 기둥의 높이 h에 비례하고 대기압과 균형을 이룸

**예 2.1** 기압계 수은기둥의 높이가 760mm(=0.760m), 수은의 밀도가 20℃에서 $13.546g/cm^3$ (=$13,546kg/m^3$), 자유낙하 가속도가 $9.80665m/s^2$일 때 대기압은 얼마인가?

① $P = d \cdot h \cdot g = (13,546kg/m^3) \times (0.760m) \times (9.80665m/s^2)$

$= 1.01 \times 10^5$ $kg/m \cdot s^2$

$= 1.01 \times 10^5$ Pa $= 101$ kPa ($1$ kPa $= 10^3$ Pa)

– **SI단위 : 파스칼(Pa) 1 Pa = 1 $kg/m \cdot s^2$**

## 3 압력단위

많이 사용하는 압력단위는 다음과 같다.

기압(atm) : 1 atm = 760 torr = 760 mmHg (1 mmHg = 1 Torr)

bar : 1 bar = $10^5$ Pa (1 bar = 100 kPa)

1 atm = 1.013 bar = 1,013 mmbar

**예 2.2** 기상도에서 99.8 kPa의 압력은 몇 Torr인가?

① 1 kPa = $10^3$ Pa, 1 atm = $1.01325 \times 10^5$ Pa, 1 atm = 760 Torr

$$\text{압력(Torr)} = 99.8\text{kPa} \times \left(\frac{10^3\text{Pa}}{1\text{kPa}}\right) \times \left(\frac{1\text{atm}}{1.01325 \times 10^5\text{Pa}}\right) \times \left(\frac{760\text{Torr}}{1\text{atm}}\right) = 749\text{Torr}$$

## 4 Boyle의 법칙

1660년 영국의 R. Boyle은 일정한 무게의 기체가 나타내는 압력(P)과 부피(V)와의 관계에서 "온도가 일정할 때 일정량의 기체의 부피는 압력에 반비례 한다"는 사실을 발견하였다.

압력(P) ∝ 1/부피(V) 또는 P = 상수/V (T 일정)

∴ PV = 상수 (T 일정) 또는 $P_1V_1 = P_2V_2$

**예 2.3** 일정한 온도 1기압 상태에서 120 L의 부피를 가진 공기를 40.0 L로 압축시킬 때 필요한 압력을 계산하라.

① Boyle의 법칙 적용 : $P_2V_2 = P_1V_1$

나중 상태의 압력 $P_2$를 얻기 위해 양변을 $V_2$로 나누면

$$P_2 = P_1 \times \frac{V_1}{V_2}$$

| 상태 | 압력 P | 부피 V | 양 n | 온도 T |
|---|---|---|---|---|
| 1. 초기 | 1.00 atm | 120 L | – | – |
| 2. 나중 | ? | 40.0 L | 동일 | 동일 |

나중압력 $P_2 = 1.00atm \times (\frac{120L}{40.0L}) = 3.00atm$

## 5 Charles의 법칙

1787년 프랑스 J. A. Charle은 일정한 무게의 기체가 나타내는 온도(t)와 부피(V)와의 관계에서 **"압력이 일정할때 일정량의 기체의 부피는** 온도가 1 ℃상승함에 따라 0 ℃때 부피($V_o$)의 $\frac{1}{273.16}$ 만큼 증가한다. 즉 일정한 압력에서 기체의 부피는 **절대온도(T = 273.16 + t)에 비례한다**"라고 정의하였다.

V ∝ T(절대온도) 또는 V = 상수 × T ( P 일정) ; V/T = 상수

$$\frac{V_1}{T_1} = \frac{V_2}{T_2}$$

## 6 Boyle-Charles의 법칙

일정량의 기체의 부피($V$)는 압력($P$)에 반비례하고 절대온도($T$)에 비례한다. 이것을 결합 기체의 법칙이라고도 한다.

$$\frac{P_1V_1}{T_1} = r = \frac{P_2V_2}{T_2}$$

## 7 아보가드로(Avogadro)의 법칙

일정한 온도와 압력에서 **기체의 부피는 기체의 양**에 비례한다.

즉 기체의 몰수에 비례함.

즉 $V \propto n$

몰부피 ($V_m$) = 차지한 부피/물질의 양 = V/n

- 일정한 온도와 압력에서 분자의 몰수 2배 → 부피도 2배로 됨

**예 2.4** 온도가 18℃까지 이르는 따뜻한 스웨덴의 겨울 낮에 262 L의 기상 관측용 헬륨 풍선을 만들어 놓았으나 다음날 아침 같은 기압, -10℃ 온도에서 풍선이 띄워지지 않았다. 이때 헬륨의 부피를 구하여라.

① Charles의 법칙에 따라 같은 압력에서 V/T는 상수이므로

$$\frac{V_2}{T_2} = \frac{V_1}{T_1}$$

나중부피 $V_2$를 구하기 위해 양변을 $T_2$로 곱하면

$$V_2 = V_1 \times \frac{T_2}{T_1}$$

| 상태 | 압력 P | 부피 V | 양 n | 온도 T |
|---|---|---|---|---|
| 1. 초기 | - | 262 L | - | T1 = ( 18 + 273.15) K = 291 K |
| 2. 나중 | 동일 | ? | 동일 | T2 = (-10 + 273.15) K = 263 K |

최종부피 $V_2 = (262\,L) \times (\frac{263\,K}{291\,K}) = 237\,L$

**예 2.5** 0℃, 1atm에서 어떤 기체의 부피는 2.5 L 이다. 이 기체가 2.0 L의 용기에서 그 압력이 1.5 atm이 되게 하려면 온도를 얼마나 올려주어야 하는가?

① Boyle-Charles의 법칙에 따라

$$\frac{P_1V_1}{T_1} = \frac{P_2V_2}{T_2}$$

$T_1$ = 0 ℃, $P_1$ = 1.0 atm, $V_1$ = 2.5 L

$T_2$ = ? ℃, $P_2$ = 1.5 atm, $V_2$ = 2.0 L

$$T_2 = T_1 \times \frac{P_2V_2}{P_1V_1} = 273\ ^oK \times \frac{1.5\,atm}{1.0\,atm} \times \frac{2.0\,L}{2.5\,L} = 327.6\ ^oK$$

∴ 327.6 - 273 = 54.6 ℃

**예 2.6** 대기를 연구하기 위하여 25g의 클로로플룰오르탄소를 플라스크에 넣고 뚜껑을 막았다. 이때 20 ℃에서 기체의 압력이 278 Torr를 나타내었다. 10g 의 시료를 더 넣었을 때 같은 온도에서 같은 압력을 유지하기 위해서 용기의 부피가 몇 배 더 커져야하는지를 계산하여라.

① 일정 온도, 압력에서 V/n은 일정. 처음과 나중의 양과 부피는 다음과 같음.

$$\frac{V_2}{n_2} = \frac{V_1}{n_1}$$

$V_2$를 구하기 위해 양변에 $n_2$를 곱하면 $V_2 = V_1 \times \frac{n_2}{n_1}$

분자의 몰수는 시료의 질량에 비례. 몰수비를 질량비로 환산이 가능함.

나중부피 $V_2 = V_1 \times \frac{35g}{25g} = V_1 \times 1.4$

∴ 플라스크 용기 1.4배 커야함.

## 8 기체의 상태방정식

Boyle-Charles의 법칙 $\frac{PV}{T} = r$ 의 관계를 정확하게 만족시키는 실제기체는 없다. 이 관계가 성립되는 가상적인 기체를 이상기체(ideal gas)라고 한다.

Boyle의 법칙에서 $V = k\frac{1}{P}$, Charles의 법칙에서 $V = kT$, Avogadro의 법칙에서 $V = kn$의 3식에서 상수 k를 합치면 $V = k_1k_2k_3\frac{1}{P}\cdot T\cdot n$가 되고 $k_1k_2k_3$의 상수를 R이라 하면 $PV = nRT$가 된다.

표준상태(0 ℃, 1 atm)에서 기체 1 mole이 차지하는 부피(22.414 *L*)를 위 식에 대입하면

$$R = \frac{PV}{nT} = \frac{1 \times 22.414}{1 \times 273.16} = 0.08205\frac{L\cdot atm}{mole\cdot {}^{\circ}K}$$

와 같이 일정 값을 얻는데 이 값이 기체상수 R이다. 따라서 PV = RT가 된다. n mole의 기체에서는 $PV = nRT$이다. 이 식은 이상기체에 잘 맞으므로 **이상기체의 상태방정식**(ideal gas equation)이라고 한다.

$$\begin{aligned} R &= 0.082 L\cdot atm\cdot K^{-1}\cdot mol^{-1} \\ &= 8.314\ J\cdot K^{-1}mol^{-1} \\ &= 1.987\ cal\cdot K^{-1}\cdot mol^{-1} \end{aligned}$$

또한 $PV = nRT$에서 몰수 n은 질량(m)/분자량(MW)이므로 $PV = \frac{m}{MW}RT$이 된다

또한 이상시체 상태 방정식을 이용하여 어떤 기체의 밀도(density)를 구할 수 있다. 밀도는 질량(m)/부피(V)이므로 $PV = \frac{m}{MW}RT$에서 $\frac{m}{V} = \frac{P\cdot MW}{R\cdot T}$가 된다.

**예 2.7** 어떤 화합물이 90℃, 720mmHg에서 증기의 밀도가 1.434g/L이다.
이 화합물의 분자량은 얼마인가?

① 이상기체 상태방정식에서 $PV = nRT$, $PV = \frac{m}{MW}RT$ 이므로, 이 식에서 MW를 구하면 된다.

$P = 720mmHg = 0.947\ atm$, $V = 1L$, $m = 1.434g$,

$R = 0.082L \cdot atm \cdot K^{-1} \cdot mol^{-1}$, $T = (90 + 273)K^{-1}$

② $MW = \frac{mRT}{PV} = \frac{1.434}{0.947} \times \frac{0.082L \cdot atm}{mol \cdot K} \times \frac{363K}{1L} = 45.07\ \frac{g}{mol}$

이상기체란 분자 자신의 부피와 분자 상호간의 인력이 없는 기체를 뜻하므로 실제기체 일지라도 압력이 낮고 온도가 높으면 이상기체의 성질에 가깝다.

van der Waals는 실제기체의 상태식을 다음과 같이 제안하였다.

$$\left(P + \frac{an^2}{V^2}\right)(V - nb) = nRT$$

위식에서 P, V, T, n 및 R은 이상기체 상태식에서와 같은 의미를 갖지만 $a$와 $b$는 실험에 의해 결정된 상수로서 기체마다 각각 다르다. $\frac{an^2}{V^2}$는 분자간의 인력으로 인한 보정값이고, nb는 분자 자신의 체적으로 인한 보정값이다.

**예 2.8** 이상기체 방정식과 반데르 발스 방정식을 이용한 압력의 비교 문제.
암모니아 3.50 mol은 47℃에서 5.20L를 차지하고 있다. (a) 이상기체 방정식과 (b) 반데르 발스 방정식을 이용하여 압력을 계산하라.
단, 암모니아의 a = 4.17 atm $L^2/mol^2$, b = 0.0371 L/mol

① $P = \frac{nRT}{V} = \frac{3.50\ mol \cdot 0.082\ L\ atm/mol\ K \cdot (47+273)K}{5.20\ L} = 17.7\ atm$

② $(P + \frac{an^2}{V^2})(V-nb) = nRT$

$[P + \frac{4.17 \cdot (3.50)^2}{(5.20)^2}][5.20-3.50 \times 0.0371] = (3.50)(0.082)(47 + 273)$

$\therefore P = 16.2\ atm$

## 9 혼합기체의 부분압력의 법칙

1807년 영국의 J. Dalton에 의해 **"혼합기체의 전체압력은 각 성분기체의 부분압력의 합과 같다"**고 발표되었다.

부피가 V인 그릇안에 이상기체 A, B, C가 각각 $n_A, n_B, n_C$ 몰씩 있다고 하면 각 기체의 압력 $P_A, P_B, P_C$는 $PV = nRT$에 의하여

$$P_A = \frac{n_A RT}{V},\ P_B = \frac{n_B RT}{V},\ P_C = \frac{n_C RT}{V}$$

가 되고, 전체압력은 다음과 같다.

$$P_t = P_A + P_B + P_C = \frac{(n_A + n_B + n_C)RT}{V}$$

**예 2.9** $H_2$ 1g과 He 5g을 20℃에서 5L 용기에 섞어 넣을 때 혼합기체의 전체 압력은 얼마인가?

① 혼합기체 부분압력 법칙에서 $P_t = P_A + P_B + P_C = \frac{(n_A + n_B + n_C)RT}{V}$

$$n_A(H_2) = 1\,g\,H_2 \times \frac{1\,mol\,H_2}{2\,g\,H_2} = 0.5\ mol$$

$$nB(He) = 5\,g\,He \times \frac{1\,mol\,He}{4\,g\,He} = 1.25\ mol$$

② $\therefore\ P_t = (0.5 + 1.25)\,mol \times \frac{1}{5\,L} \times \frac{0.082\,L \cdot atm}{mol \cdot K} \times \frac{293K}{1}$

$= 8.4\ atm$

## 10 기체의 확산속도의 법칙

1829년 영국의 T. Graham은 두 종류의 기체가 작은 구멍을 통하여 확산될 때 **"기체의 확산속도(v)는 그 밀도(d)의 제곱근에 반비례 한다"**는 사실을 발견하였다.

또한 일정한 온도와 압력에서 기체의 밀도는 분자량에 비례하므로 기체의 확산속도(v)는 **분자량(M)의 제곱근에 반비례**하게 된다.

$$\frac{v_1}{v_2} = \sqrt{\frac{d_2}{d_1}} = \sqrt{\frac{M_2}{M_1}}$$

$H_2$ 기체와 $O_2$ 기체가 혼합되었을 때 두 기체의 확산 속도 비는 다음과 같다.

$$\frac{v_{H_2}}{v_{O_2}} = \sqrt{\frac{d_{O_2}}{d_{H_2}}} = \sqrt{\frac{M_{O_2}}{M_{H_2}}} = \sqrt{\frac{32}{2}} = 4$$

**예 2.10** 우라늄-238(99.3% 자연 존재)로부터 우라늄-235(0.7% 자연 존재)를 분리하는 방법 중의 하나는 이들의 $UF_6$ 기체를 분출시키는 방법이다.
$^{235}UF_6$는 $^{238}UF_6$보다 얼마나 빨리 분출되는가?

$^{235}U$ 원자량 = 235.119 g/mol

$^{238}U$ 원자량 = 238.125 g/mol

① 각각 기체의 분자량은 $^{235}UF_6$ 분자량 = 235.119 + (19 × 6) = 349.119 g/mol

$^{238}UF_6$ 분자량 = 238.125 + (19 × 6) = 352.125 g/mol

$$\frac{^{235}UF_6\text{의 확산속도}}{^{238}UF_6\text{의 확산속도}} = \sqrt{\frac{^{235}UF_6\text{의 분자량}}{^{235}UF_6\text{의 분자량}}} = \sqrt{\frac{352.125}{349.119}} = 1.0043$$

② ∴ $^{235}UF_6$는 $^{238}UF_6$보다 1.0043배 빨리 확산된다.

# 제2장 연 • 습 • 문 • 제

1. 다음을 계산하여라.

   a. 표준상태에서 헬륨 가스 15L의 몰수

   b. 표준상태에서 산소($O_2$) 875ml 속에 있는 산소 가스의 몰수

   c. 표준상태에서 질소($N_2$) 48.0L 속에 있는 질소 가스의 돌수

   d. 표준상태에서 이산화탄소 14.0L 속에 있는 이산화탄소의 그램수

   e. 표준상태에서 메탄 6.50L 속에 있는 메탄($CH_4$) 가스의 그램수

2. 30 ℃ 710 torr에서 기체시료가 차지하는 부피는 73.5 mL이다. 30 ℃ 1 atm에서 부피는 몇 mL가 되겠는가?

3. 27 ℃에서 어떤 기체가 차지하는 부피가 4.5 L이다. 압력이 일정하다면 섭씨온도로 몇 도 일때 부피가 6.00 L가 되는가?

4. 27 ℃, 1기압에서 기체시료가 차지하는 부피가 160 mL이다. 0 ℃, 1기압에서의 부피를 계산하여라.

5. 부피가 일정할 때 표준상태에서 원래 1 L 인 기체의 온도가 220 ℃로 변하였다. 최종기체의 압력을 torr 단위로 계산하라.

6. 27 ℃, 1.25 기압에서 산소기체 2.34 몰의 부피를 계산하여라.

7. 30 ℃에서 10.0 L의 실린더에 들어있는 0.63 몰의 질소기체의 압력을 mmHg로 계산하여라.

8. 30 ℃, 640 torr에서 이산화황($SO_2$ : MW = 64.1) 기체의 밀도를 계산하라.

9. 10 ℃, 680 mmHg에서 메탄($CH_4$) 기체의 밀도를 계산하라.

10. 온도가 26℃까지 이르는 따뜻한 뒷동산의 겨울 낮에 150 L의 기상 관측용 헬륨 풍선을 만들어 놓았으나, 다음날 아침 같은 기압, −5℃ 온도에서 풍선이 띄워지지 않았다. 이때 헬륨의 부피를 구하여라.

11. 0℃, 1atm에서 어떤 기체의 부피는 3.7 L 이다. 이 기체가 3.0 L의 용기에서 그 압력이 1.7 atm이 되게 하려면 온도를 얼마나 올려주어야 하는가?

12. 대기를 연구하기 위하여 30g의 CFC를 플라스크에 넣고 뚜껑을 막았다. 이때 25 ℃에서 기체의 압력이 284 Torr를 나타내었다. 15g의 시료를 더 넣었을 때 같은 온도에서 같은 압력을 유지하기 위해서 용기의 부피가 몇 배 더 커져야하는지를 계산하여라.

13. 어떤 화합물이 95℃, 740mmHg에서 증기의 밀도가 1.67g/L이다. 이 화합물의 분자량은 얼마인가?

14. 암모니아 3.86 mol은 38℃에서 4.80L를 차지하고 있다. (a) 이상기체 방정식과 (b) 반데르발스 방정식을 이용하여 압력을 계산하라. 단, 암모니아의 a = 4.17 atm $L^2/mol^2$, b = 0.0371 L/mol

15. $H_2$ 1g과 $N_2$ 5g을 20℃에서 8 L 용기에 섞어 넣을 때 혼합기체의 전체 압력은 얼마인가?

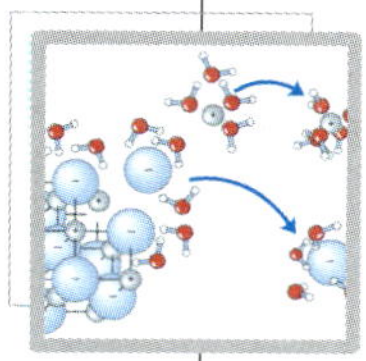

# 용액과 농도

1 용액

2 용액의 농도

3 용액의 총괄성

4 콜로이드 용액

3 Chapter

# 1 용액(Solution)

물질은 3가지 상태 즉, 기체(gas), 액체(liquid) 그리고 고체(solid)로 되어 있다. 물질이 액체와 균일한 상태로 혼합되는 현상을 용해라 하고, 용해로 인하여 생긴 균일한 혼합물을 용액(solution)이라고 한다.

물질을 용해시키는데 사용된 액체를 용매(solvent)라 하고, 용해되는 물질을 용질(solute)이라 하며 둘 다 액체일 때는 많이 있는 물질을 용매라 한다. 특히 용매가 물일 때를 수용액(aqueous solution)이라고 한다.

## 1. 용해도 (Solubility)

일반적으로 용해도란 일정온도, 일정압력에서 일정량의 용매에 최대로 용해되는 용질의 무게를 말한다.

특히 물에 대한 고체염들의 용해도는 두 가지로 설명된다. NaCl과 같이 잘 녹는 염들의 **용해도는 용매(물) 100 g에 포화로 용해된 용질의 g수**이고 용해도는 일반적으로 온도에 의해 변화한다. 그러나 그 물질이 해당용매에 녹기 어려울 때는 분자용해도(또는 몰용해도)를 사용한다.

## 2. 분자용해도(Molecular solubility : S, $L_m$)

AgCl과 같이 난용성염들의 용해도는 **분자용해도**를 사용한다. 포화**용액 1L 중에 용해된 용질을 분자량으로 나눈 값**(mole)으로 표시되며 이것을 **분자용해도(몰용해도)**라 한다.

일반적으로 용해도는 온도에 비례한다. 예를 들면 25 ℃에서 AgCl 포화용액 1 $L$ 중에 녹아 있는 $Ag^+$와 $Cl^-$의 무게가 0.0019 g 이었다면 AgCl 의 분자용해도는 다음과 같다.

$$\frac{0.0019\text{g}}{\text{AgCl의 분자량}} = \frac{0.0019\text{g}}{143.33\text{g}} = 1.32 \times 10^{-5}\text{mole}$$

따라서 AgCl 의 분자용해도($L_m$, S)는 다음과 같다.

$$1.32 \times 10^{-5}\frac{\text{mole}}{1l} = 1.32 \times 10^{-5}\text{M}$$

또, $AgCl(s) \rightleftarrows Ag^{+}(aq) + Cl^{-}(aq)$에서

$$K = \frac{[Ag^{+}][Cl^{-}]}{A_{AgCl}}$$

이고, 고체 AgCl의 활동도($A_{AgCl}$)는 1 이므로 $K = [Ag^{+}][Cl^{-}]$로 표시된다. 여기서 K는 난용성 염의 용해도와 관련된 평형상수이므로 $K_{SP}$(solubility product constant) 즉, 용해도적 상수라고 부른다. 용해도적 상수 값은 다음과 같이 구할 수 있다.

$$AgCl\text{의 분자용해도} = [Ag^{+}] = [Cl^{-}] = 1.32 \times 10^{-5}\text{M}$$

이므로 다음 식에 의거하여 $K_{SP}$를 구할 수 있다.

$$K_{SP} = [Ag^{+}][Cl^{-}] = 1.32 \times 10^{-5} \times 1.32 \times 10^{-5} = 1.7 \times 10^{-10}$$

일반적으로 난용성염들의 용해도를 구하는데 $K_{SP}$ 값을 이용한다.

〈표 3.1〉 대표적인 용해도곱 상수들(Ksp)

| 평형반응식 | 25℃에서의 값 | 환경화학에서의 중요성 |
|---|---|---|
| $AgCl \rightleftarrows Ag^{+} + Cl^{-}$ | $1.7\times10^{-10}$ | 경도제거, 물때 생성방지 |
| $Fe(OH)_2 \rightleftarrows Fe^{2+} + 2OH^{-}$ | $5.0\times10^{-15}$ | 응집, 철의제거, 부식방지 |
| $Fe(OH)_3 \rightleftarrows Fe^{3+} + 3OH^{-}$ | $6.0\times10^{-38}$ | 응집, 철의제거, 부식방지 |
| $Al(OH)_3 \rightleftarrows Al^{3+} + 3OH^{-}$ | $1.0\times10^{-32}$ | 응집 |
| $CaF_2 \rightleftarrows Ca^{2+} + 2F^{-}$ | $3.0\times10^{-11}$ | 불소첨가 |
| $Zn(OH)_2 \rightleftarrows Zn^{2+} + 2OH^{-}$ | $8.0\times10^{-18}$ | 중금속제거 |

## 3. 용해도적 상수로부터 분자용해도(S, $L_m$) 구하는 법

① 1:1 반응

$$AgCl \rightleftarrows Ag^{+} + Cl^{-}$$
$$S\ mol \quad S\ mol$$

$$K_{sp} = [Ag^{+}] \times [Cl^{-}] = S \times S = S^2$$

$$\therefore S = \sqrt{K_{SP}}$$

② 1:2 반응(2:1 반응)

$$Fe(OH)_2 \rightleftarrows Fe^{2+} + 2OH^{-}$$
$$S\ mol \quad 2S\ mol$$

$$K_{sp} = [Fe^{+}] \times [OH^{-}]^2 = S \times (2S)^2 = 4S^3$$

$$\therefore S = \sqrt[3]{\frac{K_{SP}}{4}}$$

③ 1:3 반응(3:1 반응)

$$Ag_3PO_4 \rightleftarrows 3Ag^{+} + PO_4^{3-}$$
$$3S\ mol \quad S\ mol$$

$$K_{sp} = [Ag^{+}]^3 \times [\ PO_4^{3-}] = (3S)^3 \times S = 27S^4$$

$$\therefore S = \sqrt[4]{\frac{K_{SP}}{27}}$$

④ 2:3 반응(3:2 반응)

$$As_2S_3 \rightleftarrows 2As^{3+} + 3S^{2-}$$
$$2S\ mol \quad 3S\ mol$$

$$K_{sp} = [As^{3+}]^2 \times [S^{2-}]^3 = (2S)^2 \times (3S)^3 = 108S^5$$

$$\therefore S = \sqrt[5]{\frac{K_{SP}}{108}}$$

**예 3.1** $AgCl$(m.w. : 143)은 20℃에서 용액 1L 중에 0.0016g이 용해된다.
$AgCl$의 물에 대한 분자용해도를 구하여라. 그리고 $K_{sp}$를 구하여라.

<풀이> ① $L_m = \dfrac{\text{용액 }1L\text{ 중에 용해된 용질의 }g\text{수}}{\text{분자량}} = \dfrac{0.0016}{143} = 1.12 \times 10^{-5}$

$\therefore$ 분자용해도 = $1.12 \times 10^{-5}$ mole/L

② $AgCl$는 1:1 반응이므로

$K_{sp} = (L_m) \times (L_m) = (1.12 \times 10^{-5}) \times (1.12 \times 10^{-5}) = 1.25 \times 10^{-10}$

**예 3.2** $Ag_3PO_4$(m.w. : 419)는 20℃에서 용해도가 $6.5 \times 10^{-3}$ g/L이다.
$Ag_3PO_4$의 물에 대한 분자용해도를 구하여라. 그리고 $K_{sp}$를 구하여라.

<풀이> ① $L_m = \dfrac{\text{용액 }1L\text{ 중에 용해된 용질의 }g\text{수}}{\text{분자량}} = \dfrac{0.0065}{419} = 1.6 \times 10^{-5}$

$\therefore$ 분자용해도 = $1.6 \times 10^{-5}$ mole/L

② 반응식 : $Ag_3PO_4 \rightleftarrows 3Ag^+ + PO_4^{3-}$

$Ag_3PO_4$는 3:1 반응이므로

$K_{sp} = (3L_m)^3 \times (L_m) = (3 \times 1.6 \times 10^{-5})^3 \times (1.6 \times 10^{-5}) = 1.8 \times 10^{-18}$

**예 3.3** 25℃ 일때 $Ag_2CrO_4$의 $K_{sp}$는 $1.0 \times 10^{-12}$ 이다. 이때 $Ag_2CrO_4$의 $[Ag^+]$는 얼마인가?
그리고 용액 1L에 녹아들어가는 $Ag_2CrO_4$의 양은 얼마인가?($Ag_2CrO_4$의 분자량 : 331)

<풀이> ① 반응식 : $Ag_2CrO_4 \rightleftarrows 2Ag^+ + CrO_4^{2-}$

$L_m = \sqrt[3]{\dfrac{K_{SP}}{4}}$ 이므로

$= \sqrt[3]{\dfrac{10^{-12}}{4}} = 6.3 \times 10^{-5}$

$\therefore$ 분자용해도 = $6.3 \times 10^{-5}$ mole/L = $[CrO_4^{2-}]$

$\therefore [Ag^+] = 2 \times L_m = 2 \times 6.3 \times 10^{-5} = 1.26 \times 10^{-4}$

② $L_m = \dfrac{\text{용액 }1L\text{ 중에 용해된 용질의 }g\text{수}}{\text{분자량}} = \dfrac{x}{331} = 6.3 \times 10^{-5}$

$\therefore x = 0.021$ g/L

## 2 용액의 농도 (concentration of the solution)

### 1. 몰 농도( molarity, molar concentration, M)

용액 1$L$중에 용해된 용질의 mole수로서 $M\left(\frac{mole}{L}\right)$단위를 갖는다.

- 몰농도(M) = $\frac{\text{용질의 몰수}}{\text{용액의 } L \text{ 수}}$, • 용질의 몰(mole)수 = $\frac{\text{용질의 } g \text{ 수}}{\text{분자량}}$

**예 3.4** 수산화나트륨 230g을 물에 녹여 2.5L의 용액을 만들었다.
이 용액의 몰농도를 구하여라. 그리고 나트륨 이온의 몰농도를 구하여라.

<풀이> ① 몰농도(M) = $\frac{\text{용질의 몰수}}{\text{용액의 } L \text{ 수}}$, 용질의 몰수 = $\frac{\text{용질의 } g \text{ 수}}{\text{분자량}}$

② 몰수 = $\frac{230}{40}$ = 5.75 몰

③ 몰농도 = $\frac{5.75 \text{ mole}}{2.5 \text{ L}}$ = 2.3 M

④ Na 이온의 몰농도 = 2.3 M

**예 3.5** 2.00 M 수산화나트륨 수용액 250 mL를 만들기 위하여 필요한 NaOH의 무게를 g으로 구하여라.

<풀이> ① 몰농도(M) = $\frac{\text{용질의 몰수}}{\text{용액의 } L \text{ 수}}$

② 2 M NaOH = $\frac{2 \text{ mole NaOH}}{1 \text{ L 용액}}$

③ 1 mole NaOH = 40g NaOH

$\therefore$ 250mL 용액 × $\frac{1 \text{L 용액}}{1000 \text{ mL 용액}}$ × $\frac{2 \text{ mole NaOH}}{1 \text{ L 용액}}$ × $\frac{40 \text{ g NaOH}}{1 \text{ mole NaOH}}$

= 20g NaOH

**예 3.6** 400g의 수산화나트륨으로 만들 수 있는 6 M의 수산화나트륨의 부피(L)를 계산하여라.

<풀이> ① 몰농도(M) = $\dfrac{\text{용질의 몰수}}{\text{용액의 } L \text{ 수}}$

② 6 M NaOH = $\dfrac{6 \text{ mole NaOH}}{1 \text{ L 용액}}$

③ 1 mole NaOH = 40g NaOH

$\therefore$ 400g NaOH × $\dfrac{1 \text{ mole NaOH}}{40 \text{ g NaOH}}$ × $\dfrac{1 \text{ L 용액}}{6 \text{ mole NaOH}}$

= 1.67 L 용액

**예 3.7** 0.1 M NaOH 500mL에 들어있는 NaOH의 양을 계산하여라.

<풀이> ① 몰농도(M) = $\dfrac{\text{용질의 몰수}}{\text{용액의 } L \text{ 수}}$

② 0.1 M NaOH = $\dfrac{0.1 \text{ mole NaOH}}{1 \text{ L 용액}}$

③ 0.1 mole NaOH = 4g NaOH

$\therefore$ 1L 속에 4g 녹아있으므로 500mL 속에는 2g이 녹아있다.

## 2. 노르말 농도(normality, normal concentration, N)

용액 1$L$중 용해된 용질의 g당량수로서 N(g당량/$L$) 단위를 가지며, 규정농도라고도 한다.

- 노르말농도(N) = $\dfrac{\text{용질의 당량수}}{\text{용액의 } L \text{ 수}}$, • 용질의 당량(eq)수 = $\dfrac{\text{용질의 } g \text{ 수}}{\text{당량}}$
- 당량 = $\dfrac{\text{분자량}}{(H^+,\ OH^-,\ \text{이동된 전자})\text{의 수}}$

**예 3.8** 황산($H_2SO_4$) 35g을 물에 녹여 2.8L의 용액을 만들었다. 이 용액의 노르말(N) 농도를 구하여라.

<풀이> ① 노르말농도(N) = $\frac{\text{용질의 당량수}}{\text{용액의 } L \text{ 수}}$, 용질의 당량수 = $\frac{\text{용질의 } g \text{ 수}}{\text{당량}}$

당량 = $\frac{\text{분자량}}{H^+\text{의 수}}$

② 당량 = $\frac{98}{2}$ = 49　　③ 당량수 = $\frac{35}{49}$ = 0.71

④ N농도 = $\frac{0.71}{2.8}$ = 0.25 N

**예 3.9** 0.1 N 황산($H_2SO_4$) 용액 500 mL 중에 포함된 황산의 양을 구하여라.

<풀이> ① 노르말농도(N) = $\frac{\text{용질의 당량수}}{\text{용액의 } L \text{ 수}}$, 용질의 당량수 = $\frac{\text{용질의 } g \text{ 수}}{\text{당량}}$

당량 = $\frac{\text{분자량}}{H^+\text{의 수}}$

② 0.1 N 황산 = $\frac{4.9g \text{ 황산}}{1L}$　∴ 1L 속에 4.9 g이 들어있으니 500mL 속에는 2.45g이 들어있다.

**예 3.10** $FeCl_3$(MW=162) 용액 100 mL 중에 $FeCl_3$가 0.5g 포함되어 있다면 이 용액의 N 농도를 구하여라.

<풀이> ① 노르말농도(N) = $\frac{\text{용질의 당량수}}{\text{용액의 } L \text{ 수}}$, 용질의 당량수 = $\frac{\text{용질의 } g \text{ 수}}{\text{당량}}$

당량 = $\frac{\text{분자량}}{H^+\text{의 수}}$, $FeCl_3$의 당량 = $\frac{162}{3}$ = 54

② 용질의 당량수 = $\frac{0.5}{54}$ = 0.009

③ N = $\frac{0.009}{0.1}$ = 0.09

## 3. 몰랄 농도(molrality, m)

용매 1 Kg 중에 용해된 용질의 몰수로서 m 단위를 갖는다. 몰랄농도는 온도에 따라 변하지 않는 특징이 있다.

- 몰랄농도(m) $= \dfrac{\text{용질의 몰수}}{\text{용매의 } Kg \text{ 수}}$, • 용질의 몰수 $= \dfrac{\text{용질의 } g \text{ 수}}{\text{분자량}}$

**예 3.11** $FeCl_3$(MW = 162) 42g을 물에 녹여 1L로 되게 하였다. 이 용액의 비중이 1.038이라면 이 용액의 몰랄(m) 농도를 구하여라.

<풀이> ① 몰랄농도(m) $= \dfrac{\text{용질의 몰수}}{\text{용매의 } Kg \text{ 수}}$, 용질의 몰수 $= \dfrac{\text{용질의 } g \text{ 수}}{\text{분자량}}$

② 용액의 무게 = 용매의 무게 + 용질의 무게

③ 비중(밀도) $= \dfrac{\text{질량(무게)}}{\text{부피}}$

∴ 용액의 무게 = 밀도 × 부피 = 1.038g/mL × 1000mL = 1038g

④ 용매의 무게 = 1038 − 42 = 996g, 용질의 몰수 $= \dfrac{42}{162} = 0.26$

⑤ 몰랄농도 $= \dfrac{0.26}{0.996} = 0.261$

## 4. 포르말 농도(formality, formal concentration, F)

용액 1L중에 용해된 용질의 mole수로서 F(g화학식량) 단위를 갖는다.

- 포르말농도(F) $= \dfrac{\text{용질의 몰수}}{\text{용액의 } L \text{ 수}}$, • 용질의 몰수 $= \dfrac{\text{용질의 } g \text{ 수}}{\text{화학식량}}$

## 5. 퍼센트 농도(percentage concentration)

■ w/v % 농도 : 용액 100 *mL* 중에 용해된 용질의 무게(g)이다.

$$\bullet\ \text{w/v\% 농도} = \frac{\text{용질의 } g \text{ 수}(g)}{\text{용액의 부피 수}(mL)} \times 100$$

■ v/v % 농도: 용액 100 *mL* 중에 용해된 용질의 부피(*mL*)이다.

$$\bullet\ \text{v/v\% 농도} = \frac{\text{용질의 } mL \text{ 수}(mL)}{\text{용액의 } mL \text{ 수}(mL)} \times 100 \quad \text{(부피백분율)}$$

■ w/w % 농도 : 용액 100 g중에 용해된 용질의 무게(g) 이다.

$$\bullet\ \text{w/w\% 농도} = \frac{\text{용질의 } g \text{ 수}(g)}{\text{용액의 } g \text{ 수}(g)} \times 100 \qquad \text{(질량백분율)}$$

**예 3.12** 25g의 염화나트륨을 물에 녹여 175g의 용액을 만들었을 때 염화나트륨의 질량백분율(w/w%)을 구하여라.

<풀이> ① $\text{w/w \%} = \frac{\text{용질의 } g \text{ 수}(g)}{\text{용액의 } g \text{ 수}(g)} \times 100 = \frac{25\,g\ \text{용질}}{175\,g\ \text{용액}} \times 100 = 14.3\%$

**예 3.13** 물 100g 속에 염화나트륨 15g을 용해시켰다. 이 용액에서 염화나트륨의 질량백분율(w/w%)을 구하여라.

<풀이> ① $\text{w/w \%} = \frac{\text{용질의 } g \text{ 수}(g)}{\text{용액의 } g \text{ 수}(g)} \times 100 = \frac{15\,g\ \text{용질}}{\text{용매}100g + \text{용질 } 15\,g} \times 100$

$= 13\%$ 염화나트륨

**예 3.14** 20 %의 설탕용액을 만들기 위하여 825g의 물에는 몇 g의 설탕을 넣어야 하는지 계산하여라.

<풀이> ① $20\%\ \text{설탕용액} = \dfrac{\text{설탕 } 20\,g}{\text{물 } 80\,g + \text{설탕 } 20\,g} \times 100$

∴ 물 80g에 대해서 설탕 20g이 필요하다.

$$825\text{g 물} \times \frac{\text{설탕 } 20\,g}{\text{물 } 80\,g} = 206\text{g 설탕}$$

**예 3.15** 시판되는 염산용액 500g 속에 순수한 HCl이 175g이 함유되어 있다면 이 염산은 몇 w/w%인지 계산하여라.

<풀이> ① $\text{w/w } \% = \dfrac{\text{용질의 } g \text{ 수}(g)}{\text{용액의 } g \text{ 수}(g)} \times 100 = \dfrac{175\,g\ \text{용질}}{500\,g\ \text{용액}} \times 100$

$= 35\%\ \text{염산}$

**예 3.16** 8 w/v% NaCl 용액 50 mL 중에 들어있는 NaCl의 양은 얼마인가?

<풀이> ① $\text{w/v } \% = \dfrac{\text{용질의 } g \text{ 수}(g)}{\text{용액의 } mL \text{ 수}(mL)} \times 100 = 8$

② $\text{용질의 g 수} = \dfrac{8 \times 50}{100} = 4\text{g NaCl}$

**예 3.17** $H_2SO_4$ 10 mL로 4 v/v% $H_2SO_4$ 용액 몇 mL를 만들 수 있는가?

<풀이> ① $\text{v/v } \% = \dfrac{\text{용질의 } mL \text{ 수}(mL)}{\text{용액의 } mL \text{ 수}(mL)} \times 100 = 4$

② $\text{용액의 mL 수} = \dfrac{10 \times 100}{4} = 250\text{ mL } H_2SO_4$

## 6. ppm(parts per million)

용액 1 L(1kg) 중에 용해된 용질의 mg수이다 $\left(\frac{1\text{mg}}{1L} = \frac{1\mu\text{g}}{1\text{m}L}\right)$

$$\bullet\ \text{ppm 농도} = \frac{\text{용질의 } mg \text{ 수}}{\text{용액의 } L\,(kg) \text{ 수}} = \frac{\text{용질의 } g \text{ 수}(g)}{\text{용액의 부피 수}(mL)} \times 10^6$$

1 % = 10,000 ppm

**예 3.18** HCl 100 mL 중에 불순물인 비소(As)가 $10^{-4}$g 들어있다면 몇 ppm 농도인가?

<풀이> ① $\text{ppm} = \frac{\text{용질의 } g \text{ 수}}{\text{용액의 } mL \text{ 수}} \times 10^6 = \frac{10^{-4}\ g}{100\ mL} \times 10^6 = 1$

∴ 1 ppm

**예 3.19** 0.1 ppm 아연(Zn) 용액은 몇 % 농도인가?

<풀이> ① $0.1\ \text{ppm} = \frac{0.1\,mg \text{ 용질}}{1L \text{ 용액}} = \frac{10^{-4}\ g}{1000\ mL}$

② $\%\ \text{농도} = \frac{\text{용질의 } g \text{ 수}(g)}{\text{용액의 부피 수}(mL)} \times 100 = \frac{10^{-4}\ g}{1000\ mL} \times 100 = 10^{-5}\ \%$

<별해> ① 1% = 10,000 ppm

$$0.1\ \text{ppm} \times \frac{1\ \%}{10{,}000\ ppm} = 10^{-5}\ \%$$

## 7. ppb(parts per billion)

용액 1 $L$ 중에 용해된 용질의 μg 수 이다$\left(\frac{\mu g}{L}\right)$.

$$\bullet\ \text{ppb 농도} = \frac{\text{용질의 } \mu g \text{ 수}(\mu g)}{\text{용액의 } L \text{ 수}(L)} = \frac{\text{용질의 } g \text{ 수}(g)}{\text{용액의 부피 수}(mL)} \times 10^9$$

1ppm = 1,000 ppb

**예 3.20** 0.1 ppb 아연(Zn) 용액 1 L 중에 들어 있는 Zn의 양(g)을 구하여라.

<풀이> ① $\text{ppb} = \dfrac{\text{용질의 } g \text{ 수}(g)}{\text{용액의 부피 수}(mL)} \times 10^9$

② $0.1 \text{ ppb} = \dfrac{\text{용질의 } g \text{ 수}}{1000\,mL} \times 10^9$

$\therefore$ 용질의 g 수 = $0.1 \times 1000 \times 10^{-9} = 10^{-7}$ g

**예 3.21** 10 ppb 아연(Zn) 용액의 % 농도와 ppm 농도를 구하여라.

<풀이> ① 10 ppb는 $\dfrac{10\,\mu g}{1\,L}$ 이므로 용액 1000 mL 속에 용질이 $10^{-5}$ g 포함.

② $\%\text{ 농도} = \dfrac{\text{용질의 } g \text{ 수}(g)}{\text{용액의 부피 수}(mL)} \times 100 = \dfrac{10^{-5}\,g}{1000\,mL} \times 100 = 10^{-6}\ \%$

③ $\text{ppm 농도} = \dfrac{\text{용질의 } g \text{ 수}(g)}{\text{용액의 부피 수}(mL)} \times 10^6 = \dfrac{10^{-5}\,g}{1000\,mL} \times 10^6 = 0.01 \text{ ppm}$

## 3 용액의 총괄성(Colligative properties)

용액의 총괄성이란 용액에 들어 있는 용질 입자들의 종류에 상관없이 용질 입자들의 수에 의해 결정되는 성질을 의미한다. 여기에는 끓는점 오름과 어는점 내림이 있다.

### 1. 끓는점 오름(Boiling point elevation)

바닷물이나 설탕용액의 끓는점을 측정해 보면 순수한 물의 끓는점 보다 다소 높은 온도에서 끓는다는 것을 알 수 있다. 예를 들면 물 1000g에 설탕 1 몰이 들어 있는 용액은 1기압 하에서 순수한 물의 끓는 온도인 100℃에서 끓지 않고 이보다 조금 높은 온도인 1C0.52℃에서 끓는다. 이와 같이 용액에 용해되어 있는 용질은 끓는점을 높여 준다.

용질 첨가에 의한 끓는점 오름은 용액의 몰랄농도와 몰랄 끓는점 오름 상수($K_b$)에 의해 계산할 수가 있다.

• $T_b$의 변화 = 몰랄농도(m) × $K_b$

〈표 3.2〉 물과 벤젠의 몰랄 끓는점오름상수와 몰랄 어는점내림상수

| 용 매 | 정상 끓는점 (℃) | $K_b$(℃/m) | 어는점 (℃) | $K_f$(℃/m) |
|---|---|---|---|---|
| 물 | 100.0 | 0.52 | 0.0 | 1.86 |
| 벤젠 | 80.1 | 2.53 | 5.5 | 5.12 |

## 2. 어는점 내림(Freezing point depression)

바닷물은 0℃가 되어도 얼지 않는다. 설탕용액 또한 마찬가지이다. 이들 용액은 순수한 물보다 다소 낮은 온도에서 언다. 즉 물 1000g에 설탕 1몰이 녹아 있는 용액은 -1.86℃에서 언다. 용액에 녹아 있는 용질이 그 용액의 어는점을 낮추어 준다.

용질 첨가에 의한 어는점 내림은 용액의 몰랄농도와 몰랄 어는점 내림 상수($K_f$)에 의해 계산할 수가 있다.

• $T_f$의 변화 = 몰랄농도(m) × $K_f$

고속도로에 눈이 왔을 때 염화나트륨(NaCl)이나 염화칼슘($CaCl_2$) 같은 염을 뿌리는 것은 어는점 내림의 원리를 이용한 것이다. 이 혼합물(얼음-염)의 어는점은 순수한 물의 어는점보다 낮아서 얼지 않는다.

자동차의 라지에이터에 들어가는 부동액도 같은 원리를 이용한 것이다. 부동액에 첨가되는 에틸렌글리콜은 끓는점도 높여 주고 어는점도 낮추어 준다.

**예 3.22** 1기압 하에서 3.3 몰랄농도의 설탕 수용액의 끓는점(℃)을 구하여라.

<풀이> ① $T_b$의 변화 = 몰랄농도(m) × $K_b$

② $T_b$의 변화 = $3.3\ m \times 0.52\ \frac{℃}{m} = 1.72\ ℃$

∴ 설탕용액의 끓는점 = 100 + 1.72 = 101.72 ℃

**예 3.23** 1기압 하에서 벤젠 150g에 니트로벤젠($C_6H_5NO_2$)(MW:123) 7.56g이 녹아 있는 용액의 어는점(℃)을 구하여라. 순수한 벤젠의 어는점은 5.5℃이다.

<풀이> ① $T_f$ 변화 = 몰랄농도(m) × $K_f$

② 니트로벤젠의 몰랄농도 = $\dfrac{\text{용질의 몰수}}{\text{용매의 } Kg \text{ 수}} = \dfrac{7.56/123}{0.15\ Kg} = 0.41\ \text{m}$

③ $T_f$의 변화 = $0.41\ \text{m} \times 5.12\ \dfrac{℃}{m} = 2.1\ ℃$

∴ 벤젠 용액의 어는점 = 5.5 − 2.1 = 3.4℃

## 4 콜로이드 용액(Colloidal solution)

진용액(참용액)이란 용질이 분자나 이온과 같은 입자단위로 용매에 녹아있는 설탕용액이나 소금용액 같은 투명용액을 말한다.

콜로이드용액이란 분산질(용질)이 콜로이드입자($10^{-7} \sim 10^{-5}$cm) 크기로 분산매(용매)에 녹아있는 용액을 말한다. 콜로이드 용액 중 분산질이 고체, 분산매가 액체이면 현탁액(suspension), 분산질과 분산매가 모두 액체이면 유탁액(emulsion), 콜로이드입자가 액체 중에 분산되어 전체가 유동성인 액상이면 졸(sol)이라 한다.

〈표 3.3〉 콜로이드의 크기 및 성질

| 거친입자 | 1000nm | 미세입자 | $10^{-5}$cm<br>100nm | **콜로이드 입자** | $10^{-7}$cm<br>1nm | 분자 |
|---|---|---|---|---|---|---|

① 콜로이드 입자는 일반현미경으로 볼 수 없으며 한외현미경을 통해서 볼 수 있다.

② 콜로이드 입자는 거름종이를 통과하지만 반투막은 통과하지 못한다.

〈표 3.4〉 콜로이드의 분류

| 분산질 | 분산매 | 이 름 | 예 |
|---|---|---|---|
| 기체 | 기체 | 기체 에어로졸 | 매연, 연기 |
| 기체 | 액체 | 거품 | 면도크림의 거품 |
| 기체 | 고체 | 고체거품 | 스치로폼 |
| 액체 | 기체 | 액체 에어로졸 | 안개, 구름 |
| 액체 | 액체 | 에멀젼 | 우유, 마요네즈, 버트, 핸드크림 |
| 액체 | 고체 | 겔(gel)(유탁액) | Jell-O, 두발용 젤, 치즈 |
| 고체 | 기체 | 고체에어로졸 | 먼지 |
| 고체 | 액체 | 졸(sol)(현탁액) | 라텍스 페인트, 젤라틴 |
| 고체 | 고체 | 고체졸 | 루비 색유리, 오팔보석, 합금 |

졸(sol)에는 젤라틴과 같이 소량의 전해질을 가할 때 침전이 가능한 소수성 졸과 비누액과 같이 다량의 전해질을 가해야만 분산질이 석출하는(salting out : 염석) 친수성 졸이 있다.

친수성 졸 입자는 그 표면에 분산매의 분자를 흡수하여 점도를 나타내고 액이 진하면 탄성을 가진다. 농도를 점점 크게 해주면 친수성 sol 입자 사이에 물분자가 끼어서 전체가 탄성있는 덩어리가 된다. 이와 같이 형성된 두부와 같은 것을 겔이라고 한다. 우유에 식초산을 가하여 만든 대용두부는 다공성 겔이다.

## 1. 틴달효과(Tyndall effect)

공기 중에 있는 먼지와 같은 콜로이드 입자들은 비교적 좁은 구멍을 통하여 빛살이 유입되면, 먼지 입자들이 빛을 산란시키고 밝고 작은 반점으로 보인다. 콜로이드 입자가 빛을 산란시키는 현상을 틴달효과라고 부른다.

## 2. 브라운 운동(Brown movement)

콜로이드를 특수한 현미경으로 관찰하면 분산되어 있는 콜로이드 입자가 분산매 속에서 지그재그로 무질서하게 운동하는 것을 관찰할 수 있다. 콜로이드의 이런 효과 때문에 콜로이드 용액을 가만히 두어도 가라앉지 않는다. 이런 효과는 영국의 식물학자 Robert Brown이 화분가루의 세포질 입자를 이용하여 관찰하였다.

### 3. 전기적 성질

콜로이드 입자들은 모두 전하를 띠고 있다. 콜로이드 용액의 안정도는 전하(charge)에 의존하며, 같은 전하를 가진 입자들은 서로 반발하므로 뭉쳐서 큰 입자가 될 만큼 가까이 접근하지 못한다.

음전하를 띠고 있는 콜로이드 입자는 <그림 3.1>에 나타나 있는 바와 같이 부근의 반대이온(counter ion)을 끌어당긴다. 여기서 반대전하가 밀집된 층을 보통 **고정층(fixed layer)** 또는 **Stern layer**라고 부르며, 이 층의 바깥을 **확산층(diffuse layer)**이라고 한다.

두 층에는 모두 양전하와 음전하를 갖는 이온이 존재하는데 콜로이드 입자가 음으로 하전되어 있으므로 음이온 보다는 양이온(반대이온)의 수가 훨씬 많으며, 반대이온의 농도는 콜로이드 입자의 표면에서 가장 높고 분산층의 외부 경계면으로 갈수록 감소된다.

콜로이드 입자들이 전기장에 놓이게 되면, 입자들은 그 전하의 반대편으로 이동하는데 이런 현상을 전기이동(electrophoresis)이라 하며, 이것을 이용하여 콜로이드 입자의 전하를 측정할 수 있는데 측정된 전위를 제타전위(zeta potential)라 한다.

$$\zeta = \frac{4\pi \cdot q \cdot d}{D}$$

여기서 $\zeta$ = 제타전위(zeta potential)

$q$ = 단위면적당 전하

$d$ = 확산층의 뚜께

$D$ = 용액의 유전상수

따라서 제타전위는 콜로이드 입자의 전하를 측정한 것이며 이는 전하가 영향을 미치는 거리에 좌우된다. 제타전위가 커짐에 따라 콜로이드 입자 사이의 반발력은 커지므로 더욱 안정화되어 부유상태를 유지하게 된다.

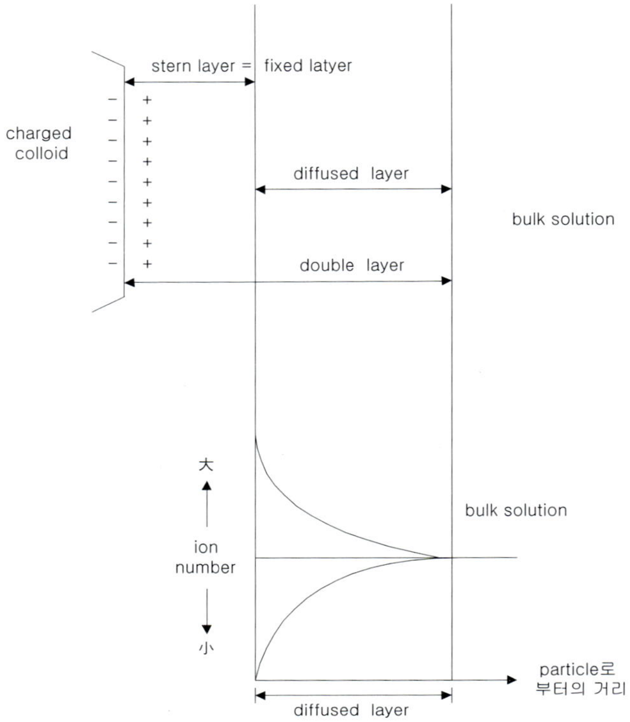


〈그림 3.1〉 음전하를 띠고 있는 콜로이드 입자의 전기이중층

## 4. 흡착 및 투석

콜로이드 입자들은 표면적이 아주 크기 때문에 흡착력이 매우 크다. 대개의 흡착은 선택적으로 일어나며 일부 이온들을 선택적으로 흡착하고 다른 이온을 배제하기도 한다. 이 선택 작용은 전하를 띤 입자를 만들어 내며, 콜로이드 분산의 안정도에 기여한다.

그리고 콜로이드 입자들은 반투막을 통과하지 못한다. 이렇게 반투막을 이용하여 콜로이드 입자를 전해질이나 작은 분자로부터 분리 정제하는 방법을 투석(dialysis)이라 한다.

## 5. 엉김(응석)

콜로이드 용액에 전해질을 넣으면 반대 전하의 이온에 의해 중화되어 덩어리가 되어 침전하는 현상을 엉김(coagulation)이라 한다. 예를 들면, 두부에 간수를 넣어서 고화시키는 현상이나, 우유에 식초를 떨어뜨리면 침전으로 가라앉는 현상, 강 하구에 삼각주가 형성되는 현상과 폐수에 응집제($FeCl_3$ 등)를 가하여 침전시키는 것도 이러한 원리이다.

## 제3장 연 • 습 • 문 • 제

1. 다음의 용어들을 정의하거나 설명하라.

ⓐ 용액 ⓑ 포화용액 ⓒ 몰농도 ⓓ 몰랄농도 ⓔ 노르말농도
ⓕ 총괄성 ⓖ 콜로이드 ⓗ 분산질 ⓘ 용해도 ⓙ 질량백분율

2. 다음 용액에 대한 질량백분율을 계산하여라.

ⓐ 7.25g의 염화나트륨이 용해되어 있는 95.8g의 수용액
ⓑ 100g의 물에 26.4g의 탄산칼슘이 용해되어 있는 수용액
ⓒ 95g의 물에 4.56g의l 염화칼슘이 용해되어 있는 수용액
ⓓ 34g의 글리세롤에 0.5g의 페놀이 용해되어 있는 용액

3. 다음의 용매에 넣어주어야 하는 용질의 무게(g)를 계산하여라.

ⓐ 350g의 물을 사용하여 15 %의 황산칼륨 용액을 만들 때
ⓑ 45g의 물을 사용하여 13 %의 염화나트륨 용액을 만들 때
ⓒ 300g의 물을 사용하여 25 %의 질산칼륨 용액을 만들 때

4. 다음 수용액의 몰농도를 계산하시오.

ⓐ 에틸알코올($C_2H_6O$) 82g이 들어있는 용액
ⓑ 2.65g의 염화나트륨(NaCl)이 들어 있는 50 mL의 수용억
그리고 염소이온의 몰농도도 계산하라.
ⓒ 22.6g의 설탕($C_{12}H_{22}O_{11}$)이 들어 있는 357 mL의 수용액

5. 다음 수용액의 노르말 농도를 계산하시오.

ⓐ 9.5g의 수산화나트륨이 들어있는 570 mL의 용액
ⓑ 14.1g의 수산화칼슘이 들어있는 600 mL의 용액
ⓒ 26.5g의 황산이 들어있는 960 mL 용액

6. 다음 용액의 몰랄 농도를 계산하시오.

ⓐ 물 800g에 에틸알코올 75g이 녹아있는 용액
ⓑ 물 620g에 황산 25g이 녹아있는 용액
ⓒ 물 900g에 설탕 35g이 녹아있는 용액

## 제3장 연 · 습 · 문 · 제

7. 수산화나트륨 55g을 물에 녹여 3.6L의 용액을 만들었다. 이 용액의 몰농도를 구하여라. 그리고 나트륨 이온의 몰농도를 구하여라.

8. 3.00 M 수산화나트륨 수용액 300 mL를 만들기 위하여 필요한 NaOH의 무게를 g으로 구하여라.

9. 200g의 수산화나트륨으로 만들 수 있는 3 M의 수산화나트륨의 부피(L)를 계산하여라.

10. 0.01 M NaOH 300mL에 들어있는 NaOH의 양을 계산하여라.

11. 황산($H_2SO_4$) 77g을 물에 녹여 5.8L의 용액을 만들었다. 이 용액의 노르말(N) 농도를 구하여라.

12. $FeCl_3$(MW=162) 용액 300 mL 중에 $FeCl_3$가 0.9g 포함되어 있다면 이 용액의 N 농도를 구하여라.

13. 30g의 염화나트륨을 물에 녹여 300g의 용액을 만들었을 때 염화나트륨의 질량백분율 (w/w%)을 구하여라.

14. 10 w/v% NaCl 용액 70 mL 중에 들어있는 NaCl의 양은 얼마인가?

15. $H_2SO_4$ 40 mL로 6 v/v% $H_2SO_4$ 용액 몇 mL를 만들 수 있는가?

16. HCl 250 mL 중에 불순물인 비소(As)가 $10^{-4}$g 들어있다면 몇 ppm 농도인가?

17. 1기압 하에서 5.3 몰랄농도의 설탕 수용액의 끓는점(℃)을 구하여라.

18. 1기압 하에서 벤젠 140g에 니트로벤젠($C_6H_5NO_2$)(MW:123) 4.3g이 녹아있는 용액의 어는점(℃)을 구하여라. 순수한 벤젠의 어는점은 5.5℃이다.

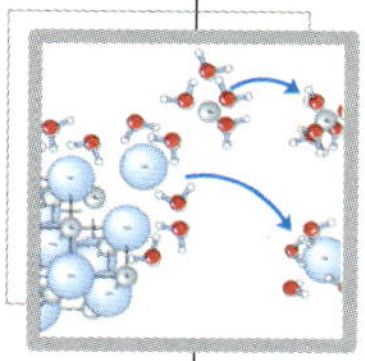

# 용액의 평형



4 Chapter

# 1 화학평형

## 1. 평형상수

반응물질(reactant) A와 B가 서로 반응하여 생성물질(product) C와 D를 만들 때, 일반적으로 화학반응식을 표현하는데 있어서 식 (4-1)과 같이 반응물질을 왼쪽에 쓰며, 생성물질은 오른쪽에 나타낸다.

$$aA + bB \rightleftarrows cC + dD \tag{4-1}$$

여기서 만들어진 생성물질 C와 D는 주어진 조건에서 서로 반응하여 원래의 반응물질 A와 B로 되돌아간다. 이 때 질량의 변화없이 반응은 평형에 도달하며 ⇄로 표시하고, 이와 같은 반응을 **가역반응**(reversible reaction)이라 한다. 또 어떤 반응은 한쪽으로만 가는(화살표 →) **비가역반응**(irreversible reaction)도 있다. 가역반응에서 화살표의 방향이 오른쪽의 경우를 정반응이라 하고 화살표의 방향이 왼쪽일 때는 역반응이라 한다.

반응이 평형에 도달하였을 때 반응이 끝났다고 표현하지만 평형에서는 정반응의 속도와 역반응의 속도가 같다는 것을 의미하며, 이 경우 외관상으로는 반응이 정지한 것처럼 보이지만 실제로는 계속하여 정반응과 역반응이 일어나고 있는 것이다.

반응이 일어나는 정도를 표시하는 값으로서 **평형상수**(equilibrium constant : K)를 사용한다. 평형상수(K)는 식 (4-2)와 같이 표현된다.

$$K = \frac{\text{생성물질의 몰농도}}{\text{반응물질의 몰농도}} = \frac{[C]^c\,[D]^d}{[A]^a\,[B]^b} \tag{4-2}$$

예를 들어서 다음반응 식 (4-3)의 평형상수는

$$2NaOH + H_2SO_4 \rightleftarrows Na_2SO_4 + 2H_2O \tag{4-3}$$

$$K = \frac{[Na_2SO_4]}{[NaOH]^2[H_2SO_4]} \qquad (4\text{-}4)$$

식 (4-4)로 나타낼 수 있으며, 순수한 고체, 액체 또는 용매의 농도는 1로 생각하여 생략할 수 있으므로 $H_2O$는 생략한다.

평형상수 값은 온도와 압력의 함수이고 같은 온도와 압력 하에서는 항상 같은 값을 가진다. 평형상수가 크다는 것은 상대적으로 반응이 우측으로 이동하여 생성물이 잘 만들어진다는 것을 의미하며, 평형상수가 적다는 것은 생성물이 잘 만들어지지 않는다는 것을 의미한다.

## 2. Le Chatelier의 법칙

반응이 평형상태에 있을때 평형조건(온도, 압력, 화학종의 농도) 중 어떤 하나의 효과가 작용하면 그 효과를 없애기 위한 방향으로 평형이 이동하는 것을 **르 샤틀리에의 법칙** 또는 **평형이동의 법칙**이라 한다.

다시 말해서 "어떤 화학반응의 평형계에 어떤 교란(stress)이 가해지면 평형은 그 교란을 감소시키려는 방향으로 이동한다"는 것이다.

다음과 같은 반응식에서

$$N_2(g) + 3H_2(g) \rightleftarrows 2NH_3(g) + 22\ Kcal \qquad (4\text{-}5)$$

$$K = \frac{P^2_{NH_3}}{P_{N_2}P^3_{H_2}} \quad (K: 평형상수,\quad P: 압력) \qquad (4\text{-}6)$$

위 반응에 $N_2$ 혹은 $H_2$를 가하면 평형은 오른쪽으로 진행된다.

위 반응에 압력을 가하면 평형은 기체의 몰수가 적은 쪽으로 진행된다.

위 반응은 발열반응이므로 온도를 가하면 평형은 왼쪽으로 진행된다.

## 2 활동도(Activity)

### 1. 활동도와 활동도 계수

전해질의 해리나 이온화에 대해서 물질의 용액의 농도가 높아짐에 따라 평형관계에서 그들의 정량적인 효과는 단순히 용액의 몰농도 변화만으로 계산한 것보다 점차 작아지게 된다. 특히 농도가 높아지게 되면 차이가 크게 된다.

이러한 이온들의 차이를 수정하기 위해서 활동도 또는 유효농도의 개념이 도입되게 되었다. 활동도란 그 성분 이온이 나타내는 유효농도를 말하며 간단하게 용액 중에서 실제로 활동하는 이온의 수를 말하며 그 농도에 비례한다.

$$a_i = f_i \cdot C_i \tag{4-7}$$

여기서 $a_i$는 i 이온의 활동도, $C_i$는 i 이온의 몰농도, $f_i$는 i 이온의 활동도계수(activity coefficient)이다.

식 (4-2)에서 나타낸 평형상수를 활동도로 나타내면 식 (4-8)이 된다.

$$K^0 = \frac{(a_C)^c\,(a_D)^d}{(a_A)^a\,(a_B)^b} = \frac{(C_C)^c\,(C_D)^d}{(C_A)^a\,(C_B)^b} \times \frac{f_C \cdot f_D}{f_A \cdot f_B} \tag{4-8}$$

이때 $K^0$를 열역학적 평형상수라고 하며, 이에 대하여 식 (4-2)의 K를 고전적 평형상수라 한다. 그래서 활동도계수(f)를 알면 여기에 몰농도를 곱해서 활동도를 구할 수 있다.

한편, 활동도계수는 간단한 Debye-Hukel의 식 (4-9)과 확장된 Debye-Hukel의 식 (4-10)으로 계산할 수 있다.

$$-\log f_i = a \cdot z_i^2 \cdot \sqrt{\mu} \tag{4-9}$$

$$-\log f_i = \frac{a \cdot z^{+} \cdot z^{-} \cdot \sqrt{\mu}}{1 + \beta \cdot a \cdot \sqrt{\mu}} \tag{4-10}$$

여기에서 a는 용매화된 이온의 유효지름(Å)이고, $\mu$는 이온의세기, $\alpha$와 $\beta$는 각각 용매의 유전상수와 온도에 따른 상수이며, 일반적으로 25℃ 수용액에서는 $\alpha$=0.509, $\beta$=0.328의 값을 가진다. 위의 식 (4-9)와 (4-10)에서 보는 바와 같이 활동도계수는 용액 속에 녹아있는 전체 이온들의 수와 전하의 크기에 따라 달라지는데 이온간의 인력에 의한 영향을 보정해 주는 것이라고 할 수 있다. 무한히 묽은 용액에서는 이온의 활동도계수가 1에 가까운 값을 가지며, 그 때 어떤 이온의 활동도는 몰농도와 같다.

위의 식에서 보는바와 같이 활동도계수는 이온세기(ionic strength, $\mu$)에 따라 변하게 된다. 이온세기는 이온들의 농도를 나타내는 척도이며 식 (4-11)에서 구할 수 있다.

$$\mu = \frac{1}{2} \sum C_i z_i^2 \tag{4-11}$$

여기서 $C_i$는 i 이온의 농도이고 $z_i$는 i 이온의 전하수를 나타낸다.

**예 4.1** 다음 용액의 이온세기를 구하여라.

1) 0.05 M $KNO_3$

2) 0.05 M KCl + 0.1 M $Na_2SO_4$

<풀이> ① $[K^+]$ = 0.05 M, $[NO_3^-]$ = 0.05 M

$$\mu = \frac{1}{2} \sum C_i z_i^2 = \frac{1}{2}\{0.05 \times (+1)^2 + 0.05 \times (-1)^2\} = 0.05$$

② $[K^+]$ = 0.05 M, $[Cl^-]$ = 0.05 M

$[Na^+]$ = 0.1 M×2 =0.2 M, $[SO_4^{2-}]$ = 0.1 M

$$\mu = \frac{1}{2} \sum C_i z_i^2 = \frac{1}{2}\{0.05 \times (+1)^2 + 0.05 \times (-1)^2 + 0.2 \times (+1)^2 + 0.1 \times (-2)^2\} = 0.35$$

## 3 산-염기(Acid and base)의 정의

염산(HCl), 질산($HNO_3$), 황산($H_2SO_4$), 아세트산($CH_3COOH$), 탄산($H_2CO_3$) 등을 산이라 한다. 산은 모두 신맛을 내며, 푸른 리트머스 시험지를 붉게 변화시키며, 메틸오렌지 시험지를 붉게 변화시킨다. 그리고 많은 금속을 녹여 수소를 발생시키는 성질을 가지고 있다.

수산화나트륨(NaOH), 수산화칼륨(KOH), 암모니아($NH_3$), 수산화칼슘($Ca(OH)_2$), 수산화알루미늄($Al(OH)_3$) 등을 염기라고 한다. 염기는 쓴맛을 내며, 손에 묻히면 미끈미끈하다. 그리고 붉은 리트머스 시험지를 푸르게 변화시키는 성질을 가지고 있다.

산과 염기의 정의는 다음과 같다.

### 1. 아레니우스 이론(Arrhenius theory)

1884년 Arrhenius에 의해서 산과 염기의 개념이 성립되었는데, 물에 녹아서 수소이온($H^+$, $H_3O^+$)을 내어 놓는 HCl, $CH_3COOH$와 같은 물질을 산이라 하고, 수산화이온($OH^-$)을 내어 놓는 NaOH, $NH_4OH$와 같은 물질을 염기라고 한다. 묽혀진(0.1 M 이하) HCl 혹은 NaOH 용액은 거의 100% $H_3O^+$ 와 $Cl^-$ 혹은 $Na^+$와 $OH^-$로 이온화한다.

따라서 HCl 혹은 NaOH를 강전해질이라고 하고, HCl, $HNO_3$, $H_2SO_4$와 같이 산이 강전해질이면 강산, NaOH, KOH, $Ba(OH)_2$와 같이 염기가 강전해질이면 강염기라고 한다.

$$HCl + H_2O \rightarrow H_3O^+ + Cl^-$$

$$NaOH \rightarrow Na^+ + OH^-$$

반면에 $CH_3COOH$ 혹은 $NH_4OH$ 용액은 극히 일부분만이 이온화하므로 약전해질이라 한다. 따라서 $CH_3COOH$는 약산이고 $NH_4OH$는 약염기이다.

$$CH_3COOH + H_2O \rightleftarrows H_3O^+ + CH_3COO^-$$

$$NH_4OH \rightleftarrows NH_4^+ + OH^-$$

또한 물에 녹았을 때 내어 놓을 수 있는 $H_3O^+$가 1개인 HCl, $HNO_3$, $CH_3COOH$와 같은 산을 1염기산, 2개인 $H_2SO_4$, $H_2CO_3$ 와 같은 산을 2염기산, 3개인 $H_3PO_4$와 같은 산을 3염기산, 2염기산 이상을 다염기산이라고 부른다. 염기에서도 내어 놓을 수 있는 $OH^-$의 수에 따라 NaOH, KOH, $NH_4OH$ 등은 1산염기, $Ca(OH)_2$ 등은 2산염기, $Al(OH)_3$, $Fe(OH)_3$등은 3산염기라고 부른다.

## 2. 브론스테드-라우리 이론(Br∅nsted-Lowry theory)

산은 수소이온($H^+$)을 주는 물질이고 염기는 수소이온($H^+$)을 받아들이는 물질이다.

$$HCl + H_2O \rightleftarrows H_3O^+ + Cl^- \quad (1)$$

$$H_2O + CO_3^{2-} \rightleftarrows HNO_3^- + OH^- \quad (2)$$

HCl은 $H_2O$에 $H^+$를 주었기 때문에 산이고, $H_2O$는 HCl로 부터 $H^+$를 받아들였기 때문에 염기이다.

또 탄산염 반응에서는 $H_2O$가 $CO_3^{2-}$에 $H^+$를 주었기 때문에 산이고, $CO_3^{2-}$는 $H_2O$ 로부터 $H^+$를 받아들였기 때문에 염기이다. 따라서 식 (1) 반응에서의 HCl과 식 (2) 반응에서의 $H_2O$는 Br∅nsted Lowry의 산이고, 식 (1) 반응에서의 $H_2O$와 식 (2) 반응에서의 $CO_2^{2-}$는 Br∅nsted Lowry의 염기이다. 이와 같이 Br∅nsted Lowry의 이론에서는 산 염기가 원칙적으로 구분되어 있는 것이 아니고, 해당 반응에서 $H^+$를 주느냐 받느냐에 따라 결정된다. 그리고 식 (1) 반응에서 생성물인 $H_3O^+$는 $H_2O$의 짝산이고, $Cl^-$은 HCl의 짝염기이다. 그리고 식 (2) 반응에서 $HCO_3^-$는 $CO_3^{2-}$의 짝산이고, $OH^-$는 $H_2O$의 짝염기이다.

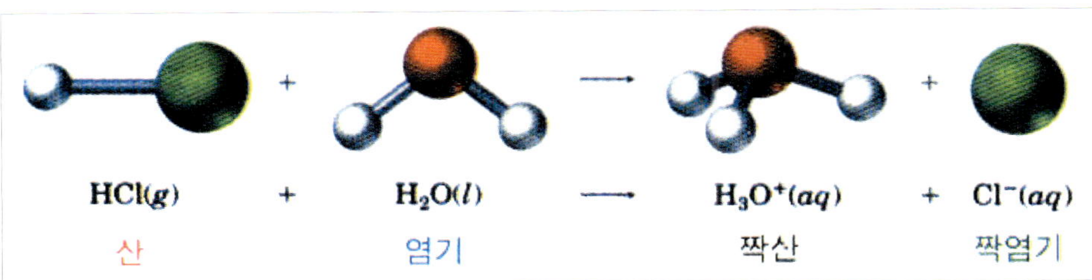


〈그림 4.1〉 짝산 – 짝염기의 비교

일반적인 짝산–짝염기의 개념은 다음과 같다.

$$\mathrm{H{-}A} \quad + \quad \mathrm{:B} \quad \rightleftarrows \quad \mathrm{A:^-} \quad + \quad \mathrm{H{-}B^+}$$

산 염기 짝염기 짝산

### 3. 루이스 이론(Lewis theory)

루이스 이론에서 **산은 전자쌍을 받는 물질**이고 **염기는 전자쌍을 주는 물질**이다.

$$\mathrm{H^+ + :NH_3 \rightarrow NH_4^+}$$

에서 $H^+$는 $NH_3$:로 부터 전자쌍을 받아 공유함으로 $NH_4^+$를 생성하고, $BF_3$는 $:F^-$로

$$\mathrm{BF_3 + :\ddot{\underset{..}{F}}:^- \rightarrow BF_4^-}$$

부터 전자쌍을 받아 공유함으로써 $BF_4^-$를 생성하였다. 따라서 전자쌍을 받은 $H^+$와 $BF_3$는 Lewis산이고, $NH_3$와 $F^-$는 전자쌍을 공급하면서 배위결합을 가능하게 하는 Lewis 염기이다.

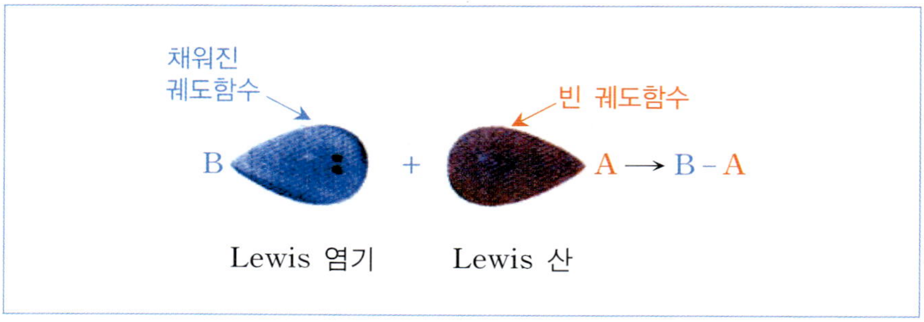


〈그림 4.2〉 염기에서 산으로 제공한 전자를 공유함으로서 공유결합을 형성

## 4 수소이온 농도

$[H^+]$는 수소이온 농도를 그리고 $[OH^-]$는 수산화 이온의 농도를 표시하며 순수한 물에서는 다음의 관계가 성립되는 것을 알 수 있다.

$$[H^+] \times [OH^-] = 1.0 \times 10^{-14} = K_w$$

$$[H^+] = [OH^-] = 1.0 \times 10^{-7} \ (\text{mole/L})(25℃)$$

순수한 물에 포함되어 있는 수소이온의 농도는 수산화물의 농도와 같으며, 그 농도는 $1.0 \times 10^{-7}$ mole/L이다.

수용액의 산성, 염기성(알칼리성)의 정도를 나타내는 데에는 수소이온의 농도를 나타내는 수소이온지수(pH)를 사용한다.

$$\text{수소이온지수 pH} = -\log\ [H^+]$$

중성 용액에서는 $[H^+] = 1.0 \times 10^{-7}$ 이므로 윗 식에 대입하면 pH는 7이란 값을 얻을 수 있다. 이와 같이 중성은 pH = 7로 표시한다.

| $[H^+]$ = | $10^0$ | $10^{-1}$ | | $10^{-3}$ | | $10^{-5}$ | | $10^{-7}$ | | $10^{-9}$ | | $10^{-11}$ | | $10^{-13}$ | |
|---|---|---|---|---|---|---|---|---|---|---|---|---|---|---|---|
| pH = | 0 | 1 | 2 | 3 | 4 | 5 | 6 | 7 | 8 | 9 | 10 | 11 | 12 | 13 | 14 |

**예 4.2** 상용대수를 이용한 pH 계산법

1) 0.001 M HCl 수용액의 pH를 계산하시오.

<풀이> ① HCl은 강산이므로 100% 해리한다.

$\therefore [H^+] = 10^{-3}$ M

$\text{pH} = -\log\ [H^+] = -\log\ 10^{-3} = 3$

2) 0.001 M $CH_3COOH$ 수용액(전리도 0.013)의 pH를 계산하시오.

<풀이> ① $CH_3COOH$는 약산이므로 농도에 전리도를 곱한 것만큼 해리한다.

$\therefore [H^+] = 0.001 \times 0.013 = 0.000013\ \text{M} = 1.3 \times 10^{-5}$ M

$\text{pH} = -\log\ [1.3 \times 10^{-5}] = -(\log\ 1.3 + \log 10^{-5})$

$= -0.11 + 5 = 4.89$

수소이온지수를 이용하면 pH = 7(중성)을 중심으로 한 산성 영역부터 알칼리성 영역(pH = 0 ~ 14) 까지 수소이온의 농도변화를 쉽게 표시할 수 있다. 실제로 pH를 측정할 때는 pH 시험지나 pH meter를 사용한다. 우리 주변에 있는 물질들의 pH 값들을 다음 <그림 4.3>에 나타내었다.

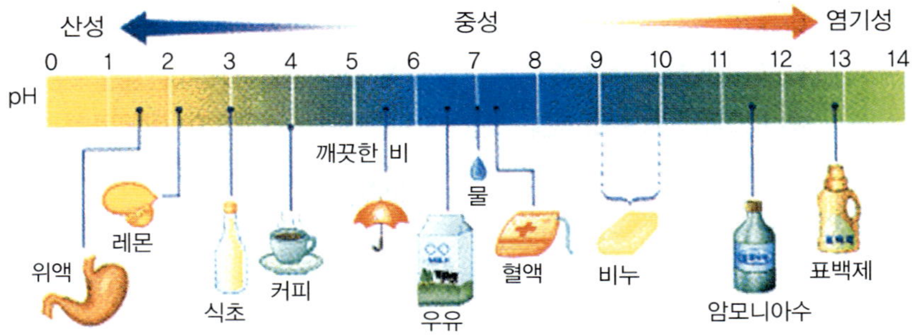


〈그림 4.3〉 우리 생활주변 물질의 pH

## 5 산의 해리상수(dissociation constant)

강산, 강염기, 염류 등의 강전해질(전리도가 높은 전해질)은 수용액 중에서 거의 완전히 해리한다.

약전해질의 하나인 아세트산은 수용액에서 다음과 같이 해리하여 평형에 도달한다.

$$CH_3COOH \rightleftarrows CH_3COO^- + H^+$$

산해리상수 $K_a$는 다음과 같이 나타낼 수 있다.

$$= \frac{[CH_3COO^-][H^+]}{[CH_3COOH]}$$

이때 $CH_3COOH$의 농도를 $C$ 몰이라 하고 해리된 $[H^+]$의 농도를 $x$라고 한다면 해리전과 해리후의 농도를 다음과 같이 나타낼 수 있다.

| | $CH_3COOH$ | $\rightleftarrows$ $CH_3COO^-$ | $+\ H^+$ |
|---|---|---|---|
| [해리전의 농도] | C | 0 | 0 |
| [해리후의 농도] | $C - x$ | $x$ | $x$ |

해리상수 $K_a$ 는 다음과 같이 나타낼 수 있다.

$$\mathrm{K_a} = \frac{[\mathrm{CH_3COO^-}][\mathrm{H^+}]}{[\mathrm{CH_3COOH}]} = \frac{x \times x}{C-x} = \frac{x^2}{C-x}$$

이것을 계산하려면 2차방정식의 근의 공식을 사용해야 한다. 그러나 해리된 $x$가 극히 적을 때는 $C-x \fallingdotseq C$ 이므로 이것을 대입하여 $x$값을 구하면 다음과 같다.

$$\mathrm{K_a} = \frac{x^2}{C}$$

$$x^2 = \mathrm{K_a} \times \mathrm{C}$$

$$\therefore x = \sqrt{\mathrm{K_a} \times \mathrm{C}}$$

그러므로 $x$는 해리된 정도를 나타내는 $[\mathrm{H^+}]$의 농도를 나타낸다.

$$\therefore [\mathrm{H^+}] = \sqrt{\mathrm{K_a} \times \mathrm{C}}$$

마찬가지로 약염기의 경우, $[\mathrm{OH^-}] = \sqrt{\mathrm{K_b} \times \mathrm{C}}$ 이다.

<표 4.1>에 몇 가지의 산과 염기의 해리상수 값을 나타내었다.

〈표 4.1〉 몇 가지 산과 염기의 해리상수(25℃)

| 산 | 산해리상수 ($K_a$) | $pK_a$ | 염기 | 염기해리상수 ($K_b$) | $pK_b$ |
|---|---|---|---|---|---|
| 염산 | $\alpha \fallingdotseq 1$ | – | 수산화나트륨 | $\alpha \fallingdotseq 1$ | – |
| 질산 | $\alpha \fallingdotseq 1$ | – | 수산화칼륨 | $\alpha \fallingdotseq 1$ | – |
| 황산 | $\alpha \fallingdotseq 1$ | – | 수산화칼슘 | $\alpha \fallingdotseq 1$ | – |
| 초산 | $1.75 \times 10^{-5}$ | 4.75 | 암모니아 | $1.78 \times 10^{-5}$ | 4.75 |
| 수산 | $1.75 \times 10^{-4}$ | 3.75 | 피 리 딘 | $1.7 \times 10^{-9}$ | 8.77 |
| 탄산 | $4.5 \times 10^{-7}$ | 6.35 | 아 닐 린 | $3.9 \times 10^{-10}$ | 9.41 |

**예 4.3** 0.01M 초산 수용액의 $[H^+]$의 농도와 pH를 구하시오.

<풀이> ① $[H^+] = \sqrt{K_a \times C}$ 식을 이용하면 되고, C = 0.01 이므로

$[H^+] = \sqrt{K_a \times C} = \sqrt{1.75 \times 10^{-5} \times 0.01} = 0.00042$ M

② $pH = -\log [H^+] = -\log 0.00042 = 3.38$

**예 4.4** 0.001M 암모니아 수용액의 $[OH^-]$의 농도와 pH를 구하시오.

<풀이> ① 암모니아의 반응식

$NH_3 + H_2O \rightleftarrows NH_4^+ + OH^-$

② $[OH^-] = \sqrt{K_b \times C}$ 식을 이용하면 되고, C = 0.001 이므로

$[OH^-] = \sqrt{K_b \times C} = \sqrt{1.78 \times 10^{-5} \times 0.001} = 0.00013M$

② $pOH = -\log [OH^-] = -\log 0.00013 = 3.88$

$pH + pOH = 14$ 이므로

$pH = 14 - 3.88 = 10.12$

## 6 염(salt)의 종류와 가수분해

### 1. 염의 분류

산과 염기가 작용하여 물과 염이 생성되는 반응을 중화라고 한다. 중화반응에 의해 생성된 염은 이들 수용액의 성질에 따라 중성염, 산성염 및 염기성염으로 분류된다.

일반적으로 **강산**과 **강염기**의 중화에 의해 생성된 NaCl과 같은 염은 그 수용액이 중성이므로 **중성염**이라 하고

$$HCl + NaOH \rightarrow H_2O + NaCl$$

강산과 약염기의 반응에 의해 생성된 $NH_4Cl$과 같은 염은 그 수용액이 산성이므로 약산성염, 그리고 약산과 강염기의 반응에 의하여 생성된 $CH_3COONa$와 같은 염은 수용액이 염기성이므로 약염기성염이라고 한다.

$$HCl + NH_4OH \rightarrow H_2O + NH_4Cl(\text{약산성염})$$

$$CH_3COOH + NaOH \rightarrow H_2O + H_3COONa(\text{약염기성염})$$

이 외에도 두가지 이상의 염으로 되어, 물에 녹으면 성분염과 같은 종류의 이온으로 전리되는 $KAl(SO_4)_2 12H_2O$와 같은 염을 복염, 두가지 또는 그 이상의 염으로 되어 있으면서도 물에 녹으면 성분염과는 다른 종류의 이온으로 전리되는 $K_4[Fe(CN)_6]$와 같은 염을 착염이라고 한다.

## 2. 염의 가수분해

약산의 음이온이 물과 반응하여 $OH^-$를, 약염기의 양이온이 물과 작용하여 $H^+$를 형성하는 것을 **염의 가수분해**(hydrolysis)라고 한다.

### ① 약염기성 염의 가수분해

약산과 강염기의 중화에 의해 생성된 염은, KCN, $Na_2S$, $Na_2CO_3$, $CH_3COONa$ 등으로 물과 반응하여 $OH^-$가 생성되므로 수용액은 염기성이다. $CH_3COONa$는 강전해질이므로 거의 100% 해리한다.

$$CH_3COONa \rightarrow CH_3COO^- + Na^+$$

생성된 $CH_3COO^-$는 다음과 같이 물과 반응하여 가수분해되어 $OH^-$를 만든다.

$$CH_3COO^- + H_2O \rightleftarrows CH_3COOH + OH^-$$

그래서 약염기성의 염이 가수분해 되면 염기성을 띤다.

이때 가수분해시 생성되는 $H^+$를 다음 식으로 계산할 수 있다.

$$[H^+] = \sqrt{\frac{K_a \cdot K_w}{C}}$$

**예 4.5** 0.1M 아세트산나트륨에 에 물을 가하여 1L로 한 용액의 pH를 계산하라. 아세트산의 $K_a = 1.75 \times 10^{-5}$이다.

<풀이> ① 아세트산나트륨은 약산에 의해서 생성된 염이므로, $[H^+] = \sqrt{\frac{K_a \cdot K_w}{C}}$ 을 이용한다.

② $[H^+] = \sqrt{\frac{K_a \cdot K_w}{C}} = \sqrt{\frac{(1.75 \times 10^{-5})(10^{-14})}{0.1}} = 1.3 \times 10^{-9}$

② $\therefore$ pH = 8.88

② 약산성 염의 가수분해

강산과 약염기의 중화에 의해 생긴 염은, $NH_4Cl$, $AlCl_3$, $ZnSO_4$ 등으로 물과 반응하여 $H^+$를 생성하므로 수용액은 산성이다.

$NH_4Cl$은 강산인 HCl과 약염기인 $NH_3$와 반응하여 생성되며, 수용액에서 거의 해리한다.

$$HN_4Cl \rightarrow NH_4^+ + Cl^-$$

생성된 $NH_4^+$는 다음과 같이 물과 반응하여 가수분해되어 $H^+$를 만든다.

$$NH_4^+ + H_2O \rightleftarrows NH_4OH + H^+$$

그래서 약산성의 염이 가수분해 되면 산성을 띤다.

이때 가수분해시 생성되는 $H^+$를 다음 식으로 계산할 수 있다.

$$[H^+] = \sqrt{\frac{C \cdot K_w}{K_b}}$$

**예 4.6** 0.1M 염화암모늄($NH_4Cl$)에 물을 가하여 1L로 한 용액의 pH를 계산하라. 암모니아의 $K_b = 1.78 \times 10^{-5}$이다.

<풀이> ① 염화암모늄은 약염기에 의해서 생성된 염이므로, $[E^+] = \sqrt{\frac{C \cdot K_w}{K_b}}$ 을 이용한다.

② $[H^+] = \sqrt{\frac{C \cdot K_w}{K_b}} = \sqrt{\frac{(0.1)(10^{-14})}{1.78 \times 10^{-5}}} = 7.53 \times 10^{-6}$

③ $\therefore$ pH = 5.12

## 7 완충용액(Buffer solution)

어떤 용액에 소량의 산이나 염기를 가하더라도 pH의 변화가 없는 용액을 **완충용액**이라 한다. 완충용액은 일반적으로 약산과 그 약산의 염의 혼합용액이나, 약염기와 그 약염기의 염이 혼합된 수용액이다. 이 완충용액에 증류수로 희석을 시켰을 때나 추가물질을 가하여도 바탕용액의 $[H_3O^+]$나 $[OH^-]$는 거의 변화 없이 일정하게 유지된다. 이러한 목적으로 사용되는 약산과 그 약산의 염의 혼합용액, 혹은 약염기와 그 약염기의 염의 혼합용액을 완충용액이라고 한다.

산성 영역 즉 pH 7 미만의 완충용액은 근접된 $pK_a$를 가진 약산과 그 염과의 혼합비를 조절하여 만들 수 있고, 알칼리 영역 즉 pH 7 이상의 완충용액은 근접된 $pK_b$을 가진 염기와 그 염과의 혼합비를 조절하여 만들 수 있다.

예를 들면 아세트산($CH_3COOH$:약산)과 그 산의 짝염기인 아세트산나트륨($CH_3COONa$ : 그 약산의 염)의 혼합 수용액은 완충용액이며 그림 <그림 4.4>와 같이 해리한다.

이와 같은 완충용액에 산($H^+$)을 소량 가하면 다량으로 존재하는 아세트산 음이온($CH_3COO^-$)과 반응하여 아세트산을 생성한다.

$$CH_3COO^- + H^+ \rightleftarrows CH_3COOH$$

또 염기($OH^-$)를 소량 가하더라도 다량으로 존재하는 아세트산과 반응하여 물과 아세트산

음이온이 생성되어 $OH^-$가 소멸된다.

$$CH_3COOH + OH^- \rightleftarrows CH_3COO^- + H_2O$$

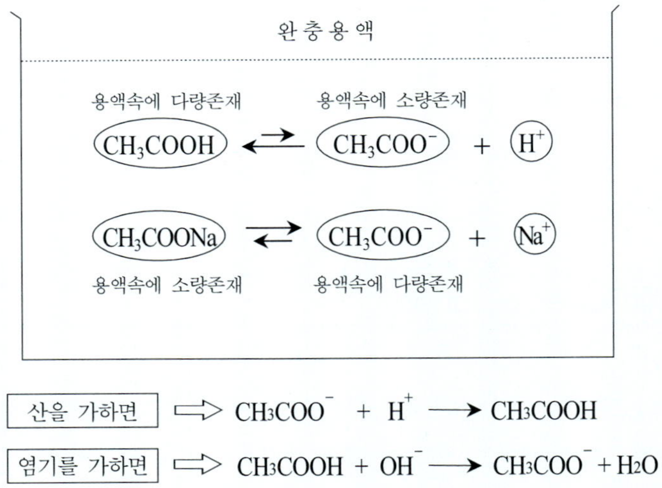


〈그림 4.4〉 아세트산과 아세트산나트륨의 완충용액

동물의 체액이나 사람의 혈액도 완충작용을 한다. 가령, 외부로부터 소량의 산이나 염기가 유입되더라도 완충용액과 같이 체내의 pH는 항상 일정하다. 건강한 인간의 경우 그 혈액의 pH는 7.35 ~ 7.45 정도의 값으로 잘 유지되어 있다. 그 이유는 혈액 속에 존재하는 여러 종류의 완충제들이 인체 내의 신진대사의 결과 생기는 산성 또는 염기성 물질에 의한 혈액의 pH 변화를 방지하는 역할을 잘 수행하기 때문이다.

우리 인간이 가지는 혈액내 완충제로는 헤모글로빈/옥시헤모글로빈(62%), $H_2PO_4^-/HPO_4^{2-}$ (22%), 단백질(11%), 중탄산계(5%)로 구성되어 있다.

많은 약한산과 그 염으로 만들어진 용액의 pH는 그 산과 그 염의 농도에 비례한다. 이것을 Henderson-Hasselbalch 식이라 한다.

$$pH = pK_a + \log \frac{[A^-, 염]}{[HA, 산]}$$

**예 4.7** 0.05M 아세트산과 0.1 M 아세트산나트륨으로 된 완충용액의 pH를 구하시오.

<풀이> ① Henderson-Hasselbalch 식

$$pH = pK_a + \log \frac{[A^-, 염]}{[HA, 산]}$$ 이므로

② $pH = 4.76 + \log \frac{0.1}{0.05} = 4.76 + 0.3 = 5.06$

또한 약한 염기와 그 공통이온을 포함하는 센 전해질로 된 완충용액의 경우는 다음과 같이 표현된다.

$$pOH = pK_b + \log \frac{[염]}{[염기]}$$

**예 4.8** 0.05M $NH_4OH$와 0.1 M $NH_4Cl$로 된 완충용액의 pH를 구하시오.
암모니아의 $K_b = 1.78 \times 10^{-5}$이다.

<풀이> ① 염기에 대한 Henderson-Hasselbalch 식

$$pOH = pK_b + \log \frac{[염]}{[염기]}$$ 이므로

② $pOH = 4.75 + \log \frac{0.1}{0.05} = 4.75 + 0.3 = 5.05$

③ $pH = 14 - 5.05 = 8.95$

# 제4장 연·습·문·제

1. 다음 용액의 pH를 구하여라.

   ⓐ 2 g/L NaOH 용액

   ⓑ 50 mg/L HCl 용액

   ⓒ 0.05 N HCN($K_a$ = $2.1 \times 10^{-9}$)

   ⓓ 0.06 M $ClCH_2COOH$($K_a$ = $3.4 \times 10^{-3}$)

   ⓔ 0.04 M HCNO($K_a$ = $1.0 \times 10^{-4}$)

   ⓕ 0.04 N $CH_3NH_2$($K_b$ = $4.8 \times 10^{-4}$)

   ⓖ 0.02 N $C_6H_5NH_2$($K_a$ = $1.0 \times 10^{-4}$)

2. 다음 용액의 이온세기를 구하여라.

   ⓐ 0.07 M $KNO_3$　　ⓑ 0.04 M $NaNO_3$　　ⓒ 0.03 M KCl

   ⓓ 0.01 M $K_2SO_4$　　ⓔ 0.05 M $NaNO_3$ + 0.01 M $K_2SO_4$

3. 물 500 mL에 $CH_3COOH$가 0.07 mole 들어있다면 이 용액의 pH를 구하여라. (단 $CH_3COOH$의 $K_a = 1.75 \times 10^{-5}$이다.)

4. 0.01 N의 $Ca(OH)_2$ 용액 중의 $Ca^{2+}$, $OH^-$ 및 분자상태의 몰농도를 구하여라.

5. $CH_3COOH$의 $K_a = 1.75 \times 10^{-5}$이다. 다음을 계산하여라.

   ⓐ 0.2 N $CH_3COOH$ 용액 10 mL에 0.05 N $CH_3COONa$ 용액 10 mL를 가할 때의 pH 값

   ⓑ 0.1 N $CH_3COOH$ 용액과 $CH_3COONa$ 용액을 혼합하여 pH = 4.6의 완충용액 10 mL를 만드는데 필요한 각각의 mL 수

6. HCNO의 $K_a$ = $1.0 \times 10^{-4}$이다. 다음을 계산하여라.

   ⓐ HCNO와 NaCNO를 각각 0.1 mole을 포함하는 용액의 pH

   ⓑ 0.1 N HCNO 용액 10 mL에 0.02 N NaCNO 용액 10 mL를 가할 때의 pH 값

7. 0.1 M $CH_3COOH$ 용액에 $CH_3COONa$ 용액을 가하여 수소이온 농도를 $4.0 \times 10^{-8}$이 되도록 만들려고 한다. 이 때 필요한 $CH_3COONa$ 용액의 농도를 구하여라.

# 제4장 연•습•문•제

8. 0.05 M HCN 용액에 KCN 용액을 가하여 수소이온 농도를 $3.5 \times 10^{-9}$이 되도록 만들려고 한다. 이 때 필요한 KCN 용액의 농도를 구하여라.

9. 25 ℃에서 $NH_3(K_b = 1.78 \times 10^{-5})$ $1.00 \times 10^{-3}$ M 수용액의 pH와 pOH를 구하라.

10. 0.0001 M $CH_3COOH$ 수용액(전리도 0.013)의 pH를 계산하시오.

11. 0.05 M 아세트산나트륨에 에 물을 가하여 1.5L로 한 용액의 pH를 계산하라. 아세트산의 $K_a = 1.75 \times 10^{-5}$이다.

12. 0.2 M 염화암모늄($NH_4Cl$)에 물을 가하여 1.8L로 한 용액의 pH를 계산하라. 암모니아의 $K_b = 1.78 \times 10^{-5}$이다.

13. 0.06 M 아세트산과 0.12 M 아세트산나트륨으로 된 완충용액의 pH를 구하시오.

14. 0.07M $NH_4OH$와 0.15 M $NH_4Cl$로 된 완충용액의 pH를 구하시오. 암모니아의 $K_b = 1.78 \times 10^{-5}$이다.

15. 다음 용액의 pH를 구하여라.

① 0.001 M HCl　　② $5 \times 10^{-4}$ M HCl

③ 0.0001 M NaOH　　④ $3 \times 10^{-3}$ M NaOH

16. 0.002 M $NH_4OH$ 수용액(전리도 0.016)의 pH를 구하시오.

17. 평형상수에 대해서 설명하시오.

18. Le Chatelier의 법칙에 대해서 설명하시오.

## 제4장 연·습·문·제

19. 활동도와 활동도 계수에 대해서 설명하시오.

20. 루이스(Lewis)의 산-염기 이론에 대해서 설명하시오.

21. 수소이온 농도에 대해서 설명하시오.

22. 약한산의 해리상수에 대해서 설명하시오.

23. 약염기성 염의 가수분해에 대해서 설명하시오.

24. 약산성 염의 가수분해에 대해서 설명하시오.

25. 완충용액에 대해서 설명하시오.

26. 인간 혈액의 완충작용에 대해서 설명하시오.

27. Henderson-Hasselbalch 식에 대해서 설명하시오.

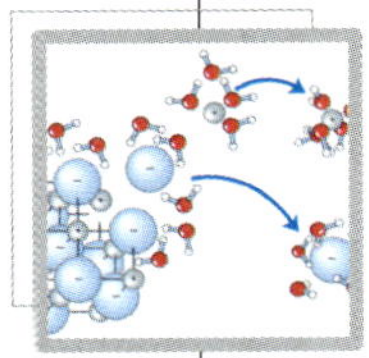

# 산화–환원



5 Chapter

# 1 산화와 환원 (oxidation – reduction)

## 1. 산화와 환원의 정의

산화-환원 반응은 한 물질에서 전자가 다른 물질로 이동하는 화학반응이다. 산화-환원 반응은 우리 생활주변에서 많이 볼 수 있다. 예를 들어 손전등의 전지, 세탁하는 표백제, 사진현상 과정, 안경테의 도금 등은 산화-환원 반응을 이용하는 것이다.

### ① 산소와 수소가 관여하는 반응에서,

**산화**란 어떤 물질이 산소와 결합하거나 수소를 잃어버리는 화학적 변화이고, **환원**이란 어떤 물질에서 산소를 떼어내거나 수소와 결합하는 화학적 변화이다.

산화반응 : $4Fe + 3O_2 \rightleftarrows 2Fe_2O_3$ ($Fe^0 \rightarrow Fe^{3+}$로 산화)

$2H_2S + O_2 \rightleftarrows 2H_2O + 2S$ ($S^{2-} \rightarrow S^0$로 산화)

환원반응 : $CuO + H_2 \rightleftarrows Cu + H_2O$ ($Cu^{2+} \rightarrow Cu^0$로 환원)

$H_2 + Cl_2 \rightleftarrows 2HCl$ ($Cl^0 \rightarrow Cl^-$로 환원)

### ② 산소와 수소가 관여하지 않는 반응에서,

**산화란** + **산화수가 증가**하는 것, 혹은 **전자를 잃는 것**을 말하고
**환원이란** + **산화수의 감소**, 혹은 **전자를 얻는 것**으로 표현한다.

$$5Fe^{2+} + MnO_4^- + 8H^+ \rightarrow 5Fe^{3+} + Mn^{2+} + 4H_2O$$

산화반응 : $5Fe^{2+} \rightarrow 5Fe^{3+} + 5e^-$

환원반응 : $MnO_4^- + 8H^+ + 5e^- \rightarrow Mn^{2+} + 4H_2O$

상대편을 산화시키고 자신이 환원되는 물질을 **산화제**(oxidizing agent)라고 하며, 상대편을 환원시키고 자신이 산화되는 물질을 **환원제**(reducing agent)라고 한다. 일반적으로 널리 사용되는 산화제와 환원제는 <표 5.1>과 같다.

〈표 5.1〉 널리 사용되는 산화제와 환원제

| | | |
|---|---|---|
| 산화제 | $KMnO_4$ | Potassium permanganate |
| | $K_2Cr_2O_7$ | Potassium dichromate |
| | $Ce(SO_4)_2$ | Ceric sulfate |
| | $(NH_4)Ce(SO_4)_4 \cdot 2H_2O$ | Ammonium cerium(Ⅳ) sulfate |
| | $(NH_4)Ce(NO_3)_6$ | Ammonium ceric nitrate |
| | $I_2$ | Iodine |
| | $KIO_3$ | Potassium iodate |
| | $KBrO_3$ | Potassium bromate |
| 환원제 | $Na_2S_2O_3$ | Sodium thiosulfate |
| | $H_2C_2O_4$ | Oxalic acid |
| | $Na_2C_2O_4$ | Sodium oxalate |
| | $FeSO_4(NH_4)_2SO_4 \cdot 6H_2O$ | Mohr' salt |
| | $NaAsO_2$ 또는 $Na_3AsO_3$ | Sodium arsenite |
| | $SnCl_2$ | Tin(Ⅱ) chloride |

## 2. 산화수 결정 방법

산화수 결정의 기본은 전자의 이동을 관찰하는 것이다. 전자를 1개 잃어버리면 산화수는 1 증가하고 물질은 산화되었다고 한다.

$$Fe^{2+} \rightarrow Fe^{3+} + e^-$$

이때 철(Ⅱ) 이온은 전자를 1개 잃어버리고 산화수는 1 증가하였다.

반대로 전자를 1개 얻으면 산화수는 1 감소하고 물질은 환원되었다고 한다.

〈표 5.2〉 원자의 산화수 계산 법

| 법칙 | 원소의 상태 | 산화수 | 예 |
|---|---|---|---|
| 1 | 중성화합물 | 산화수의 합 = 0 | NaCl ; $Na^+$ = +1, $Cl^-$ = −1 |
| 2 | 결합하지 않은 상태 | 0 | Na 금속 : 산화수 = 0 |
| 3 | 단원자 이온 | 이온의 전하수 | $Na^+$ = +1 |
| 4 | 다원자 이온 | 모든 원자의 산화수의 합 = 이온의 전하수 | $SO_4^{-2}$ ; −2 = S + (O : −2×4)<br>S = +6 |
| 5 | 금속 이온 | 양의 산화수 | KCl ; $K^+$ = 1, |
| 6 | 비금속 이온 | 음의 산화수 | KCl ; $Cl^-$ = −1 |
| 7 | 2 개의 비금속 | 전기음성도가 큰 원소= 음의 산화수 | NO ; N = +2, O = −2 |
| 8 | 수소 | 보통 : +1<br>금속과 결합 : −1 | HCl ; H = +1<br>NaH ; H = −1 |
| 9 | 산소 | 보통 : −2<br>과산화물 : −1 | MgO ; O = −2<br>$H_2O_2$ ; O = −1 |

**예 5.1** 다음의 화합물 중 Cr에 대한 산화수를 계산하시오.

a. $CrO_3$ b. $CrO_4^{2-}$ c. $CrO_2^-$ d. CrO

<풀이> ① a. +6, b. +6, c. +3, d. +2

**예 5.2** 다음의 화합물 중 금속의 산화수는 계산하시오.

a. $Cu_2O$ b. $Fe_2O_3$ c. $MnO_4^-$ d. $SnCl_4$ e. $Fe(OH)_3$

<풀이> ① a. +1, b. +3, c. +7, d. +4, e. +3

## 3. 금속의 이온화 경향도

금속은 전자를 방출하여 양이온이 되려고 하는 성질이 있다. 양이온이 되기 쉬운 금속은 그 원자가 전자를 방출하기 쉽다는 것을 의미한다. 그러나 모든 금속이 양이온이 되기 쉬운 것은 아니다. 금이나 백금은 양이온이 되기 거의 어렵다.

금속이 전자를 방출하여 양이온이 되려고 하는 성질을 금속의 **이온화경향도**라 한다. 각 금속마다 이온화경향도는 차이가 있으며, 이온화경향도가 크고 작음에 따라 금속의 화학적 성질에도 큰 차이가 있다.

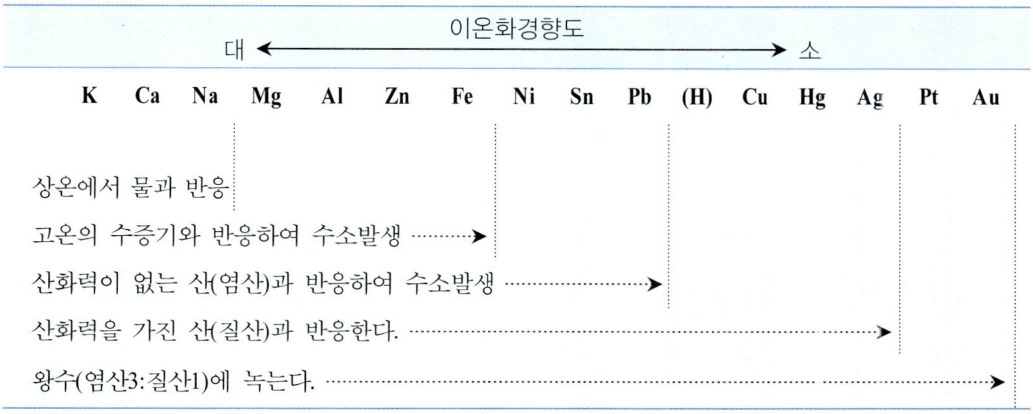


〈그림 5.1〉 금속원소의 이온화경향도와 화학적 성질

이온화경향도가 적은 금속의 염 수용액에 이온화경향도가 큰 금속을 넣으면 이온화경향도가 큰 금속이 용액에 녹아들어 간다. 이때 이온화경향도가 적은 금속의 이온은 전하를 잃어버리고 금속으로 석출된다. <그림 5.1>에 금속의 이온화경향도와 화학적 성질을 나타내었다.

## 2 전기화학전지

같거나 다른 두 전해질용액 속에 두 전극을 담그고 전해질용액을 다공성 막으로 분리해 놓은 것을 **전기화학전지**(electrochemical cell) 또는 화학전지라고 한다. 화학전지에는 두 종류가 있는데 화학전지내에서 자발적인 반응이 일어나 전기를 생산하는 **갈바니전지**(Galvanic cell) 또는 **볼타전지**(Voltaic cell)가 있고, 외부로부터 전기에너지를 공급받아 그 에너지를 소모하여 화학반응이 일어나는 **전해전지**(electrolytic cell)가 있다.

## 1. 전해전지

전해전지는 일반적으로 전기분해에 많이 사용하는 전지이며, 물의 전기분해나 도금 등의 산업분야에 널리 쓰이고 있다. 전기분해에서는 전류의 세기나 전류를 통하는 시간에 따라 석출 또는 용해하는 양이 결정된다.

전극에서 석출 또는 용해하는 물질의 양은 흐른 전기량에 비례한다는 Faraday의 제 1 법칙에 따른다. 전기량 Q는 흐르는 전류(I)와 시간(t)의 곱으로 표현된다.

$$Q = I \times t \ (\text{단위 : } A \cdot sec = Coulomb)$$

또한 같은 전기량에서 석출되는 물질의 양은 화학당량에 비례한다는 Faraday의 제 2 법칙에 따른다. 석출되는 물질의 양(m)은 다음과 같이 나타낼 수 있다.

$$m \propto Q \ \ (= I \cdot t)$$

$$m = z \cdot Q \ \ (= z \cdot I \cdot t)$$

여기서 z는 전기화학당량을 의미하며, 1 coulomb의 전기량에 의하여 석출되는 물질의 양으로 정의한다. 화학당량은 원자량(M)을 원자가(n)로 나눈 것이며, 전기화학당량은 화학당량에 비례하므로 다음과 같이 전기화학당량을 표시할 수 있다.

$$z \propto \frac{M}{n}$$

$$z = \lambda \frac{M}{n} \ (\lambda = \frac{1}{96500} \ \ Coulomb/mol)$$

따라서 석출되는 물질의 양(m)은 다음과 같이 나타낼 수 있다.

$$m = \lambda \cdot \frac{M}{n} \cdot I \cdot t$$

**예 5.3** $CuSO_4$의 수용액에서 15 Ampere의 전류가 3시간 동안 흐른다면 몇 g의 Cu가 석출될까?(단 Cu의 원자량 = 63.5)

<풀이> ① 석출양 공식 : $m = \lambda \cdot \frac{M}{n} \cdot I \cdot t$

② $m = \frac{1}{96500(C/mol)} \times \frac{63.5(g/mol)}{2} \times 15(A) \times 10800\ sec$

③ 1 Coulomb = 1A · sec

④ m = 53.4 g

## 2. 갈바니전지(볼타전지)

볼타전지는 산화-환원을 이용하여 전기에너지를 생산한다. 이 전지의 이름은 이것을 발견한 사람의 이름을 따서 붙인 것이다. 볼타전지는 우리들의 생활과 매우 밀접한 관계가 있다. 손전등에 쓰이는 건전지나 자동차용 납축전지가 모두 볼타전지에 속한다. 볼타전지에는 2종류가 있다. 방전이 되고나면 사용하지 못하여 버리는 1차 전지와, 충전해서 재사용할 수 있는 2차 전지가 있다.

볼타전지는 구리와 아연으로 연결시켜 만들 수 있는데, 전극을 만들면 1.1 V의 기전력이 발생한다.

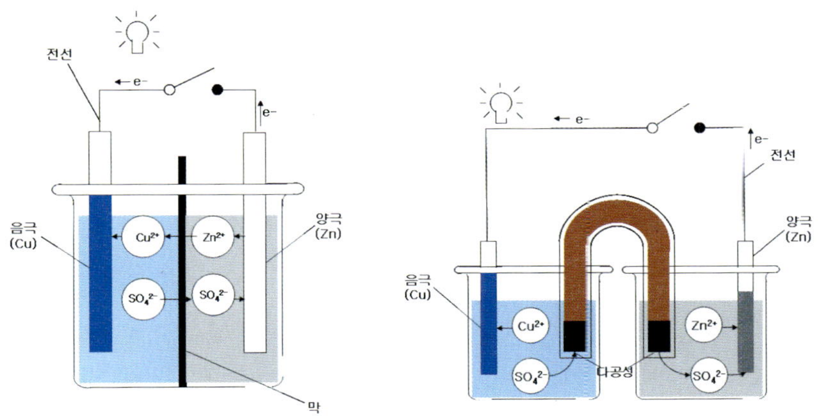


〈그림 5.2〉 구리와 아연으로 만든 갈바니전지(볼타전지)

구리와 아연으로 연결시켜 만든 볼타전지를 살펴보면 환원이 일어나는 구리전극을 **음극**(cathode)이라 하고 산화가 일어나는 아연전극을 **양극**(anode)이라 한다. 그리고 두 전극은 다공성 막이나 **염다리**(salt bridge)로 연결되어 황산 이온이 확산에 의하여 전자가 이동된다.

외부 회로를 통하여 스위치를 연결하면 반응이 일어나 전구에 불이 들어오며 반응이 일어난다. 이때 양극(−극)에서는 아연 금속이 용액 속으로 녹아 들어가 산화가 일어나며 전자가 외부로 흘러나간다. 그리고 음극(+극)에서는 구리이온이 전자를 받아 금속으로 석출되어 구리 금속에 달라붙는다.

* 전지에서는 양극을 (−)극, 음극을 (+)극이라고 부르니 혼동하지 않도록 주의.

두 가지의 반쪽 반응(half reaction)을 나타내면 다음과 같다.

양극(anode) : $Zn \rightarrow Zn^{2+} + 2e^-$  $E^o = -0.76V$ (산화전극) (−극)

음극(cathode) : $Cu^{2+} + 2e^- \rightarrow Cu$  $E^o = +0.34V$ (환원전극) (+극)

두 반 반응을 합한 전체 반응식은 다음과 같으며, $E_{전지} = E_{음극} - E_{양극}$ 으로 전지전압을 계산할 수 있다.

$$Zn + Cu^{2+} \rightarrow Zn^{2+} + Cu \quad (E_{전지} = 1.1V)$$

한편 전지의 표시는 다음과 같이 나타내는데 두 개의 수직선( ∥ )을 중심으로 산화가 일어나는 전극을 왼쪽에, 환원이 일어나는 전극을 오른쪽에 표시하며, 반응이 일어나는 순서를 나타낸다.

$$Zn \mid Zn^{2+} \parallel Cu^{2+} \mid Cu$$

여기서 하나의 수직선( | )은 금속전극과 전해질 사이의 상경계(고체와 액체)를 나타내고 이 수직선을 중심으로 하나의 전극($Zn \mid Zn^{2+}$)을 이루며 이를 단극전위라 한다. 또 두 개의 수직선( ∥ )은 단일전극과 단일전극을 나누며 있으며 염다리(salt bride)나 다공성막으로 연결되어 있다.

한편 염다리(salt bride)는 U자관 유리등에 KCl로 포화된 우뭇가사리(agar : 한천)를 채워 만들 수 있다. 이는 우뭇가사리를 증류수에 넣고 충분히 가열한 다음 KCl을 녹여서 포화시키고 뜨거운 상태로 U자관에 넣고 식혀서 만든다.

## 3 금속의 표준전극전위

금속의 이온화경향도는 이온화의 크기순으로 나열되어 있지만 이것은 정성적 배열이다. 즉, 금속의 이온화 경향의 실제 크기나 그 차이를 알 수 없다. 표준전극전위는 실온에서 어떤 금속을 1몰의 그 금속이온용액 속에 담구어 놓았을 때, 금속과 금속이온 사이에 평형이 이루어져 전위차가 발생하는 것을 말하며 이것을 반쪽(단극)전지라 한다. 그러나 이 반쪽전지 만으로는 전위차가 측정되지 않으므로 표준수소전극(standard hydrogen electrode : SHE)을 기준으로 조합하여 양극간의 전위차를 측정한다.

표준수소전극은 상대 반쪽전지의 전위를 구하기 위해 사용되는 일반적인 기준전극이며 기체전극이다.

<그림 5.3>은 표준수소전극의 구성을 나타낸 것이다. 전극은 백금판으로 되어있고 이 백금판에 계속적으로 1 atm의 수소($H_2$)를 통과하도록 유리관으로 구성되어 있고 그 반쪽전지는 다음과 같다.

$$(Pt)H_2 | H^+ \ : \ 2H^+ + 2e^- \rightleftarrows H_2(g)$$

표준수소전극의 전위는 부분압력이 1 atm 일 때 모든 온도에서 정확히 0이 된다.

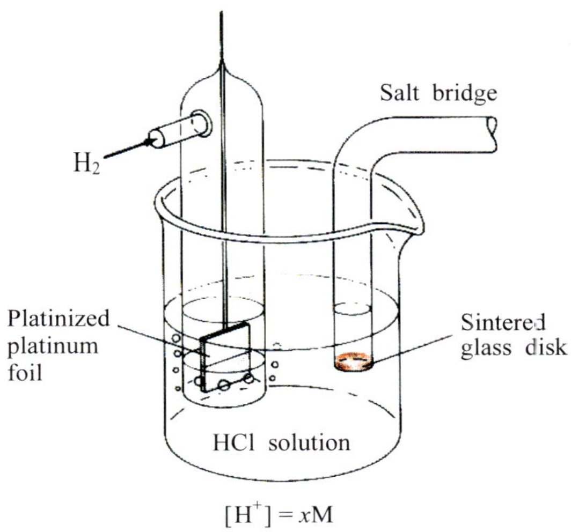


〈그림 5.3〉 표준수소전극

표준소소전극을 사용하여 Cd 금속전극의 전위차를 구할 때의 전지구성은 다음과 같다.

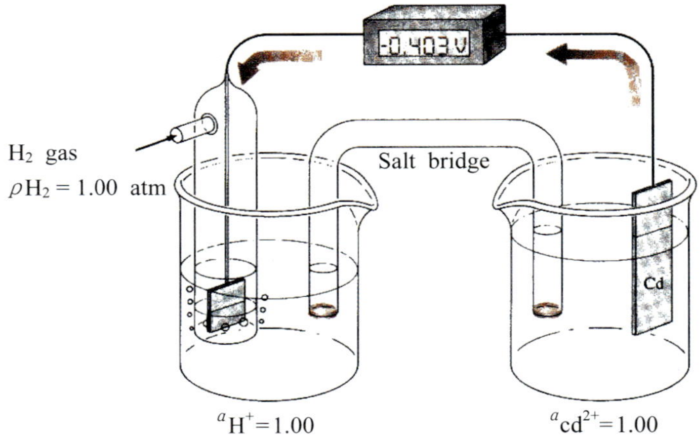


〈그림 5.4〉 표준수소전지를 이용한 금속전극의 전극배열

두 가지의 반쪽 반응(half reaction)을 나타내면 다음과 같다.

음극(Cathode) : $2H^{+} + 2e^{-} \rightleftarrows H_2(g)$ $\quad E^{o}_{H^{+}/H_2} = 0.000V$

양극(Anode) : $Cd(s) \rightleftarrows Cd^{2+} + 2e^{2-}$ $\quad E^{o}_{Cd/Cd^{2+}} = 0.403V$

두 반 반응을 합한 전체 반응식은 다음과 같으며, $E_{전지} = E_{음극} - E_{양극}$으로 전지전압을 계산할 수 있다.

$$E_{전지} = 0.000 - 0.403 = -0.403 \text{ V}$$

금속의 표준전극전위를 <표 5.3>에 나타내었다.

〈표 5.3〉 금속원소의 이온화경향도와 환원표준전극전위

| 원소명 | 반반응식 | 표준전극전위(V), E° |
|---|---|---|
| K | $K^{+} + e^{-} \rightarrow K$ | −2.92 |
| Na | $Na^{+} + e^{-} \rightarrow Na$ | −2.71 |
| Al | $Al^{3+} + 3e^{-} \rightarrow Al$ | −1.67 |
| Mn | $Mn^{2+} + 2e^{-} \rightarrow Mn$ | −1.05 |
| Zn | $Zn^{2+} + 2e^{-} \rightarrow Zn$ | −0.76 |
| Cr | $Cr^{3+} + 3e^{-} \rightarrow Cr$ | −0.71 |
| Cr | $Cr^{3+} + e^{-} \rightarrow Cr^{2+}$ | −0.41 |
| Fe | $Fe^{2+} + 2e^{-} \rightarrow Fe$ | −0.44 |
| Cd | $Cd^{2+} + 2e^{-} \rightarrow Cd$ | −0.40 |
| Co | $Co^{2+} + 2e^{-} \rightarrow Co$ | −0.28 |
| Ni | $Ni^{2+} + 2e^{-} \rightarrow Ni$ | −0.25 |
| Sn | $Sn^{2+} + 2e^{-} \rightarrow Sn$ | −0.14 |
| Pb | $Pb^{2+} + 2e^{-} \rightarrow Pb$ | −0.13 |
| (H) | $2H^{+} + 2e^{-} \rightarrow H_2$ | 0.00(기준) |
| Sn | $Sn^{4+} + 2e^{-} \rightarrow Sn^{2+}$ | +0.15 |
| Cu | $Cu^{2+} + 2e^{-} \rightarrow Cu$ | +0.34 |
| Fe | $Fe^{3+} + 2e^{-} \rightarrow Fe^{2+}$ | +0.78 |
| Ag | $Ag^{+} + e^{-} \rightarrow Ag$ | +0.79 |
| Pt | $Pt^{2+} + 2e^{-} \rightarrow Pt$ | +1.20 |
| Ce | $Ce^{4+} + e^{-} \rightarrow Ce^{3+}$ | +1.61 |
| Au | $Au^{+} + e^{-} \rightarrow Au$ | +1.68 |

이 표에서 보면 표준전극전위의 값이 음(−)으로 되어있는 것은 산화가 잘된다는 뜻이며, 양의 값(+)으로 된 것은 환원이 잘된다는 뜻이다.

그러나 IUPAC 규약에서는 모든 전위의 표현은 표준환원전위 값으로 나타내게 되어있다.

## 4 Nernst 식

전지의 기전력은 농도와 압력에 의존하는데 기전력이 농도에 의존하는 관계식을 Nernst 식이라 한다. 기전력과 농도사이의 정량적인 관계는 다음과 같다.

$$E = E^{\circ} + \frac{2.303\,R\,T}{n\,F}\log\frac{[산화, Ox]}{[환원, Red]}$$

아연과 구리 전극의 경우에는 다음과 같다.

$$E = E^{\circ} + \frac{2.303\,R\,T}{n\,F}\log\frac{[Zn^{2+}]}{[Cu^{2+}]}$$

여기서 E는 기전력이고 $E^{o}$는 전지의 표준기전력이며, R은 기체상수로서 8.414J/(mol · °K)이다. 그리고 T는 절대온도이며 F는 파라데이 상수로서 96,500 Coulomb이며, n은 이동된 전자의 몰수이다.

그리고 25℃ 일때 T = 298°K이며 따라서 다음과 같다.

$$\frac{2.303\,R\,T}{F} = \frac{2.303 \times 8.314 \times 298}{96500} = 0.0592$$

$$\therefore\ E = E^{\circ} + \frac{0.0592}{n}\log\frac{[Ox]}{[Red]}$$

**예 5.4** 0.01 M $Cd^{2+}$ 용액에 담근 카드뮴 전극의 전위를 구하여라.
이 전지의 표준 기전력 $E^{o}$는 −0.403V이다.

<풀이> ① Nernst 식은, $E = E^{\circ} + \frac{0.0592}{n}\log\frac{[Ox]}{[Red]}$

$Cd^{2+} + 2e^{2-} \rightleftarrows Cd(s),\ E^{\circ} = -0.403V$

② $E = -0.403 + \frac{0.0592}{2}\log\frac{[Cd^{2+}]}{[Cd]}$

$= -0.403 + \frac{0.0592}{2}\log[Cd^{2+}]$

$= -0.403 + \frac{0.0592}{2}\log(0.01)$

$= -0.462\ V$

**예 5.5** 25℃에서, Zn(s) | $ZnSO_4$(0.2M) || $CuSO_4$(0.1M) | Cu, 로 구성된 전지의 기전력 E를 구하시오. 이 전지의 표준 기전력 $E^o$는 1.1V이다.

<풀이> ① Nernst 식은, $E = E^\circ + \frac{0.0592}{n} \log \frac{[Zn^{2+}]}{[Cu^{2+}]}$ 이고, $[Zn^{2+}] = 0.2M$ $[Cu^{2+}] = 0.1M$ 이다.

② 
$$E = 1.1 + \frac{0.0592}{2} \log \frac{[0.2]}{[0.1]}$$
$$= 1.1 + \frac{0.0592}{2} \log 2$$
$$= 1.1 + \frac{0.0592}{2} (0.3)$$
$$= 1.111\ V$$

**예 5.6** 다음 반응식에서 철이 30% 산화되었을 때 전위를 구하여라.

$$Fe^{2+} \rightleftarrows Fe^{3+} + e^-,\ E^o = 0.771\ V$$

<풀이> ① Nernst 식은, $E = E^\circ + \frac{0.0592}{n} \log \frac{[Ox]}{[Red]}$

② 
$$E = 0.771 + \frac{0.0592}{1} \log \frac{[30]}{[70]}$$
$$= 0.771 + \frac{0.0592}{1} (-0.37)$$
$$= 0.749\ V$$

## 5 산화 – 환원반응의 평형상수

산화화원 반응을 이용하여 다음과 같이 평형상수값을 계산할 수 있다.

$$\Delta G^0 = -RT \ln K$$

$$\Delta G^0 = -nF\Delta E^0$$

$$-\mathrm{RT}\ln K = -nF\Delta E^0$$

$$\Delta \mathrm{E}^0 = \frac{\mathrm{RT}}{\mathrm{nF}}\ln \mathrm{K} = \frac{2.303\mathrm{RT}}{\mathrm{nF}}\log \mathrm{K}$$

$$\log \mathrm{K} = \frac{\mathrm{nF}\Delta \mathrm{E}^0}{2.303\mathrm{RT}} = \frac{\mathrm{n}\ \Delta \mathrm{E}^0}{0.0592}$$

$$\Delta \mathrm{E}^0 = \mathrm{E}^0_{\mathrm{cell}}$$

$$\therefore\ \log \mathrm{K} = \frac{\mathrm{nF}\Delta \mathrm{E}^0}{2.303\mathrm{RT}} = \frac{\mathrm{n}(\mathrm{E}^0_{\mathrm{cathode}} - \mathrm{E}^0_{\mathrm{anode}})}{0.0592}$$

여기서 $\mathrm{E}^0_{\mathrm{Cathode}}$ 는 음극을 나타내고, $\mathrm{E}^0_{\mathrm{Anode}}$ 는 양극을 나타낸다.

**예 5.7** 다음 반응식에서 평형상수(K)를 구하여라.

$$5Fe^{2+} + MnO_4^- + 8H^+ \rightleftarrows 5Fe^{3+} + Mn^{2+} + 4H_2O$$

$$Fe^{3+} + e \rightleftarrows Fe^{2+},\ E^0 = +0.771\,V$$

$$MnO_4^- + 5e^- + 8H^+ \rightleftarrows Mn^{2+} + 4H_2O,\quad E^0 = +1.51\,V$$

<풀이> ① $\log \mathrm{K} = \frac{\mathrm{nF}\Delta \mathrm{E}^0}{2.303\mathrm{RT}} = \frac{\mathrm{n}(\mathrm{E}^0_{\mathrm{cathode}} - \mathrm{E}^0_{\mathrm{anode}})}{0.0592}$

② $\log K = \frac{5(1.51 - 0.771)}{0.0592} = 62.42$

$\mathrm{K} = 2.6 \times 10^{62}$

## 제5장 연 · 습 · 문 · 제

1. 다음 화합물 또는 이온단에 나타난 원소의 산화수를 구하시오.

ⓐ HBrO의 Br　ⓑ $HIO_3$의 I　ⓒ HNO의 N　ⓓ $H_2S$의 S

ⓔ $HSO_3^-$의 S　ⓕ $BiSO_3^-$의 Bi　ⓖ $AsO_4^{3-}$의 As

ⓗ $H_2B_4O_7$의 B　ⓘ $TiO_5^{4-}$의 Ti　ⓙ $MnO_4^-$의 Mn

2. 다음 반응식을 완결하고 반응물질 중 산화제와 환원제를 나타내어라.

ⓐ $H_2O_2 + MnO_4^- \rightarrow O_2 + Mn^{2+}$ (산성용액)

ⓑ $MnO_4^- + Mn^{2+} \rightarrow MnO_2$ (약염기성 용액)

ⓒ $H_2O_2 \rightarrow H_2 + O_2$

ⓓ $PbS + H_2O_2 \rightarrow PbSO_4$

3. 다음 반쪽전지의 전극전위를 구하여라.

ⓐ $Ag/Ag^+$ (0.01 M) ($E^o$ = +0.79)

ⓑ $Ni/Ni^{2+}$ (0.70 M) ($E^o$ = −0.25)

ⓒ $Cr/Cr^{3+}$(0.01 M) ($E^o$ = −0.71)

ⓓ $Pb/Pb^{2+}$(0.01 M) ($E^o$ = −0.13)

4. 25℃에서, Zn(s) | $ZnSO_4$(0.01M) || $CuSO_4$(0.1M) | Cu, 로 구성된 전지의 기전력 E를 구하시오. 이 전지의 표준 기전력 $E^o$는 1.1V이다.

5. 다음 반응식에서 평형상수 K를 계산하여라.

$$2Ce^{4+} + Sn^{2+} \rightarrow 2Ce^{3+} + Sn^{4+}$$

6. 다음 반응식에서 평형상수 K를 계산하여라.

$$Sn^{2+} + 2Fe^{3+} \rightarrow 2Fe^{2+} + Sn^{4+}$$

7. 25℃에서, Cd(s) | $CdSO_4$(0.02M) || $CuSO_4$(0.2M) | Cu 로 구성된 전지의 기전력 E를 구하시오. 이 전지의 표준 기전력 $E^o$는 0.74V이다.

## 제5장 연 · 습 · 문 · 제

8. $SnSO_4$의 수용액에서 20 Ampere의 전류가 5시간 동안 흐른다면 몇 g의 Sn이 석출될까? (단 Sn의 원자량 = 118.7)

9. $ZnSO_4$(Zn의 원자량 = 65.4)의 수용액에서 56 Ampere의 전류가 9시간 동안 흐른다면 몇 g의 Zn이 석출될까?

10. $PbSO_4$의 수용액에서 33 Ampere의 전류가 6시간 동안 흐른다면 몇 g의 Pb가 석출될까? (단 Pb의 원자량 = 207.2)

11. 0.01 M $Zn^{2+}$ 용액에 담근 카드뮴 전극의 전위를 구하여라. 이 전지의 표준 기전력 $E^o$는 −0.76V이다.

12. 0.001 M $Cr^{3+}$ 용액에 담근 카드뮴 전극의 전위를 구하여라. 이 전지의 표준 기전력 $E^o$는 −0.71V이다.

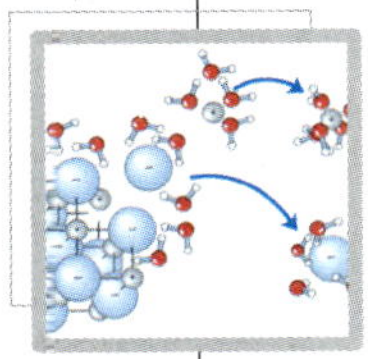

# 화학반응속도론



6 Chapter

## 1 화학반응속도론 (chemical kinetics)

화학반응은 반응물을 이루고 있는 분자들간의 상호작용에 의해 일어난다. 반응속도는 특정한 반응계에서의 반응물의 성질에 좌우 한다. 모든 화학반응은 다음 조건들에 의해서 영향을 받는다.

### ① 반응물의 농도

반응물의 농도가 증가하면 반응속도는 대체로 빨라진다. 그러나 어떤 경우에는 반응속도가 농도변화에 영향을 받지 않는 것도 있다.

### ② 촉매의 영향

촉매(catalyst)란 전체 반응이 일어나는 동안 자신은 소모되지 않으면서 반응속도에 영향을 주는 물질이다.

### ③ 온도의 영향

온도도 반응속도에 영향을 끼치며 일반적으로 온도가 올라가면 반응속도는 빨라진다.

### ④ 고체반응물 또는 촉매의 표면적

고체물질이 기체나 액체와 반응할 때 고체의 표면적은 반응속도에 영향을 끼치게 된다. 반응이 고체의 표면에서 반응이 일어나게 되므로 표면적이 넓어지면 반응속도는 빨라지게 된다.

## 2 반응속도의 정의

반응속도는 단위시간당 생성된 생성물의 양 또는 소모된 반응물의 양이다. 예로서 오산화질소($N_2O_5$)의 분해반응을 살펴보자.

$$2N_2O_5(g) \rightarrow 4NO_2(g) + O_2(g)$$

이 반응의 속도는 생성된 이산화질소나, 산소의 몰농도를 관찰하여 결정할 수 있다. 주어진 시간($\Delta t$) 동안에 산소의 몰농도는 $\Delta[O_2]$만큼 증가한다.

$$\text{산소의 생성속도} = \frac{\Delta[O_2]}{\Delta t}$$

$$\text{이산화질소의 생성속도} = \frac{\Delta[NO_2]}{\Delta t}$$

또 반응의 속도는 감소된 오산화질소의 농도로서 구할 수 있다.

$$\text{오산화질소의 감소속도} = -\frac{\Delta[N_2O_5]}{\Delta t}$$

이 반응을 통하여 오산화질소는 감소되므로 음의 값을 가진다.

## 3 반응속도식

실험적으로 반응속도는 반응물(또는 촉매)의 농도와 관계가 있다. 다음과 같은 반응을 살펴보자.

$$2NO_2(g) + F_2(g) \rightarrow 2NO_2F(g)$$

반응속도식(reaction rate law)은 반응물의 농도와 반응속도와의 관계를 표현한 것으로 속도식은 다음과 같이 주어진다.

$$\text{속도} = k[NO_2]^1[F_2]^1$$

여기서 k는 반응속도상수(reaction rate constant)로서 일정한 온도에서 일정한 값을 가진다. 이때 속도식에서 농도항의 지수의 합을 반응차수(order of reaction)라고 한다. 지수의 합이 1이면 1차 반응, 지수의 합이 2이면, 2차 반응이 된다.

① 0차 반응

몇몇의 반응들은 반응속도가 반응물의 농도에 무관함을 볼 수 있다. 이러한 반응으로는 광화학반응, 효소촉매반응 등이 있다.

속도 = k = 일정

0차 반응의 경우 반응은 일정한 속도로 진행된다.

② 1차 반응(first order reaction)

사염화탄소 용액 중에서 $N_2O_5$의 분해반응은 $N_2O_5$에 대해서 1차반응 속도식에 따른다.

$$N_2O_5 \text{ 소멸속도} = k[N_2O_5]$$

이때 $[N_2O_5]$= C 라 하면, 단위시간당 C의 감소는

$$-\frac{dC}{dt} = kC, \ (\ k = \text{반응속도상수})$$

만일 $t_0$에서의 반응물의 초기농도를 $C_0$라 하고, 시간이 흘러 t 시간 후의 나중농도를 $C_t$라 하면

$$-\frac{dC}{dt} = kC$$

$$-\frac{dC}{C} = k\,dt$$

$$-\int_{C_0}^{C_t}\frac{dC}{C} = k\int_0^t dt$$

$$-\ln\frac{C_t}{C_0} = kt$$

$$\therefore \ \ln\frac{C_t}{C_0} = -kt$$

이것은 1차 방정식인 y = ax + b 형태의 식이 된다. 그래서 시간 t에 대해서 ln $C_t/C_0$를 도시하여 직선이 되면 그 기울기에서 k를 구할 수 있으며, 1차 속도상수값의 단위는 $sec^{-1}$이다.

<표 6.1>에 실험데이터를 나타냈으며, 이것을 시간에 대한 농도항으로 도시한 것이 <그림 6.1>이며 여기에서 기울기를 구할 수 있다.

1차 반응의 대표적 예로서는 모든 방사성 붕괴반응과 소독에 의한 미생물의 사멸속도, BOD 실험에서 박테리아에 의한 유기물의 분해속도 등이 있다.

〈표 6.1〉 45℃에서 $N_2O_5$의 분해 데이터($CCl_4$ 용액에서)

| 시간(sec) | $[N_2O_5]$(mol/L) | $\frac{C_t}{C_0}$ | $\ln\frac{C_t}{C_0}$ |
|---|---|---|---|
| 0 | 100 | 1 | 0.000 |
| 10 | 70 | 0.7 | -0.357 |
| 20 | 21 | 0.21 | -1.561 |
| 30 | 6.3 | 0.063 | -2.765 |
| 60 | 0.6 | 0.006 | -5.116 |

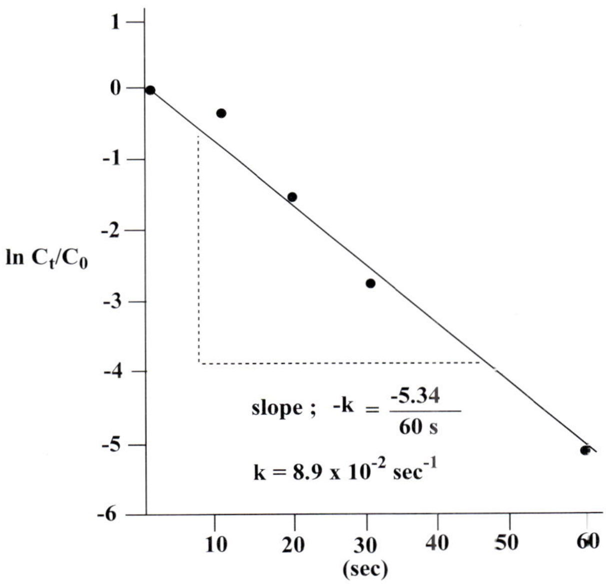


〈그림 6.1〉 45℃에서 $N_2O_5$의 분해반응 속도상수 계산

어떤 물질의 양이 처음 농도의 반으로 줄어드는데 걸리는 시간을 **반감기(half life, t½)**라고 한다.

1차 반응속도 상수식을 따르는 경우 반감기는 다음과 같다.

$$t_{\frac{1}{2}} = \frac{0.693}{k}$$

이와 같이 1차 반응의 경우 반감기는 농도에 무관하다.

**예 6.1** 아메리슘(Am)은 중요한 방사성 물질이다. $1.3\times10^{-6}$ mol/L의 $^{240}AmCl_3$를 포함하는 용액이 2 시간 후 $1.27\times10^{-6}$ mol/L의 $^{240}AmCl_3$의 용액으로 변하였다. 이 방사성물질을 함유하는 용액의 속도상수를 구하고 반감기를 구하여라.

<풀이> ① 방사성물질 : 1차속도상수식 : $\ln\frac{C_t}{C_0} = -kt$ , $\ln\frac{C_0}{C_t} = kt$

$$\ln\frac{1.3\times10^{-6}}{1.27\times10^{-6}} = \ln 1.023 = 0.00227 = kt$$

$$k = \frac{0.00227}{2\,hr} = 0.01135/hr$$

② 반감기 = $t_{\frac{1}{2}} = \frac{0.693}{k} = \frac{0.693}{0.01135/hr} = 61$ hr

**예 6.2** 어떤 방사성 물질의 반감기는 25분이다. 이 방사성물질의 속도상수 k를 구하여라.

<풀이> ① 반감기 = $t_{\frac{1}{2}} = \frac{0.693}{k}$

② $k = \frac{0.693}{t_{\frac{1}{2}}} = \frac{0.693}{25\,min} = 0.0277\ min^{-1}$

### ③ 2차 반응(second order reaction)

다음 반응이 A에 대해서 2차이면 반응속도법칙은 다음과 같다.

$$A \rightarrow B + C$$

A의 분해속도 = $k[A]^2$

다음 반응이 A와 B에 대해서 각각 1차이면 반응속도법칙은 다음과 같다.

$$A + B \rightarrow C + D$$

A 또는 B의 분해속도 = k[A] [B]

윗 식에서 A만 관여하는 반응이면, A의 농도 즉 [A] = C라 하면 단위시간당 C의 감소는

$$-\frac{dC}{dt} = kC^2, \ (k = \text{반응속도상수})$$

만일 $t_0$에서의 반응물의 초기농도를 $C_0$라 하고, 시간이 흘러 t 시간 후의 나중농도를 $C_t$라 하면

$$-\frac{dC}{dt} = kC^2$$

$$-\frac{dC}{C^2} = k\,dt$$

$$-\int_{C_0}^{C_t} \frac{dC}{C^2} = k\int_0^t dt$$

$$\frac{1}{C_t} - \frac{1}{C_0} = kt$$

2차 반응에 대한 유도식을 정리하면 다음과 같다.

$$\frac{1}{C_t} = kt + \frac{1}{C_0} \quad (y = ax + b)\text{형}$$

이것 역시 시간 t 에 대해서 $\frac{1}{C_t}$를 도시하면 다음 그림과 같이 기울기가 k이고 절편이 $\frac{1}{C_0}$인 직선이 얻어진다. 2차반응의 경우 속도상수의 단위는 $L \cdot mol^{-1} \cdot sec^{-1}$ 이다.

그리고 반감기(t½)는 다음과 같이 구할 수 있다.

$$t_{\frac{1}{2}} = \frac{1}{k \cdot C_0}$$

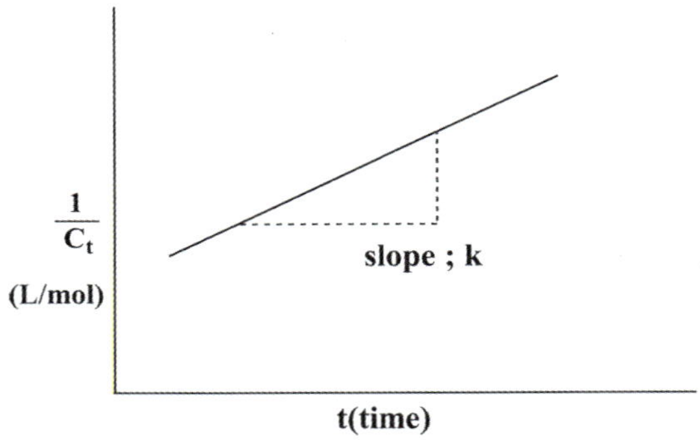


〈그림 6.2〉 2차반응에 대한 속도상수(k) 계산

〈표 6.2〉 1 차반응과 2 차반응의 비교

| 차수 | 속도법칙 | 농도-시간 관계식 | 반감기 | 그래프 도식 |
|---|---|---|---|---|
| 1 | Rate = k[A] | $\ln\frac{C_t}{C_0} = -kt$ | $t_{\frac{1}{2}} = \frac{0.693}{k}$ | $\ln\frac{C_t}{C_0}$ 대 t |
| 2 | Rate = $k[A]^2$ | $\frac{1}{C_t} = kt + \frac{1}{C_0}$ | $t_{\frac{1}{2}} = \frac{1}{k \cdot C_0}$ | $\frac{1}{C_t}$ 대 t |

**예 6.3** 반응물 → 생성물로 되는 2차반응이 있다. 처음 반응물질의 농도가 0.20 mol/L이고 40초 후의 생성물질의 농도가 0.06mol/L이었다. 이 반응에서 속도상수 k를 구하여라.

<풀이> ① 2차반응속도식 : $\frac{1}{C_t} = kt + \frac{1}{C_0}$

② $\frac{1}{0.06\ \text{mol/L}} = k\,(40\text{sec}) + \frac{1}{0.20\,mol/L}$

$k = 0.291\ \text{L mol}^{-1}\ \text{sec}^{-1}$

## 4 온도변화에 따른 속도변화

대부분의 화학반응의 반응속도는 일반적으로 온도가 올라감에 따라 높아진다. 온도가 10℃ 올라감에 따라 반응속도는 대략 2배 정도 높아진다.

온도변화에 따른 속도상수의 변화는 Arrhenius 식에 의해 다음과 같이 수학적으로 표현된다.

$$\frac{\mathrm{d}\ln k}{\mathrm{dt}} = \frac{E_a}{RT^2}$$

여기서 $\frac{\mathrm{d}\ln k}{\mathrm{dt}}$ 는 온도에 따른 반응속도상수의 자연대수값의 변화를 나타낸다. R은 기체상수(1.987 cal/mol °K), $E_a$는 활성화에너지(activation energy)라고 하는 반응특유의 상수이다. 일정 온도 구간에서 이식을 적분하면 다음과 같다.

$$\ln\frac{k_2}{k_1} = \frac{E_a(T_2 - T_1)}{RT_1T_2}$$

여기서 $k_2$와 $k_1$은 각각 온도 $T_2$와 $T_1$에서의 반응속도상수이며, 온도는 절대온도 °K로 나타낸다. 이 식에서 $E_a$를 구하면 다음과 같다.

$$E_a = \frac{RT_1T_2}{T_2 - T_1}\ln\frac{k_2}{k_1}$$

**예 6.4** 사진현상을 하였더니 현상의 속도정수가 17℃일 때에 비하여 27℃에서는 2배가 빨라졌다. 이 반응에서 활성화에너지를 구하여라.

<풀이> ① 활성화에어지 $E_a = \frac{RT_1T_2}{T_2 - T_1}\ln\frac{k_2}{k_1}$

② $E_a = \frac{(1.987\,\mathrm{cal/mol\,°K})(300\times290)\mathrm{°K}^2}{(300-290)\mathrm{°K}}\ln\frac{2}{1} = 11982\ \mathrm{cal/mol}$

$= 11.98\ \mathrm{Kcal/mol}$

**예 6.5** 설탕의 전화속도는 25℃에서 9.67 $min^{-1}$이고 50℃에서는 268 $min^{-1}$ 이다. 이 반응에서의 활성화에너지를 구하여라.

<풀이> ① 활성화에어지 $E_a = \dfrac{R\,T_1\,T_2}{T_2 - T_1}\ \ln\dfrac{k_2}{k_1}$

② $E_a = \dfrac{(1.987\,cal/mol\,°K)(323\times 298)°K^2}{(323\ -\ 298)°K}\ \ln\dfrac{268}{9.67} = 25413\ cal/mol$

$= 25.413\ Kcal/mol$

**예 6.6** $N^2O^5$의 열분해 속도정수는 15℃에서 $9.67\times10^{-6}\ sec^{-1}$이고, 65℃에서 $4.87\times10^{-3}\ sec^{-1}$이다. 이 반응의 활성화에너지를 계산하여라.

<풀이> ① 활성화에어지 $E_a = \dfrac{R\,T_1\,T_2}{T_2 - T_1}\ \ln\dfrac{k_2}{k_1}$

② $E_a = \dfrac{(1.987\,cal/mol\,°K)(338\times 288)°K^2}{(338\ -\ 288)°K}\ \ln\dfrac{4.89\times10^{-3}}{9.67\times10^{-6}} = 24068\ cal/mol$

$= 24.068\ Kcal/mol$

# 제6장 연 · 습 · 문 · 제

1. 공중 위생상 중요한 방사성물질로 반감기가 57년인 물질이 있다. 주어진 양의방사성물질을 99.9%를 감소시키기 위해서는 얼마동안 저장해야 하느냐?

2. 어떤 1차 반응에서 1000 sec 동안에 반응물의 반이 분해되었다. 반응물이 $\frac{1}{10}$이 남을 때까지 걸리는 시간은 얼마인가?

3. 2번 문제에서 반응물의 99%가 분해하려면 몇 초가 걸리겠는가?

4. 1차 반응에서 어떤 반응물의 초기 농도가 0.2 mol/L이었다. 5분 후에 0.05 mol/L가 되었다면 이 반응의 속도상수 k는 얼마인가?

5. 다음 자료는 염소소독의 효율을 평가한 실험이다. 1차 반응속도식으로 간주하고 속도상수를 구하여라.

| 시간(초) | 잔류하는 대장균 % |
|---|---|
| 0 | 100 |
| 10 | 68 |
| 20 | 23 |
| 30 | 5.8 |
| 40 | 3.4 |
| 50 | 1.4 |
| 60 | 0.4 |

6. 방사성 핵종인 $P^{32}$는 반감기가 14.3일이다. 10 mg/L의 $P^{32}$를 포함하고 있는 폐수의 농도를 0.3 mg/L로 감소시키려면 얼마동안 저장해야 하는가?

7. 포도당의 분해속도는 20℃에서 12.6 $sec^{-1}$이고 40℃에서는 147 $sec^{-1}$이다. 이 반응에서의 활성화에너지를 구하여라.

8. 화학반응속도에 영향을 주는 인자에 대해서 설명하시오.

9. 일차반응속도식을 유도하시오,

10. 이차반응속도식을 유도하시오.

11. Arrhenius 식에 따른 활성화에너지 구하는 식을 유도하시오.

12. 다음반응은 1차속도 반응식에 따른다.

$$2N_2O_5(s) \rightarrow 4NO_2(g) + O_2(g)$$

이 반응의 실험 데이터가 아래 표와 같을때 속도상수(k)값을 구하여라.

<표> 30℃에서의 시간에 따른 농도변화

| 시간(sec) | $[N_2O_5]$(mol/L) |
|---|---|
| 0 | 1.4 |
| 400 | 1.1 |
| 800 | 0.89 |
| 1200 | 0.68 |
| 1600 | 0.53 |
| 2000 | 0.42 |

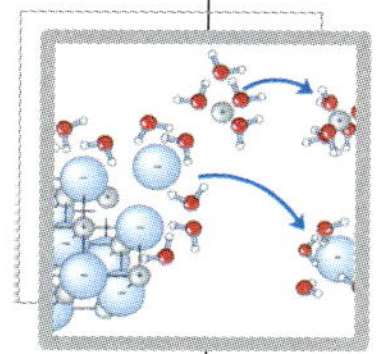

# 무게분석법



7 Chapter

## 1 일반원리

무게분석법(gravimetric analysis)은 시료 용액에 적당한 침전제를 가하여 목적성분을 선택적으로 순수한 침전을 만들어 그것의 무게를 달아 정량하는 방법이다. 대부분의 무게분석법은 불용성의 침전을 만들어야하는데 예를 들면 다음과 같다.

$$Cl^- + Ag^+ \rightarrow AgCl(s)$$

위 반응에서 보는 바와 같이 염소이온($Cl^-$)에 은이온($Ag^+$)을 가하면 염화은이 침전물로 생성된다. 이 침전을 여과하여 무게를 달고, 순수한 염화은의 무게로부터 염소의 양을 환산하여 계산한다. 무게분석법은 실험실에서 간단하게 측정할 수 있는 중요한 분석법이다.

무게분석법의 가장 큰 장점은 정확성과 간단하고도 기초적인 화학적 침전반응만 알면 된다는 점이다. 성공적인 무게분석을 위해서는 다음 조건이 충족되어야 한다.

① 분석물질은 완전히 침전되어야하고, 침전의 용해도는 충분히 낮고, 용해도에 의한 손실은 무시될 정도이어야 한다. 공통이온 효과에 의해 침전의 용해도를 감소시키기 위해 침전제를 과량 가한다.

② 침전은 건조하거나 강열하면 일정한 화학식을 갖는 화합물로 변해야 하고, 이 무게로부터 목적성분의 함량을 계산할 수 있어야 한다.

③ 침전은 순수하고 거르기 쉬워야 한다. 항상 불순물이 포함되지 않는 침전을 얻기는 매우 어렵다.

본 장에서는 침전의 메카니즘, 분석에 적합한 침전의 조건, 침전의 불순물, 무게분석의 기본조작 등에 대해 배운다.

## 2 침전의 메카니즘

### 1. 핵형성

침전에서 첫째 단계는 핵(nuclei)이라 부르는 아주 작은 침전입자를 생성하는 것이다. 이들

입자들의 생성과정을 **핵형성**(nucleation)이라 부른다. 핵형성이 일어난 다음에 입자들은 성장한다. 그리하여 시간이 지나면서 아주 작은 핵은 상대적으로 큰 침전입자로 된다.

침전제가 용액에 혼합된 다음 핵형성이 일어나기 전에 어떤 유도기간을 거친다. 이 유도기간은 침전의 종류에 따라 다르다.

예를 들면 AgCl 침전의 경우는 유도기간이 매우 짧고, $BaSO_4$ 침전의 경우는 유도기간이 몇 분 정도로 길다. 그러나 대부분의 경우는 침전제가 첨가되면 거의 동시에 핵형성이 일어난다.

우선 핵형성이 일어난 후에 핵이 큰 입자로 성장하는 것은 상대적으로 쉽다. 용액에서 양이온과 음이온의 작은 입자가 서로 충돌하고, 화학결합에 의해 서로 표면에 달라붙어 3차원적인 결정격자가 만들어진다.

## 2. 흡착이온과 반대이온

침전하는 동안 침전은 항상 그들의 표면에 약간의 이온을 흡착한다. 흡착되는 이온은 결정의 양이온과 음이온 중에서 어느 것이 과량으로 존재하는가에 달려있다.

예로서 과량의 NaCl 용액에 $AgNO_3$ 용액을 천천히 가하여 AgCl로 침전시킬 때, 침전표면에 $Cl^-$ 이온이 흡착된다. 이때 침전에 흡착된 $Cl^-$ 이온을 **제1흡착이온**(primary adsorbed ion)이라 한다.

제1흡착이온 때문에 침전 표면은 과량으로 존재하는 결정이온이 양이온이냐 음이온이냐에 따라서 + 또는 − 전하를 띠게 된다. 이때 전하균형을 맞추기 위해서 용액에서 주위에 있는 반대전하의 이온이 침전입자에 끌린다. 이들 끌리는 이온을 **반대이온**(counter ion)이라 부른다. 반대이온은 제1흡착이온 보다 덜 단단하게 흡착된다.

(예) 과량의 NaCl + $AgNO_3$

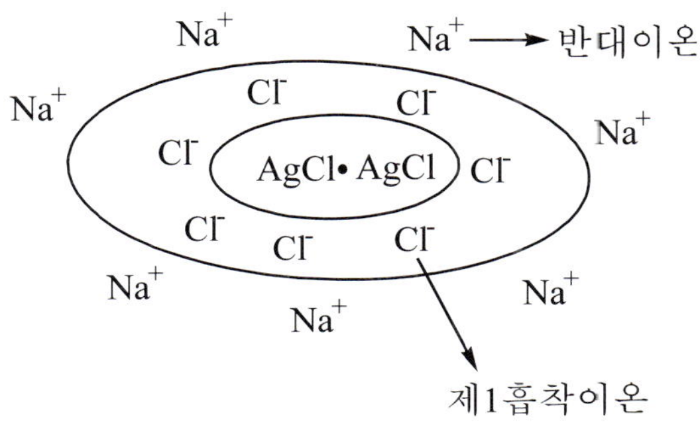

〈표 7.1〉 제1흡착이온과 반대이온의 특성

| 제1흡착이온 | 반대이온 |
|---|---|
| 과량으로 존재하는 결정이온 | 제1흡착이온의 반대 전하이온 |
| 화학결합에 의해 끌림 | 정전기적 인력에 의해 끌림 |
| 침전표면에 고정 | 침전 주위에 접하는 용액에서 가볍게 끌림 |

## 3 분석에 적합한 침전의 조건

이상적인 무게분석을 위한 침전의 조건

- 씻고 거르기가 쉽게 침전입자가 충분히 커야한다.
- 불순물이 없어야 한다.
- 최소의 표면적을 가져야 한다.
- 충분히 불용성이어야 한다.

### 1. 침전의 형태

침전은 양이온과 음이온이 서로 반응하여 가용성 콜로이드를 형성한다. 처음에는 작고 불완전한 결정이 생기고 시간이 지남에 따라 순수하고 큰 결정으로 성장하여 침전이 형성되는 것이다.

① 응결침전 : 초기에는 침전하기에 충분하지 않은 현탁된 콜로이드 입자로 침전한다. 이때 큰 침전을 만들기 위해서 가열했다가 식히는 과정이 필요하다.

(예) $NaCl$ + 과량의 $AgNO_3$

$$Cl^- + 2AgNO_3 \rightarrow AgCl : Ag^+ \ldots\ldots\ldots NO_3 \text{ (현탁콜로이드)}$$
$$\rightleftarrows$$
$$AgCl : Ag^+$$

② 젤라틴질 침전 : 가장 좋은 예는 $Fe(OH)_3$와 같은 +3가 철의 수산화물 형태이다. 침전이 처음에는 콜로이드 상태가 된다. 큰 침전을 만들기 위해서 가열했다가 식히는 과정이 필요하다. 젤라틴질 침전은 응결침전 보다 불순물을 더 많이 포함하고 용매인 물분자도 많이 함유하여 침전 형성이 보다 어렵다.

③ 결정질 침전 : 황산바륨과 같은 알카리 토금속류 금속의 황산화물 침전이 좋은 예이다. 이들은 규칙적인 모양의 불연속적인 입자형태로 침전된다. 처음이는 작고 불완전한 결정이 형성되지만 시간이 지나거나 가열하면 큰 결정이 생성된다.

(예) 황산이온 + 과량의 $BaCl_2$

$$nSO_4 + 2nBaCl_2 \rightarrow nBaSO_4 : Ba^{2+} \ldots\ldots 2Cl^-$$

(작은결정)
↓ 가열
큰결정

## 2. 침전입자의 크기

용액이 형성될 때 평형상태보다 더 많은 용질을 포함할 때 그 용액은 과포화(supersaturated) 되었다고하며, 상대과포화도(relative supersaturation)라 한다.

$$과포화도 = Q - S$$

$$상대과포화도 = \frac{Q - S}{S}$$

여기서 Q는 침전이 일어나기 전의 혼합시약의 몰농도이고, S는 침전이 생긴후 포화용액에서의 평형농도이다.

일반적으로 침전입자의 크기는 침전하는 동안 용액의 상대과포화도에 반비례한다. 즉 상대과포화도가 크면 핵형성속도는 빠르지만 아주 작은 입자를 형성하고, 상대과포화도가 낮은 용액은 핵형성은 느리지만 큰입자를 형성한다.

### (1) 입자 성장 촉진 방법

① 묽은 용액을 섞는 법

② 효과적으로 저어주면서 침전제를 천천히 가하는 법

③ 높은 온도에서 침전시키는 법

④ pH를 적절히 조절하는 법

## 3. 침전의 불순물

① 공침(coprecipitation) : 용액에 녹아있어야 할 물질이 침전에 묻어 함께 가라앉는 현상을 말하며, 이것은 무게분석에서 오차의 중요한 원인이 된다.

② 표면흡착(surface adsorption) : 염화이온 용액에 질산은 용액을 과량으로 가해서 용액에 남은 은(Ag) 이온이 흡착되어 씻어도 잘 제거되지 않음. 이런 경우 침전된 상태를 방치하는 묵힘(Aging)을 이용하면 방지된다.

표면흡착 현상은 다른 조건이 같으면 농도가 진할수록 많아진다.

③ 후침전(post precipitation) : 표면흡착에 의하여 일어나는 공침의 다른 한가지 형태이다. 침전이 생긴 후 침전을 모액과 함께 묵히든지 익히는 동안에 점점 불순물의 흡착이 일어나는 현상을 말한다.

④ 동형치환(isomorphous replacement) : 기하학적으로 같은 결정의 형태를 갖는 화학식의 화합물을 이질동형이라 한다. 이질동형 화합물의 격자차원이 거의 같을 때 한 결정에서 다른 결정으로 변환되는 현상을 말한다.

$$FeS(s) + Cd^{2+} \rightarrow CdS(s) + Fe^{2+}$$

⑤ 내포(occlusion) : 결정이 성장과정 도중에 다른 이온이 그 결정격자 내에 흡착되어 비정상적인 결정을 이루는 현상을 말한다. 내포는 결정의 크기와 전하수가 서로 비슷한 이온일수록 쉽게 내포된다.

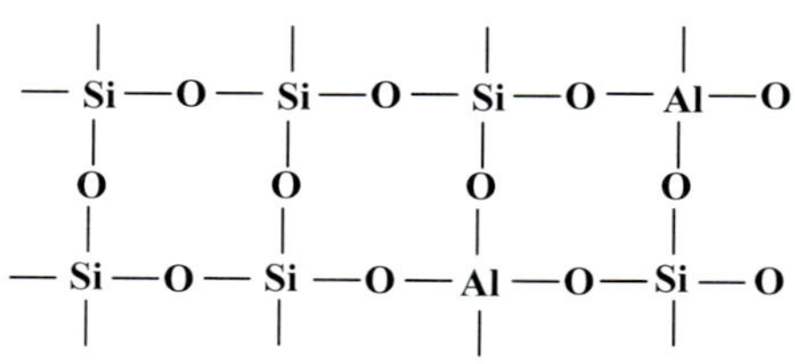

## 4 무게분석에서의 계산

무게분석에서 정확한 실험을 하는 것도 중요하지만 측정결과를 정확하게 계산하는 것도 중요하다. 일반적으로 백분율로 계산한다.

$$\text{A의 함유량(\%)} = \frac{\text{A 만의 무게}}{\text{시료의 무게}} \times 100$$

이때 분석성분은 여러 가지 형태로 무게를 단다. 따라서 침전의 무게에서 원하는 성분의 무게를 계산해야한다.

예를 들면 물속에 들어있는 염소($Cl^-$) 이온의 양을 계산할 때 침전제를 쓰서 AgCl(s)의 형태로 무게를 달아 염소이온의 함량을 계산한다.

$$Cl^- \xrightarrow{\text{침전제}} AgCl(s)$$

여기서 $Cl^-$ 1 mol에서 AgCl 1 mol이 생성된다. 따라서 Cl의 함유량은 다음과 같이 계산한다.

$$\text{Cl의 함유량(\%)} = \frac{\text{AgCl의 무게}}{\text{시료의 무게}} \times \frac{\text{Cl의 원자량}}{\text{AgCl의 화학식량}} \times 100$$

일반적으로 A 성분이 침전제 B와 반응하여 순수한 $A_nB_m$과 같은 침전물 W g을 얻게 되는 경우 A의 함유량(%)은 다음과 같이 계산한다.

$$nA + mB \rightarrow y(AnBm)$$

즉 n mol의 A에서 y mol의 $A_nB_m$을 W g을 얻게 되므로 A 성분의 무게는 다음과 같다.

$$\text{A의 무게} = \text{W(침전물)} \times \frac{\text{n(A의 화학식량)}}{\text{y(}A_nB_m\text{의 화학식량)}}$$

따라서 시료중의 A의 함유량은 다음과 같다.

$$A의\ 함유량(\%) = \frac{W(침전물)}{시료의\ 무게} \times \frac{n(A의\ 화학식량)}{y(A_nB_m의\ 화학식량)} \times 100$$

이때 화학양론에서 얻은 $\frac{n(A의\ 화학식량)}{y(A_nB_m의\ 화학식량)}$ 값을 환산계수 또는 무게계수라 한다. 이와 같이 무게계수를 구할 때는 반드시 완결된 화학반응식을 쓰고 계산하여야한다.

**예 7.1** 불순물을 함유하는 공업용 피페라진(piperazine) 시료에서 순수한 피페라진의 함량을 무게분석법으로 분석할 때 아세트산을 침전제로 사용하여 디아세트산 피페라진으로 침전시킨다. 만일 시료 0.31g을 아세트산에 가하여 생성된 침전을 건조하여 무게를 달았더니 0.71g을 얻었다면 공업용 피페라진에서 순수한 피페라진의 무게 백분율은 얼마인가?

피페라진 MW : 84.1　아세트산 MW : 60　디아세트산피페라진 MW : 204.2

<풀이> ① 피페라진의 백분율 $= \frac{W(침전물)}{시료의\ 무게} \times \frac{n(A의\ 화학식량)}{y(A_nB_m의\ 화학식량)} \times 100$

$$= \frac{0.71}{0.31} \times \frac{84.1}{204.2} \times 100$$

$$= 94.3\ \%$$

**예 7.2** $Fe_3O_4$(MW : 231.5)를 포함하는 자철강 2.30g을 녹인후 산화시켜 Fe(III)로 만들어 암모니아를 가아여 $Fe(OH)_3$ 침전을 만들고 이것을 강열하여 0.75g의 $Fe_2O_3$(MW : 159.7)를 얻었다. 이 시료 중의 $Fe_3O_4$의 함유량(%)은 얼마인가?

$$2Fe_3O_4 + \frac{1}{2}O_2 \rightarrow 3Fe_2O_3$$

<풀이> ① $Fe_3O_4$ 함유량 $= \frac{W(침전물)}{시료의\ 무게} \times \frac{n(A의\ 화학식량)}{y(A_nB_m의\ 화학식량)} \times 100$

$$= \frac{0.75}{2.30} \times \frac{2(231.5)}{3(159.7)} \times 100$$

$$= 31.5\ \%$$

**예 7.3** 광석 중의 망간(Mn, MW : 54.9)을 산화시켜 $Mn_3O_4$(MW : 228.8)로 만들어 무게를 달아 정량하고자 한다. 만일 시료 2.00g으로부터 0.88g의 $Mn_3O_4$를 얻었다면 시료내의 망간의 함량을 구하여라?

$$3Mn + 2O_2 \rightarrow Mn_3O_4$$

<풀이> ① Mn 함유량 $= \dfrac{W(\text{침전물})}{\text{시료의 무게}} \times \dfrac{n(\text{A의 화학식량})}{y(A_nB_m\text{의 화학식량})} \times 100$

$$= \frac{0.88}{2.00} \times \frac{3(54.9)}{1(228.8)} \times 100$$

$$= 31.7\ \%$$

**예 7.4** 혼합강철 중에서 니켈(Ni, MW : 58.7)의 함량을 무게분석법으로 정량하고자 한다. 혼합강철 1.163g을 산에 녹여서 디메틸글리옥심(DMG)을 가하여 붉은색의 NI-DMG(MW : 288.9) 시료 0.179g을 얻었다면 혼합강철 중에서 Ni의 함량은 몇 % 인가?

$$Ni^{2+} + \underset{\text{DMG}}{2H_2C_4H_6O_2N_2} \rightarrow Ni(HC_4H_6O_2N_2)_2 + 2H^-$$

<풀이> ① Ni 함유량 $= \dfrac{W(\text{침전물})}{\text{시료의 무게}} \times \dfrac{n(\text{A의 화학식량})}{y(A_nB_m\text{의 화학식량})} \times 100$

$$= \frac{0.179}{1.163} \times \frac{58.7}{288.9} \times 100$$

$$= 3.13\ \%$$

# 제7장 연 • 습 • 문 • 제

1. 다음에 대해 간단히 설명하라.

ⓐ 침전의 형태 ⓑ 상대과포화도 ⓒ 묵힘과 익힘

ⓓ 균일침전법 ⓔ 동형치환 ⓕ 내포

2. 광석 중의 망간(Mn, MW:54.9)을 산화시켜 $Mn_3O_4$(MW:228.8)로 만들어 무게를 달아 정량하고자 한다. 만일 시료 4.00g으로부터 1.63g의 $Mn_3O_4$를 얻었다면 시료내의 망간의 함량을 구하여라.

$$3Mn + 2O_2 \rightarrow Mn_3O_4$$

3. $Fe_3O_4$를 포함하는 자철강 2.5g을 녹인후 산화시켜 Fe(III)로 만들어 암모니아를 가하여 $Fe(OH)_3$ 침전을 만들고 이것을 강열하여 0.84g의 $Fe_2O_3$를 얻었다. 이 시료 중의 $Fe_3O_4$의 함유량은 얼마인가?

$$2Fe_3O_4 + \frac{1}{2}O_2 \rightarrow 3Fe_2O_3$$

4. 순수한 $NaAl(SiO_3)_2$ 시료 1g으로 부터 얻을 수 있는 실리카($SiO_2$) 침전의 무게를 계산하여라.

5. 불순물을 함유하는 공업용 피페라진(piperazine) 시료에서 순수한 피페라진의 함량을 무게분석법으로 분석할 때 아세트산을 침전제로 사용하여 디아세트산 피페라진으로 침전시킨다. 만일 시료 0.55g을 아세트산에 가하여 생성된 침전을 건조하여 무게를 달았더니 0.97g을 얻었다면 공업용 피페라진에서 순수한 피페라진의 무게 백분율은 얼마인가?

6. 혼합강철 중에서 니켈(Ni, MW:58.7)의 함량을 무게분석법으로 정량하고자 한다. 혼합강철 2.345g을 산에 녹여서 디메틸글리옥심(DMG)을 가하여 붉은색의 Ni-DMG(MW :288.9) 시료 0.241g을 얻었다면 혼합강철 중에서 Ni의 함량은 몇 % 인가?

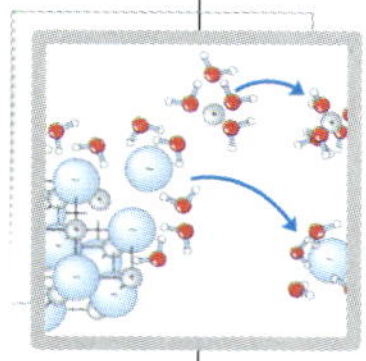

# 부피분석법



8 Chapter

## 1 일반원리

부피분석(volumetric analysis)은 비교적 빠르고 정확한 결과를 얻을 수 있으므로 정량분석에서 널리 사용되는 방법 중 하나이며, 적정법(titration method)과 같은 의미로 쓰이고 있다. 일반적으로 분석하고자 하는 목적성분(analyte)이 포함된 시료를 삼각플라스크 등에 취하고 여기에 목적성분과 반응하는 시약을 뷰렛으로 부터 한 방울씩 적가하는 조작을 적정(titration)이라고 하며, 이때 적가하는 시약을 적정액(titrant)이라고 한다.

이 때 적정액의 부피를 측정하여 목적성분의 함량을 구하는 방법을 부피분석 또는 적정법이라고 한다. 목적성분과 반응하는 시약은 정확히 농도를 알고 있어야 하고, 이를 표준용액(standard solution)이라고 하며, 목적성분과 같은 양이 되는 표준용액의 부피를 당량점(equivalent point)이라고 한다.

보통 부피분석법에서는 당량점을 구하기 위해서 지시약법, 전기전도도법, 전위차법 등의 방법이 있는데 일반적으로 지시약법이 많이 사용되고 있다.

예를 들어 지시약을 사용했을 때 지시약의 색깔이 변하는 것으로 실험적인 당량점을 구할 수 있으며, 이 때 소비된 표준용액의 부피를 종말점(end point)이라고 한다.

한편 지시약을 사용할 때 다음의 조건을 만족해야 한다.

① 반응이 정량적으로 진행되어야하며, 역반응이 없어야 한다.
② 반응속도가 빨라야 한다.
③ 종말점을 확실하게 판단할 수 있어야 한다.

당량점과 종말점이 일치하는 경우가 가장 이상적이지만 실제 실험을 통하여 얻은 종말점은 당량점과 일치하지 않는 경우가 많다. 이 두 점의 차를 적정오차(titration error)라고 하며, 이 오차는 적정할 때 사용하는 시약이나, 적정하는 사람의 개인오차 및 부적당한 지시약의 선택에 원인이 있다. 한편, 시료 중의 목적성분 이외의 성분(방해물질)이 표준물질과 반응하는 것도 오차의 원인이 된다.

그러므로 일반적으로 시료용액 중 목적성분이 없는 용액을 대상으로 하여 표준물질이 얼마나 소비되는 가를 측정하는 바탕시험(blank test)을 실시하여야 한다.

## 2 표준용액

표준용액은 일차표준물질(primary standard material)로 만든 용액으로서 고순도 물질의 무게를 정확히 달아 일정량의 용량플라스크에 녹여 제조한다. 이 때 그 표준물질의 순도가 충분히 높지 않을 경우에는 원하는 농도에 가까운 용액을 만든 다음 표정(standardization) 또는 표준화하여 사용하면 된다. 예를 들어 NaOH는 바로 표준용액을 만들 수 있을 만큼 순수하지 않으므로 프탈산수소칼륨(potassium hydrogen phthalate ; $KHC_8H_4O_4$)으로 표정 하여, 정확한 NaOH의 농도를 구한 다음 HCl과 같은 산을 정량하게 된다. 이 때 프탈산칼륨을 **일차표준물질**이라고 하고, NaOH는 **이차표준물질**(secondary standard material) 이라고 한다.

표준물질로서 적합한 것은 다음과 같은 성질을 가지고 있어야 한다.

① 순수한 상태로 얻을 수 있거나 정제가 쉽고 일정한 조성을 가질 것
② 반응이 정량적으로 일어나는 것일 것
③ 당량 또는 분자량이 충분히 커서 무게를 달 때 상대오차가 적을 것
④ 수용액에서 안정하고, 저장이 쉬우며, 저장하여도 변하지 않는 것
⑤ 가열하거나 건조시키면 일정한 무게를 갖고, 결정수는 가능한 없을 것
⑥ 흡습성, 조해성이 없고, 무게를 달기 쉬우며, 공기 중의 성분이나 햇볕에 의해서 변하지 않을 것

위의 조건을 만족하는 표준물질을 사용하더라도 무게와 부피가 보정되지 않은 저울과 용량플라스크 등을 사용하면 정확한 농도를 얻을 수 없다. 따라서 이것을 보정하기 위하여 농도보정계수(factor : f)를 사용하는데, 예를 들어 농도가 0.1000 N의 NaOH를 제조했을 때, 이것을 표정하여 정확히 구한 농도가 0.1023 N 이라면 다음과 같이 농도보정계수(f)를 구할 수 있다.

$$f = \frac{\text{측정된 농도}}{\text{제조한 농도}} = \frac{0.1023}{0.1000} = 1.023$$

이 식에서 농도보정계수가 1보다 크게 나타났다는 것은 제조한 용액의 농도가 원하는 농도보다 진하게 만들어졌다는 것이며, 만약 1 보다 작게 나타났다면 원하는 농도보다 묽게 만들어졌다는 뜻이다.

한편, 적정시약 1mL와 반응하는 시료성분의 무게를 구하여 사용하면 편리할 때가 있는 데 이를 적정값(titer)이라고 한다. 예를 들어 0.1 N NaOH를 이용하여 HCl을 정량하고자 할 때 0.1 N NaOH 1 mL와 반응하는 HCl은 0.00365g이다. 다시 말하면 0.1 N NaOH는 0.00365g HCl의 적정값을 가지고 있다고 표현한다.

목적성분이 포함된 시료를 미리 농도를 알고 있는 표준용액으로 직접 적정하는 방법을 직접 적정(direct titration)이라고 부르며, 이 때 소비되는 표준용액의 양으로부터 목적성분 의 농도를 산출하게 된다.

한편, 유기화합물의 반응과 같이 반응속도가 느려서 종말점을 찾기가 어려울 경우에는 일정량의 표준용액을 가하여 목적성분과 반응시키고 남은 표준용액을 다른 표준용액으로 적정하는 방법을 역적정(back titration)이라고 한다.

침전적정에서 생성된 침전의 용해도가 클 때, 반응속도가 느릴 때, 적정하는 동안에 분해 반응이 수반되거나 시료의 일부가 휘발되어 손실될 때는 역적정을 수행하면 오차를 줄일 수 있다.

## 3 부피분석의 종류

### 1. 산-염기 적정(acid - base titration)

많은 화합물은 산 또는 염기이며, 산은 센염기 표준용액으로, 염기는 센산 표준용액으로 적정할 수 있다. 종말점은 지시약을 사용하거나 pH 변화를 pH미터로 측정하여 쉽게 판단할 수 있다.

$$H^+ + OH^- \rightleftarrows H_2O$$

$$H^+ + A^- \rightleftarrows HA\ (A = CH_3COO \text{ or } HCO_3)$$

$$NH_4^+ + OH^- \rightleftarrows NH_4OH$$

한편, 많은 유기산이나 염기는 비수용매 속에서 적정하면 산성도나 염기성도가 증가되어 종말점을 더 잘 판단할 수 있기 때문에 약한산이나 약한 염기도 적정이 가능하다.

## 2. 산화–환원 적정(oxidation – reduction titration)

산화-환원 반응을 이용하여 적정할 경우 산화제는 환원제로, 환원제는 산화제로 적정한다. 산화-환원 반응이 쉽게 일어나기 위해서는 적정에 사용되는 산화제와 환원제의 산화력과 환원력 사이에 충분한 차이가 있어야 한다. 그러므로 산화제와 환원제 중 적어도 한 가지는 강한 산화제이거나 강한 환원제이어야 한다.

$$Fe^{2+} + Ce^{4+} \rightleftarrows Fe^{3+} + Ce^{3+}$$

$$I_2 + 2S_2O_3^{2-} \rightleftarrows S_4O_6^{2+} + 2I^-$$

적정의 종말점 판단에 산화제로 $KMn0_4$를 사용할 경우 $KMn0_4$ 자체가 지시약 역할을 동시에 하지만 보통의 경우 적당한 산화-환원 지시약을 사용한다. 지시약을 사용하지 않을 경우에는 그 시료의 전기화학적인 성질을 이용하는데, 예로서 전위차법 등을 이용하여 종말점을 찾을 수 있다.

## 3. 침전 적정(precipitation titration)

시료 용액에 적당한 침전제를 적가하여 적정하는 방법이며, 적정액은 목적성분과 반응하여 용해도곱이 충분히 작은 침전을 형성한다. 이 중에서 질산은($AgN0_3$) 표준용액을 침전제로 사용하는 방법을 은법적정이라고 한다. 이 때 종말점은 적당한 지시약을 사용하거나 전위차법으로 찾을 수 있다.

$$Ag^+ + Cl^- \rightleftarrows AgCl$$

$$2Ag^+ \quad CrO_4^{2+} \rightleftarrows Ag_2CrO_4$$

## 4. 착물화법 적정(complexometric titration)

여러 가지 금속이온을 착화제 또는 킬레이트 시약의 표준용액으로 적정하는 방법이며 이들은 금속과 반응하여 물에 녹는 착이온(complex ion)을 형성한다. 이 방법에서 가장 흔히 사용되는 표준물질은 EDTA(ethylene diamine tetraacetic acid)이며, 보통 값은 금속 이온과는 1 : 1 몰비로 반응하는데 pH를 조절하여 특정한 금속과의 반응을 선택적으로 조절할 수 있다. 이 때 종말점의 판단은 주로 지시약을 이용하며, 이 지시약도 일종의 킬레이트 시약의 일종으로 서 금속이온과 반응하여 색깔을 띠는 착화합물을 형성한다.

$$H_2Y^{2-} + Ca^{2+} \rightleftarrows CaY^{2-} + 2H^+$$

$$Ag^+ + 2CN^- \rightleftarrows Ag(CN)_2^-$$

## 4 부피분석의 계산법

부피분석법에서는 적정법의 농도와 종류에 따라 여러 가지 농도계산법이 가능하다. 여기서는 일반적으로 널리 사용하는 몰농도(M)와 노르말농도(N)에 의해 계산하는 방법에 대해서 논의하겠다.

### 1. 몰농도에 의한 계산법

#### ① 몰수(moles)와 몰농도의 관계

화합물의 몰수는 그 물질의 무게를 화학식량(formular weight, FW)으로 나눈 값이다. 또 몰농도는 몰수를 부피로 나눈값이다.

$$\text{mol 수} = \frac{\text{무게(g)}}{\text{화학식량}} \qquad \text{몰농도(M)} = \frac{\text{mol 수}}{\text{L}}$$

부피분석에서는 적은 양을 취급하기 때문에 몰수와 몰농도는 다음과 같이 표시하여 사용하기도 한다.

$$\text{m mol 수} = \frac{\text{무게(mg)}}{\text{화학식량}} \qquad \text{몰농도(M)} = \frac{\text{mmol 수}}{\text{mL}}$$

이들 관계를 재배열하여 부피분석에서 유용한 다음과 같은 관계식을 얻을 수 있다.

(L)(M) = mol 수
(mol 수)(화학식량) = g
(L)(M)(화학식량) = g

(mL)(M) = mmol 수
(m mol 수)(화학식량) = mg
(mL)(M)(화학식량) = mg

② 적정결과의 계산

적정반응에서 모든 결과는 완결된 화학반응식에서 계산하여야 한다. 적정결과를 계산하기 위해서는 사용된 적가액의 부피와 몰농도를 알아야 한다.

적정반응에서 분석물질과 적가액 간의 반응식을 표기하면 다음과 같다.

$$\underset{(\text{분석물질})}{aA} + \underset{(\text{적가액})}{tT} \rightarrow \text{생성물질}$$

여기서 a와 t는 각각 분석물질과 적가액의 몰수를 의미한다. 적가액 T의 mmol 수는 다음과 같다.

$$mmol_T = (mL)_T(M)_T$$

따라서 분석물질 A의 mg은 다음과 같이 표현된다.

$$mg_A = (mL)_T\,(M)_T \times \left(\frac{a}{t}\right)(FW)_A$$

여기서 $\frac{a}{t}$는 화학반응식에서 결합비이다.

또 불순물을 함유하는 분석물질에서 순수한 물질의 무게백분율을 구하고자 한다면 분석물질의 무게를 시료의 무게로 나누어 100을 곱한다.

$$\frac{mg_A}{mg_{sample}} \times 100 = \%\,A$$

**예 8.1** 탄산나트륨($Na_2CO_3$, FW:106)을 분석하기 위해서 산-염기 적정을 할 때 0.10 M HCl 26.20 mL가 소비되었다. 반응식이 다음과 같을 때 탄산나트륨의 무게(mg)를 계산하여라.

$$Na_2CO_3 + 2HCl \rightarrow \text{생성물}$$

<풀이> ① $Na_2CO_3$ 무게(mg) $= (mL)_T(M)_T \times (\frac{a}{t})(FW)_A$

$$= 26.2 \times 0.1 \times \frac{1}{2}(106)$$

$$= 138.9 \text{ mg}$$

**예 8.2** $F^-$(FW:19)를 포함하는 시료 92.5 mg을 녹여 과염소산칼슘으로 침전법 적정하는데 0.05 M 과염소산칼슘 용액이 19.8 mL가 소비되었다. $F^-$의 함유 %를 구하여라.

$$2F^- + Ca(ClO_4)_2 \rightarrow CaF_2 + 2ClO_4^-$$

<풀이> ① $F^-$ 무게(mg) $= (mL)_T(M)_T \times (\frac{a}{t})(FW)_A$

$$= 19.8 \times 0.05 \times \frac{2}{1}(19)$$

$$= 37.62 \text{ mg}$$

② $F^-$ 함유(%) $= \frac{37.62}{92.5} \times 100 = 40.6\ \%$

**예 8.3** 일차표준물질인 프탈산수소칼륨(KHP, potassium hydrogen phthalate, FW:204)을 정확히 410.4 g을 칭량하여 물에 녹이고, 이것을 미지 농도의 NaOH 용액으로 적정하는데 36.7 mL가 소비되었다. NaOH의 몰농도를 계산하여라.

$$HP^- + OH^- \rightarrow P^{2-} + H_2O$$

<풀이> ① KHP 무게(mg) $= (mL)_T(M)_T \times (\frac{a}{t})(FW)_A$

$$410.4 = 36.7 \times M \times \frac{1}{1}(204)$$

② $M = \frac{410.4}{204 \times 36.7} = 0.055\ M$

**예 8.4** 페놀프탈레인을 지시약으로 하여 $H_3PO_4$(FW:98)가 포함된 시료 0.3 g을 0.12 M NaOH 용액으로 적정하였더니 NaOH 용액이 22.4 mL가 소비되었을때 무색에서 분홍색으로 바뀌었다. 이 시료 중 $H_3PO_4$의 함량(%)을 구하여라.

$$H_3PO_4 + 2OH^- \rightarrow HPO_4^{2-} + 2H_2O$$

<풀이> ① $H_3PO_4$ 무게(mg) $= (mL)_T(M)_T \times (\frac{a}{t})(FW)_A$

$$= 22.4 \times 0.12 \times \frac{1}{2}(98)$$

$$= 131.7 \text{ mg}$$

② $H_3PO_4$ 함유(%) $= \frac{131.7}{300} \times 100 = 43.9\ \%$

## 2. 노르말농도에 의한 계산법

### ① 당량(eq)수와 노르말농도의 관계

모든 화학반응은 1:1 당량비로 반응하기 때문에 노르말 농도를 사용하면 산-염기 및 산화-환원 반응에서 편리하게 계산할 수 있다.

$$\text{노르말농도(N)} = \frac{\text{당량(eq)수}}{\text{L}}, \quad \text{당량(eq)수} = \frac{\text{무게(g)}}{\text{당량무게(eq.wt)(g)}}$$

$$\text{당량무게(eq.wt)(g)} = \frac{\text{화학식량(g)}}{(H^+, OH^- \text{ 의 수}) \text{ 또는 (이온의 전하수) 또는 (이동된 전자수)}}$$

예, HCl의 당량무게 = 1화학식량 = 36.5

$H_2SO_4$의 당량무게 = $\frac{1}{2}$화학식량 = 49

$Fe^{2+}$의 당량무게 ($Fe^{2+} \rightarrow Fe^{3+} + e^-$ 반응) = 1화학식량 = 55.8

$KMnO_4$의 당량무게 ($KMnO_4 + 5e^- \rightarrow Mn^{2+}$) = $\frac{1}{5}$화학식량

이들 관계를 재배열하여 부피분석에서 유용한 다음과 같은 관계식을 얻을 수 있다.

$$(L)(N) = eq\ 수$$
$$(eq\ 수)(당량무게) = g$$
$$(L)(N)(당량무게) = g$$

$$(mL)(N) = meq\ 수$$
$$(meq\ 수)(당량무게) = mg$$
$$(mL)(N)(당량무게) = mg$$

② 적정결과의 계산

적정반응에서 모든 결과의 계산은 몰농도와 유사하다. 노르말 농도의 모든 화학반응식에서는 1:1의 반응식을 가진다. 적정결과를 계산하기 위해서는 사용된 적가액의 부피와 노르말 농도를 알아야 한다.

적정반응에서 분석물질과 적가액 간의 반응식표기하면 다음과 같다.

$$\underset{(분석물질)}{aA} + \underset{(적가액)}{tT} \rightarrow 생성물질$$

여기서 a와 t는 각각 분석물질과 적가액의 당량수로서 항상 1의 값을 가진다. 적가액 T의 meq수는 다음과 같다.

$$meq_T수 = (mL)_T(N)_T$$

따라서 분석물질 A의 mg은 다음과 같이 표현된다.

$$mg_A = (mL)_T(N)_T \times (당량무게)_A$$

또 불순물을 함유하는 분석물질에서 순수한 물질의 무게백분율을 구하고자 한다면 분석물질의 무게를 시료의 무게로 나누어 100을 곱한다.

$$\frac{mg_A}{mg_{sample}} \times 100 = \%A$$

적정에서 시료 용액에 적가한 적정액의 노르말 농도와 부피를 알면 그 용액 전체의 당량수를 알 수 있다. 그것이 바로 시료 용액 중의 목적성분의 당량수와 같다.

즉 표준용액의 노르말 농도와 부피를 각각 N, V라 하고 목적성분의 노르말 농도와 부피를 각각 N', V'라 하면 다음과 같이 나타내며 중화적정식이라 한다.

$$NV = N'V'$$

**예 8.5** 0.095 N NaOH 25 mL로 미지농도 용액 HCl을 적정하는데 34 mL가 소비되었다. HCl의 노르말 농도를 구하여라.

<풀이> ① 중화적정식 : $NV = N'V'$

② $0.095 \times 25 = N' \times 34$

③ $N' = 0.07$

**예 8.6** 주석 합금시료 0.200g을 산에 녹이고, 주석은 모두 Sn(Ⅱ)(FW:118.7)로 만든 다음 중크롬산으로 산화-환원 적정하여 0.1 N $K_2Cr_2O_7$ 용액 22.2 mL가 소비되었다. 주석의 함량을 %로 구하여라.

$$Cr_2O_7^{2-} + 3Sn^{2+} + 14H^+ \rightarrow 2Cr^{3+} + 3Sn^{4+} + 7H_2O$$

<풀이> ① Sn의 당량무게(eq. wt) $= \dfrac{118.7}{2} = 59.35$

② Sn 무게(mg) $= (mL)_T\,(N)_T \times (eq.wt)_A$

$= 22.2 \times 0.1 \times (59.35)$

$= 131.75$ mg

③ Sn의 % 함량 $= \dfrac{131.75}{200} \times 100 = 69.5\%$ Sn

**예 8.7** 농업에 사용하는 인산비료가 있다. 페놀프탈레인 지시약을 사용하여 인산비료 0.5g을 0.1 N NaOH로 적정하는데 NaOH 용액이 86.5 mL가 소비되었을 때 종말점이 나타났다. 비료에서 인산($H_3PO_4$)의 함량 %를 구하여라. 이때 인산은 약산이기 때문에 2개의 수소만 적정된다.

<풀이> ① $H_3PO_4$의 당량무게(eq. wt) $= \frac{98}{2} = 49$

② $H_3PO_4$ 무게(mg) $= (\mathrm{mL})_T\,(\mathrm{N})_T \times (\mathrm{eq.wt})_A$

$= 86.5 \times 0.1 \times (49)$

$= 423.8$ mg

③ 인산의 % 함량 $= \frac{423.8}{500} \times 100 = 84.76\%$ $H_3PO_4$

**예 8.8** 순수한 탄산나트륨($Na_2CO_3$, FW:106) 150.0 mg을 적정하는데 염산용액 30.36 mL가 소비되었다. 이 염산용액의 노르말 농도를 계산하여라.

<풀이> ① $Na_2CO_3$의 당량무게(eq · wt) $= \frac{106}{2} = 53$

② $Na_2CO_3$ 무게(mg) $= (\mathrm{mL})_T\,(\mathrm{N})_T \times (\mathrm{eq.wt})_A$

$150 = 30.36 \times N \times 53$

③ HCl의 노르말농도 = 0.09 N

# 제8장 연 • 습 • 문 • 제

1. 적정의 조건을 설명하라.

2. 당량점과 종말점의 차이점을 설명하라.

3. 표준용액이란 무엇이고 어떻게 만드는가?

4. 일차표준물질의 조건은 무엇인가?

5. 0.1 M $As^{-3}$ 용액 500 mL를 만들기 위해서는 $As_2O_3$ 몇 g이 필요한가를 계산하라.

6. $F^-$(FW:19)를 포함하는 시료 126 mg을 녹여 과염소산칼슘으로 침전법 적정하는데 0.05 M 과염소산칼슘 용액이 23.6 mL가 소비되었다. $F^-$의 함유 %를 구하여라.

7. 일차표준물질인 프탈산수소칼륨(potassium hydrogen phthalate, FW:204)을 정확히 512 g을 칭량하여 물에 녹이고, 이것을 미지 농도의 NaOH 용액으로 적정하는데 38.6 mL가 소비되었다. NaOH의 몰농도를 계산하여라.

8. 0.114 N NaOH 34 mL로 미지농도 용액 HCl을 적정하는데 43 mL가 소비되었다. HCl의 노르말 농도를 구하여라.

9. 주석 합금시료 0.316g을 산에 녹이고, 주석은 모두 Sn(Ⅱ)(FW:118.7)로 만든 다음 중크롬산으로 산화-환원 적정하여 0.1 N $K_2Cr_2O_7$ 용액 24.8 mL가 소비되었다. 주석의 함량을 %로 구하여라.

10. 농업에 사용하는 인산비료가 있다. 페놀프탈레인 지시약을 사용하여 인산비료 0.7g을 0.1 N NaOH로 적정하는데 NaOH 용액이 93.4 mL가 소비되었을 때 종말점이 나타났다. 비료에서 인산($H_3PO_4$)의 함량 %를 구하여라. 이때 인산은 약산이기 때문에 2개의 수소만 적정된다.

11. 순수한 탄산나트륨($Na_2CO_3$, FW:106) 210.0 mg을 적정하는데 염산용액 43.6 mL가 소비되었다. 이 염산용액의 노르말 농도를 계산하여라.

12. 염산을 표정하기 위하여 탄산나트륨($Na_2CO_3$, FW:106)을 일차 표준물질로 사용한다. 0.25g의 탄산나트륨을 물에 녹여 염산용액으로 적정하였을때 43.6 mL의 염산용액이 소비되었다. 이 염산용액의 노르말 농도를 계산하여라.

13. 주석 합금시료 0.325g을 산에 녹이고, 주석은 모두 Sn(Ⅱ)(FW:118.7)로 만든 다음 중크롬산으로 산화-환원 적정하여 0.1 N $K_2Cr_2O_7$ 용액 32.5 mL가 소비되었다. 주석의 함량을 %로 구하여라.

$$Cr_2O_7^{2-} + 3Sn^{2+} + 14H^+ \rightarrow 2Cr^{3+} + 3Sn^{4+} + 7H_2O$$

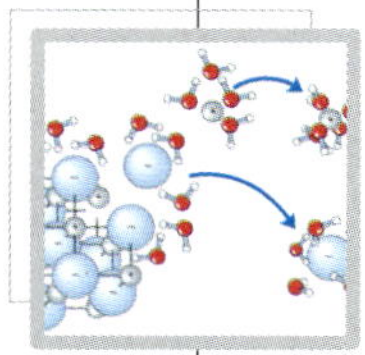

# 탄소화학



9 Chapter

19세기 초까지만 해도 많은 화학자들은 두 가지 종류의 화합물, 즉 무기화합물과 유기화합물들만 존재한다고 믿어왔다. 유기화합물은 동물이나 식물과 같은 생명체의 구성성분, 또는 대사(代謝) 등으로 만들어지는 화합물이며, 무기화합물은 생명력이 없는 무생물체로부터 얻어지는 화합물로 인식되어왔다. 그러나 1828년 독일의 화학자 뷜러에 의한 요소(尿素)의 합성이 발표된 후 많은 유기화합물들이 무기화합물로부터 만들어지게 되었다.

유기합성법의 발달에 의하여 화석연료로부터 플라스틱류, 합성섬유, 합성고무 등을 포함한 석유합성제품을 개발하여 인간의 삶의 질을 높였으며, 현재는 천연물 합성에 의한 의약품 개발까지 발전하여 건강복지에 기여하고 있다. 그러나 이러한 유기화합물의 개발과 남용에 따라 자연환경의 파괴는 기하급수적으로 증가하였으며, 일부 유기화합물의 사용을 법적으로 제한하기에 이르렀다. 본 장에서는 기능에 따라 유기화합물을 분류하여 합성법, 성질 및 응용성을 살펴보겠다.

탄소원자들이 골격을 이루고 여기에 주로 수소와 산소가 공유결합을 하여 만들어진 사슬(chain) 또는 고리(cycle)의 화합물과 그 유도체들을 탄소화합물 또는 유기화합물이라 부르고, 지금까지 알려진 종류만 하여도 60만종에 이른다.

일반적으로 유기화합물은 녹는점과 끓는점이 낮은 비전해질로 유기용매에 잘 녹고, 태우면 $CO_2$와 $H_2O$를 발생한다. 유기화합물의 명명법에는 그 화합물의 발견자 또는 연구자가 임의로 붙인 관용명과 1922년 이후 국제화학회(IUPAC : International Union of Pure and Applied Chemistry)에서 제정한 국제명이 있다.

## 1 사슬 화합물(chain compound)

사슬 화합물이란 사슬모양의 지방족 화합물(aliphatic compound)과 그 유도체로서, 포화탄화수소(alkane)와 불포화탄화수소(alkene 및 alkyne) 및 할로겐화탄화수소, alcohol, ether, aldehyde, ketone, carboxylic acid 그리고 ester 등이 여기에 속한다.

## 1. 사슬 화합물들의 명칭

### (1) 알칸(alkane)

탄소와 탄소 사이가 단일결합 골격이고 각 탄소에는 수소가 결합된 $C_nH_{2n+2}$의 일반식을 가진 화합물로서 파라핀(paraffin)계열 이라고도 부르며 포화탄화수소라고도 부른다. 알칸을 명명할때 물질 명 끝에 -ane을 붙인다.

〈표 9.1〉 주요 alkanes

| 분자식 | 국제명 | 구조식 | 관용명 | 국제명 |
|---|---|---|---|---|
| $CH_4$ | methane | $CH_3-CH-CH_3$<br>\|<br>$CH_3$ | isobutane | 2-methyl propane |
| $C_2H_6$ | ethane | | | |
| $C_3H_8$ | propane | $CH_3-CH-CH_2-CH_3$<br>\|<br>$CH_3$ | isopentane | 2-methyl butane |
| $C_4H_{10}$ | n-butane | | | |
| $C_5H_{12}$ | n-pentane | $CH_3$<br>\|<br>$CH_3-C-CH_3$<br>\|<br>$CH_3$ | neopentane | 2,2-dimethyl propane |
| $C_6H_{14}$ | n-hexane | | | |
| $C_7H_{16}$ | n-heptane | | | |
| $C_8H_{18}$ | n-octane | $CH_3$<br>\|<br>$CH_3-C-CH_2CH_3$<br>\|<br>$CH_3$ | neohexane | 2,2-dimethyl butane |
| $C_9H_{20}$ | n-nonane | | | |
| $C_{10}H_{22}$ | n-decane | | | |

#### ① $sp^3$ 혼성궤도

알칸 중에서 가장 간단한 화합물이 메탄이다. 이제까지 두 원자간의 공유결합을 Lewis 개념에 의해 전자쌍을 공유하는 것으로 이해하였다. 고립된 탄소원자의 전자배치는 $1s^2\ 2s^2\ 2p_x^1\ 2p_y^1\ 2p_z^0$의 전자배치로서 2개의 홀전자를 가지고 있어서 2개의 수소원자와 결합을 형성하여 $CH_2$와 같은 분자를 만드는 것으로 예상할 수 있다. 그러나 메탄의 구조식은 $CH_4$로서 메탄의 결합구조를 살펴보면 $sp^3$ 혼성구조를 가진다.

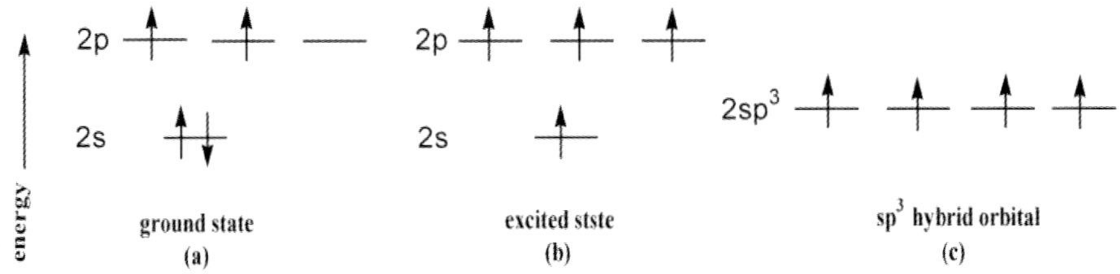


〈그림 9.1〉 탄소의 $sp^3$ 혼성궤도

위 그림에서 탄소의 안정한 전자배치는 (a)모양이다. 그러나 탄소가 결합을 이루기 위해서 2s에 있던 전자하나가 튀어 올라 (b)와 같은 들뜬 에너지 상태가 되었다가 다시 2s궤도함수와 2p궤도함수가 합해지면서 에너지가 낮은 동등한 4개의 $sp^3$궤도함수 (c)가 형성되고 4개의 홀전자를 가지는 새로운 궤도함수가 된다. 이 4개의 궤도함수에 4개의 수소가 결합하여 σ 결합을 형성하여 메탄이 형성되며, 서로 이루는 각도는 109.5°를 가진다.

② 알칸의 명명법

유기화합물의 명명은 계통적인 명칭인 IUPAC 명이 있고 예전부터 쓰여 오던 관용명(common name)이 있다.

[규약1] 알칸을 하나의 group으로 명명할 때는 "−ane" 대신에 "−yl"을 붙인다.

| | |
|---|---|
| methyl | $CH_3-$ |
| ethyl | $CH_3-CH_2-$ |
| propyl | $CH_3-CH_2-CH_2-$ |

[규약2] 가장 긴 사슬을 중심으로 숫자를 붙인다. 번호는 곁가지의 위치가 낮은 번호가 되도록 한다.

[규약3] 여러 개의 동일한 곁가지가 있을 때는 di−, tri−, tetra− 등의 접두사를 사용한다.

[규약4] 두 가지 이상 종류가 다른 곁가지가 있을 때는 영어의 알파벳 순으로 배열한다.

③ 이성질현상(isomerism)

같은 분자식을 가지면서 서로 다른 물체들을 이성질체(isomer)라고 하며, 이러러한 현상을 이성질 현상이라 한다.

ⅰ) 골격이성질현상

같은 분자식이면서 골격이 다른 물질을 골격이성질체라 한다.

$CH_3-CH_2-CH_2-CH_3$ 와 $CH_3-CH(CH_3)-CH_3$

```
CH3-CH2-CH2-CH3   와  CH3-CH-CH3
                          |
                          CH3
```

ⅱ) 위치이성질현상

골격이 같은 분자식이면서 치환체의 위치가 바뀌는 물질을 위치이성질체라 한다.

```
CH3-CH2-CH2-CH2-Br   와  CH3-CH2-CH2-CH3
                                  |
                                  Br
```

ⅲ) 구조이성질현상

같은 분자식이면서 구조식이 서로 다른 물질을 구조이성질체라 한다.

$C_2H_6O$ : $CH_3-CH_2-OH$ 와 $CH_3-O-CH_3$

$C_3H_6O$ : $CH_3-CH_2-CHO$ 와 $CH_3-CO-CH_3$

④ 알칸의 할로겐화 반응(halogenation)

높은 온도 또는 빛을 쪼이면서 알칸과 $Cl_2$(염소기체)를 반응시키면 할로겐화반응이 일어난다. 이 반응은 연쇄반응(chain reaction)의 메카니즘으로 진행된다. 반응 중에 활성이 높고 수명이 짧은 반응중간체로서 라디칼(radical)을 형성하는 라디칼 반응이 된다.

$$CH_4 + Cl_2 \xrightarrow{\text{빛}} CH_3Cl + HCl$$

이 반응의 메카니즘은 다음과 같다.

ⅰ) 개시단계(initiation step) ; 염소 라디칼 생성단계

$$Cl : Cl \rightarrow 2\ Cl \cdot$$

ⅱ) 전파단계(propagation step) ; methyl 라디칼 생성단계

$CH_4 + Cl\cdot \rightarrow \cdot CH_3 + HCl$

$\cdot CH_3 + Cl-Cl \rightarrow CH_3Cl + Cl\cdot$

iii) 종결단계(termination step) ; 라디칼들의 결합단계

$\cdot CH_3 + \cdot CH_3 \rightarrow CH_3-CH_3$ (부생성물)

$\cdot CH_3 + Cl\cdot \rightarrow CH_3Cl$ (주생성물)

$Cl\cdot + Cl\cdot \rightarrow Cl-Cl$

⑤ 몇몇 알칸의 물리적 성질

i ) pentane

좋은 냄새가 나는 무색의 액체이며 살충제, 용제로 쓰인다.

ii) hexane

유기용매로 쓰이며 폐수의 유지물질 추출에 사용된다.

iii) octane

무색 투명한 액체로 용제, 추출제로 쓰인다.

iv) isooctane

b.p. 99.25℃의 무색의 액체로 가솔린의 옥탄가 기준이 되고 있다. (옥탄가 : 100)

### (2) 알켄(alkene)

① 알켄의 성질

탄소와 탄소사이에 이중결합이 있어 $C_nH_{2n}$의 일반식을 가진 불포화탄화수소로서 olefin 이라고도 부르며, 에틸렌계 탄화수소라고 한다.

〈표 9.2〉 주요 alkenes

| 구조식 | 관용명 | 국제명 | 구조식 | 국제명 |
|---|---|---|---|---|
| $CH_2=CH_2$ | ethylene | ethene | $CH_2=CHCH=CH_2$ | 1,3-butadiene |
| $CH_2=CHCH_3$ | proylene | propene | | |
| $CH_2=CHCH_2CH_3$ | α-butylene | 1-butene | | |
| $CH_3CH=CHCH_3$ | β-butylene | 2-butene | | |

알켄은 이중결합을 가지고 있어서 $sp^2$ 혼성궤도를 가진다. $sp^2$ 혼성궤도는 정삼각형의 중심에서 각 꼭지점을 향하고 있기 때문에 동일 평면상에 있고 결합각은 120°이다. 알켄은 비어 있는 하나의 p궤도 때문에 π 결합을 형성하며 이 전자를 π 전자라 한다. 그리고 π 결합은 σ 결합보다 약하다. 알켄은 π 전자를 가지기 때문에 반응성이 좋다.

② 광화학 산화물의 생성

도시에서 대기오염은 차량이 96% 이상의 영향을 끼친다. 교통량이 가장 많은 출근 시간대에 NO와 탄화수소(불포화탄화수소)의 배출량이 많다. NO는 대기 중의 산소와 반응하여 1~2 시간 후에 $NO_2$와 알데히드의 농도가 증가한다.

$NO_2$는 태양이 떠오르면 분해하여 발생기 산소인 [O·]가 생성되고, 생성된 [O·]와 대기 중의 $O_2$와 반응하여 오존($O_3$)이 서서히 생성된다. 태양이 중천에 떠 있을 때 $NO_2$의 농도는 최저가 되고 반대로 오존농도는 최고에 달한다. 오존, 알데히드, PAN(peroxyacetylnitrate) 등과 같이 광화학반응에 의해서 생성된 산화물을 **광화학산화물**(photochemical oxidant)이라고 하며 오존이 90% 이상 포함된다.

대기 중의 광화학산화물은 주로 차량에서 배출되는 질소산화물($NO_x$)에 기인한다. 배출가스 중 질소산화물은 대체로 일산화질소(NO)가 90% 이산화질소가 10% 정도 배출되는데 대기 중에서 NO는 $NO_2$로 산화한다. 이 산화는 차량에서 배출되는 미연소 불포화탄화수소인 알켄에 의한 산화로서 반응식은 다음과 같다.

$$\underset{\text{2-butene}}{CH_3{-}CH{=}CH{-}CH_3} + 2NO + 2O_2 \rightarrow \underset{\text{propionaldehyde}}{CH_3{-}CH_2CHO} + \underset{\text{formaldehyde}}{HCHO} + 2NO_2$$

실제로 대기 중에는 알데히드의 농도가 증가하고 있다. 이때 생성된 $NO_2$는 햇빛에 의하여 분해하여 NO와 [O·]가 생성된다. 그리고 [O·]는 공기 중의 산소와 반응하여 오존($O_3$)이 생성된다.

$$NO_2 \xrightarrow{hv} NO + [O\cdot]$$

$$[O\cdot] + O_2 \rightarrow O_3$$

### (3) 알킨(alkyne)

탄소와 탄소사이에 삼중결합이 있어 $C_nH_{2n-2}$의 일반식을 가진 불포화탄화수소이다. 아세틸렌은 sp 혼성궤도로 이루어져 있고 2개의 π 결합을 형성하며 분자 모양은 직선을 이루는 180°로 되어 있다. 순수한 아세틸렌은 무색기체이며 산소와 혼합하여 연소할 때 많은 열을 발생한다.

결합길이는 단일결합 > 이중결합 > 삼중결합 순서이며 결합수가 많으면 결합력이 강하므로 결합거리가 짧다.

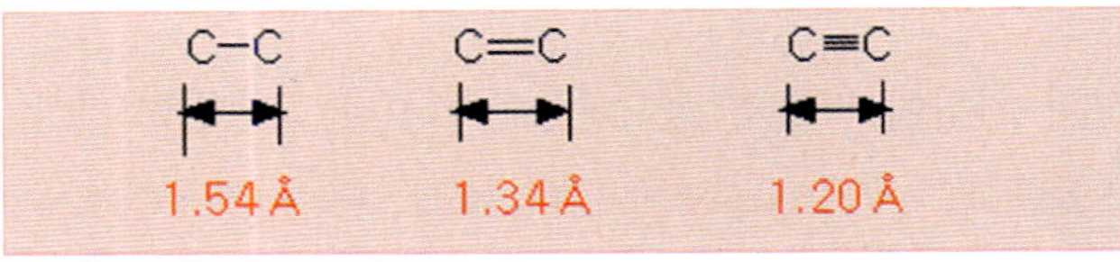


〈표 9.3〉 주요 alkynes

| 구조식 | 관용명 | 국제명 | 구조식 | 국제명 |
|---|---|---|---|---|
| $CH\equiv CH$ | acetylene | ethyne | $CH\equiv CC\equiv CH$ | 1,3−butadiyne |
| $CH\equiv CCH_3$ | methyl acetylene | propyne | | |
| $CH\equiv CCH_2CH_3$ | ethyl acetylene | 1−butyne | | |
| $CH_3C\equiv CCH_3$ | dimethyl acetylene | 2−butyne | | |

〈표 9.4〉 각 결합에 대한 공유결합길이와 결합에너지

| 결합 | 결합길이 (Å) | 결합에너지 (kcal/mol) | 결합 | 결합길이 (Å) | 결합에너지 (kcal/mol) |
|---|---|---|---|---|---|
| C−C | 1.54 | 83.1 | C−N | 1.47 | 70 |
| C=C | 1.34 | − | C=N | 1.29 | 147 |
| C≡C | 1.20 | − | C≡N | 1.16 | 213 |
| $C_{방향}-C_{방향}$ | 1.39 | − | O−H | 0.97 | 110 |
| C−O | 1.43 | | N−H | 1.03 | 93 |
| C=O | 1.20 | 179 | C−H | 1.10 | 99 |

### (4) 할로겐화 탄화수소(halogen hydrocarbon)

탄화수소중 수소의 일부 혹은 전부가 할로겐원소(F, Cl, Br, I)로서 치환된 화합물이다. 할로겐 유기화합물로서는 우리 주변에 무한히 많은 물질들이 있다. 오존층 파괴 원인물질인 freon−12는 $CF_2Cl_2$로 되어 있고 독가스인 phosgene은 $COCl_2$로 되어있다. 그리고 vinyl chloride는

$CH_2=CH-Cl$로서 무색의 기체로서 PVC의 원료로 쓰인다. 수돗물 염소 소독후 생성되는 **THM**(trihalomethane)은 발암성 물질로서 규제하고 있다. 다음의 물질을 총칭하여 THM 이라 한다.

$CHCl_3$ $CHBrCl_2$ $CHBr_2Cl$ $CHBr_3$

염소처리 후 생성되는 THM은, 자연수 중의 휴믹산(humic acid), 후르보산(fulvic acid)이 수중의 할로겐과 복잡한 반응의 결과 생기는 것으로 알려져 있다.

유리염소(Cl·) + humic acid → THM + 부생성물

**테프론**(teflon)은 고분자 유기불소 화합물로서 내약품성, 내열성, 전기절연서이 크기 때문에 용기의 보호막으로 많이 이용되고 있다.

**PCB**(polychlorobiphenyl)는 전기절연성이 크고 높은 온도에서 안정하므로 좋은 열매체로 사용되는데, 카네미 사건으로 알려진 피부흑색증의 원인 물질로 알려져 있다.

**프레온**(freon) 가스는 불소와 염소를 포함하는 화합물로서 열적, 화학적으로 대단히 안정하며, CFC(chloro fluoro carbon:염화불화탄소) 라고도 한다. 프레온 가스는 냉매, 에어로졸, 분산제, 발포제 등으로 쓰이며 이것이 자연에 노출되면 성층권까지 올라가 오존층을 파괴한다.

〈표 9.5〉 주요 halogen hydrocarbons

| 분자식 | 관용명 | 국지명 |
|---|---|---|
| $CH_3Cl$ | methyl chloride | monochloromethane |
| $CH_2Cl_2$ | methylene chloride | dichloromethane |
| $CHCl_3$ | chloroform | trichloromethane |
| $CCl_4$ | carbontetrachloride | tetrachloromethane |

### (5) 알코올(alcohol)

Alkyl기(R-)에 -OH가 붙어 R-OH의 일반식을 가진 화합물이다. 알코올은 분자간 수소결합을 형성하기 때문에 끓는점이, 같은 분자량의 다른 탄화수소보다 높다.

〈표 9.6〉 주요 alcohols

| 분자식 | 관용명 | 국제명 |
|---|---|---|
| $CH_3OH$ | methyl alcohol | methanol |
| $CH_3CH_2OH$ | ethyl alcohol | ethanol |
| $CH_3CH_2CH_2OH$ | n-propyl alcohol | 1-propanol |
| $CH_3CHOHCH_3$ | isopropyl alcohol | 2-propanol |
| $CH_3CH_2CHOHCH_3$ | sec-butyl alcohol | 2-butanol |
| $(CH_3)_3COH$ | ter-butyl alcohol | dimethyl ethanol |

Propyl alcohol은 끓는점이 97℃이며 향기나는 무색의 휘발성 액체로서 살충제, 유기용제 소독제 등으로 쓰인다.

Ethylene glycol(HO-$CH_2$-$CH_2$-OH)은 -OH 기가 2개여서 2가 알코올이라 하며, 끓는점이 197℃이고 달콤한 맛이 나는 무색의 액체로 냉각제나 다이나마이트의 원료로 쓰인다.

알코올은 산화되어 알데히드나, 케톤 화합물이 된다.

### (6) 에테르(ether)

Alkyl기 2개(R-, R'-)를 -O-로 연결하여 R-O-R'의 일반식을 가진 화합물이다. 에테르는 일반적으로 중성이고 강한 향기가 있는 휘발성 액체이다. 디메틸에테르는 상온에서 기체이며 모두 끓는점이 낮다. 디에틸에테르는 향기로운 무색의 액체로서 마취제로 쓰인다.

〈표 9.7〉 주요 ethers

| 분자식 | 관용명 | 국제명 |
|---|---|---|
| $CH_3OCH_3$ | methyl ether | methoxy methane |
| $CH_3CH_2OCH_2CH_3$ | ethyl ether | ethoxy ethane |
| $CH_3OCH_2CH_3$ | methyl ethyl ether | methoxy ethane |

### (7) 알데히드(aldehyde)

Alkyl기(R-)에 -CHO가 붙어 R-CHO의 일반식을 가진 화합물이다.

구조식은 $\mathrm{R{-}\underset{\underset{\displaystyle O}{\|}}{C}{-}H}$ 이다. 카르보닐기(>C=O)를 가지는 화합물은 알데히드와 케톤기, 그리고

카르복실기가 있다. 카르보닐기의 π 전자는 산소의 전기음성도가 탄소보다 크기 때문에 산소 원자 쪽으로 끌려 강하게 분극되어 있다.

〈표 9.8〉 주요 aldehydes

| 분자식 | 관용명 | 국제명 |
|---|---|---|
| HCHO | formaldehyde | methanal |
| $CH_3CHO$ | acetaldehyde | ethanal |
| $C_2H_5CHO$ | propionaldehyde | propanal |
| $C_3H_7CHO$ | butylaldehyde | butanal |

Acrolein($CH_2=CH-CHO$)은 강한 자극성 냄새가 나는 액체로서 고분자화합물을 만들기 쉽고 저농도에서 최루성 가스로 쓰이며, 기도 점막에 염증을 유발하며 광화학 산화물의 성분이기도 하다.

## (8) 케톤(ketone)

Alkyl기 2개(R-, R'-)를 carbonyl기(-CO-)로서 연결하여 R-CC-R' 일반식을 가진 화합물이다. 관용명은 2개의 alkyl기명 뒤에 ketone을 붙이고, 국제명은 carbonyl기를 함유하는 긴사슬을 기준으로 하여 탄화수소명의 -e 대신 -one을 붙인다. 케톤 화합물은 용제, 향료, 접착제, 유기합성 원료 등으로 쓰인다.

〈표 9.9〉 주요 ketones

| 분자식 | 관용명 | 국제명 |
|---|---|---|
| $CH_3COCH_3$ | dimethyl ketone (acetone) | propanone |
| $CH_3CH_2COCH_3$ | ethyl methyl ketone | butanone |
| $CH_3CH_2COCH_2CH_3$ | diethyl ketone | 3-pentanone |

## (9) 카르복실산(carboxylic acid)

〈표 9.10〉 주요 carboxylic acids

| 분자식 | 관용명 | 국제명 |
|---|---|---|
| HCOOH | formic acid | methanoic acid |
| $CH_3COOH$ | acetic acid | ethanoic acid |
| $CH_3CH_2COOH$ | propionic acid | propanoic acid |
| $CH_3CH_2CH_2COOH$ | n-butyric acid | butanoic acid |

| | | |
|---|---|---|
| $(COOH)_2$ | oxalic acid | ethane dioic acid |
| $HOOCCH_2COOH$ | malonic acid | propane dioic acid |
| $HOOC(CH_2)_2COOH$ | succinic acid | butane dioic acid |
| $HOOC(CH_2)_3COOH$ | glutaric acid | pentane dioic acid |
| $CH_2{=}CHCOOH$ | acrylic acid | propenoic acid |
| $CH_3CH{=}CHCOOH$ | crotonic acid | 2-butenoic acid |
| $CH_2{=}CHCH_2COOH$ | vinyl acetic acid | 3-butenoic acid |

Alkyl기(R-)에 carboxyl기(-COOH)가 붙어 R-COOH 일반식을 가진 화합물이다. 관용명은 일관성이 없으나, 국제명은 탄화수소의 methyl기가 -COOH로 산화된 것이라 생각하고 탄화수소의 -e 대신 -oic을 붙이고 그 뒤에 acid를 붙인다. 카르복시산을 지방산(fatty acid) 이라고 하며, 탄소수가 적은 것을 저급 지방산, 탄소수가 많은 것을 고급지방산이라 한다.

개미산(formic acid)이 가장 저급의 지방산이며, $C_1 \sim C_3$의 산은 자극성 냄새가 나는 액체이고, $C_4 \sim C_9$는 불쾌한 냄새가 난다. 그 이상의 고급 지방산은 냄새가 없다.

카르복실산은 수용액에서 $H^+$를 전리하여 내놓으므로 약산성을 띤다.

〈표 9.11〉 카르복실산의 해리상수

| 분자식 | 관용명 | Ka | pKa |
|---|---|---|---|
| $CH_3COOH$ | acetic acid | $1.8 \times 10^{-5}$ | 4.74 |
| $CH_3CH_2COOH$ | propionic acid | $1.4 \times 10^{-5}$ | 4.85 |
| HOOCCOOH | oxalic acid | – | 1.46 |
| $ClCH_2COOH$ | chloroacetic acid | $1.5 \times 10^{-3}$ | 2.82 |

### (10) 에스테르 (ester)

H-COOR, R-COOR', R-COOM(M : 금속)형 화합물로서 alkyl기 또는 금속명에 산의 어미 -ic를 -ate로 바꾸어 부른다. 에스테르는 동물성 및 식물성 유지에 많이 포한되어 있으며, 저급지방산과 알코올로 된 에스테르는 과일향 및 꽃향기가 있으므로 인공 과일향으로 많이 쓰인다.

〈표 9.12〉 주요 esters

| 분자식 | 관용명 | 국제명 |
|---|---|---|
| $HCOOCH_3$ | methyl formate | methyl methanoate |
| $HCOOC_2H_5$ | ethyl formate | ethyl methanoate |
| $CH_3COOC_2H_5$ | ethyl acetate | ethyl ethanoate |
| $CH_3COONa$ | sodium acetate | sodium ethanoate |

에스테르 화합물은 산 촉매 하에서 카르복실산과 알코올을 반응시켜 얻는다.

$$R-COOH + R'-OH \xrightarrow{H^+} R-COO-R' + H_2O$$

지방족 에스테르는 여러 가지의 과일향을 가진다.

〈표 9.13〉 에스테르의 향기

| 분자식 | 관용명 | 향 기 |
|---|---|---|
| $CH_3COOC_5H_{11}$ | isopentyl acetate | 바나나 향 |
| $C_3H_7COOC_5H_{11}$ | pentyl butylate | 살구향 |
| $CH_3COOC_8H_{17}$ | octyl acetate | 장미꽃 향 |
| $CH_3CH_2COOCH_2CH_3$ | ethyl propionate | 파인애플 향 |

해열제와 진통제로 쓰이는 아스피린은 아세트산과 살리실산을 반응시켜 만든다.

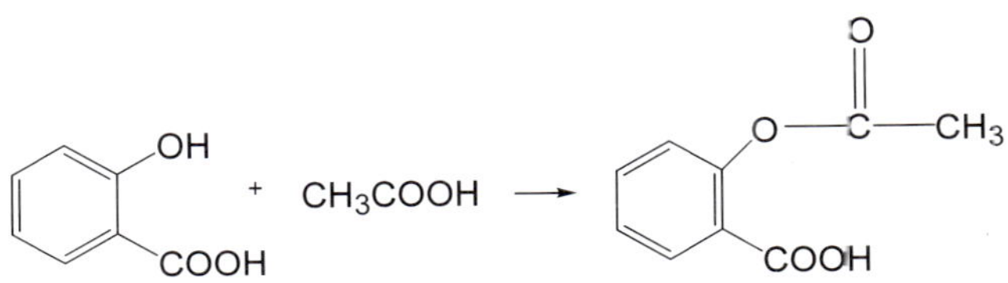


salicylic acid　　aspirin

## 2. 주요 사슬화합물들의 성질과 제법

### (1) 탄화수소(hydrocarbon)

주로 천연가스나 원유의 상태로 산출되고 물에는 거의 녹지 않으며 탄소의 수가 증가하면 녹는점과 끓는점이 높아진다. 포화탄화수소인 alkane 족은 일반적으로 C가 1~4이면 기체, 5~12이면 액체, 그리고 13 이상이면 고체이다. 불포화 탄화수소 중 이중결합(−CH=CH−)이 한 개 있는 alkene 족은 alkane 족 보다, 또 삼중결합(−C≡CH−)이 한개 있는 alkyne족 은 alkene족 보다 반응성이 더 풍부하여 부가반응, 중합반응, 산화반응 및 열분해반응 등을 잘 일으킨다.

### (2) 할로겐화탄화수소(halogen hydrocarbon)

포화탄화수소인 methane은 화학적으로 불활성이지만 , 햇빛 또는 자외선을 쪼이면서 할로겐 원소들을 가하면 상온에서 치환반응이 일어난다.

$$CH_4 \xrightarrow[\text{햇빛}]{Cl_2} CH_3Cl \xrightarrow[\text{햇빛}]{Cl_2} CH_2Cl_2 \xrightarrow[\text{햇빛}]{Cl_2} CHCl_3 \xrightarrow[\text{햇빛}]{Cl_2} CCl_4$$

그러나 불포화탄화수소인 ethylene($H_2C=CH_2$)과 acetylene($HC\equiv CH$)에는 촉매 없이도 할로겐 원소들의 부가반응이 일어난다.

$$CH_2 = CH_2 \xrightarrow{Cl_2} CH_2ClCH_2Cl$$

$$CH\equiv CH \xrightarrow{Cl_2} CHCl = CHCl \xrightarrow{Cl_2} CHCl_2 - CHCl_2$$

### (3) 알콜(alcohol)

Alcohol은 -OH의 수에 따라 1가, 2가 및 3가 alcohol로, 또 -OH기가 붙어있는 탄소에 결합된 alkyl기의 수에 따라 1급(primary), 2급(secondary) 및 3급(tertiary) alcohol로 분류된다. 저급 alcohol은 특수한 냄새와 맛이 있고 물에 잘 녹는 액체이다.

산화제에 의하여 primary alcohol은 aldehyde를 거쳐 carboxylic acid로 산화되고, secondary alcohol은 ketone으로 산화된다. 또한 alcohol은 Na금속(또는 K)과 반응하여 RONa 형의 금속치환체를 만들면서 수소를 발생한다.

① Methanol($CH_3OH$)은 목정이라고도 하며 끓는점(bp)이 65℃이다. 일반적으로 공기를 차단하고 목재를 가열하여 얻고 있으나, 공업적으로는 water gas($CO + H_2$)와 수소를 1:2 비로 혼합한 다음 200 ~ 250℃, 100atm에서 혼합촉매($ZnO + Cr_2O_3$)를 이용하여 얻는다.

$$CO(g) + 2H_2(g) \xrightarrow[ZnO + Cr_2O_3]{200 \sim 250℃,\ 100atm} CH_3OH(l)$$

Methanol을 마시면 조직 내에서 formic acid로 산화되어 구토, 복통, 근육이완, 심장기능 장애, 시신경염 등 중독현상을 일으켜 사망하게 된다. Methanol은 formaldehyde 및 염료의 제조원료, 냉동제와 용매, 그리고 연료 등으로 활용된다.

② Ethanol($C_2H_5OH$)은 주정이라고도 하며 끓는점(bp)이 78.3℃이다. $H_2SO_4$촉매하에서 ethylene과 물의 혼합물을 가열하여 얻고 있으나, 공업적으로는 전분(starch)을 효소(enzyme)로

서 발효시켜 얻는다.

$$\underset{\text{starch}}{(C_6H_{10}O_5)_n} + H_2O \xrightarrow{\text{diastase}} \underset{\text{sucrose}}{C_{12}H_{22}O_{11}} + H_2O \xrightarrow{\text{maltose}} \underset{\text{glucose}}{C_6H_{12}O_6}$$

$$\xrightarrow{\text{enzyme}} C_2H_5OH + CO_2$$

발효 혼합물을 연속 증류하여 95%의 ethanol을 얻는다. 또한 석유공업에서 얻은 ethene을 93 ~ 120℃, 97% 황산에 흡수시켜 ethyl황산수소를 만든 다음 가수분해시켜서 얻기도 한다.

Ethanol은 acetaldehyde, 식초산, 염료, 의약품, 향료, 화장품 등의 원료와 용매 등으로 사용된다.

③ glycerine($C_3H_5(OH)_3$)은 유지(fat and oil)를 비누화(saponi-fication)할때 부산물로 생성되고 무색 점성액체로 단맛을 가진다.

$$\underset{\text{fat and } oil}{(RCOO)_3C_3H_5} + 3NaOH \xrightarrow{\text{saponification}} \underset{soap}{3RCOONa} + \underset{glycerine}{C_3H_5(OH)_3}$$

Glycerine은 3개의 OH기를 가지므로 여러 가지 ether, ester, nitroglycerine, 화장품, 의약품, 술과 과자 등의 감미제, 플라스틱 등의 제조원료로 사용된다.

(4) 에테르(ether)

Ether(ROR')는 RONa에 alkyl iodide(R'I)를 작용하거나 알코올에 진한 황산을 가하고 증류하여 얻기도 하지만, 공업적으로는 250 ~ 265℃로 가열한 $Al_2O_3 + AlPO_4$ 혼합촉매에 ethanol의 증기를 통하여 만들고, 용매 혹은 마취제로 사용된다.

$$RONa + R'I \rightarrow ROR' + NaI$$

$$2C_2H_5OH \xrightarrow[\text{conc}, H_2SO_4]{\text{distillation}} C_2H_5OC_2H_5 + H_2O$$

$$2C_2H_5OH\,g \xrightarrow[Al_2O_3 + AlPO_4]{250 \sim 265℃} C_2H_5OC_2H_5 + H_2O$$

## 2 고리 화합물(cyclic compound)

고리모양의 화합물로 지환족 화합물(脂環族 化合物)과 방향족 화합물(芳香族 化合物), 그리고 이들의 유도체들이 포함된다.

### 1. 고리 화합물들의 명칭

#### (1) 포화고리 화합물(abicyclic compound)

탄소들이 단일결합 고리(ring)을 이루고 각 탄소에는 수소가 결합된 $C_nH_{2n}$의 일반식을 가진 화합물로서, 같은 탄소수의 탄화수소명 앞에 cyclo-를 붙인다.

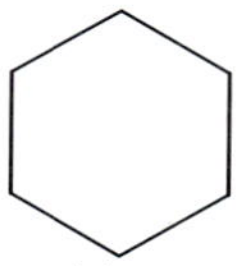

cyclohexane

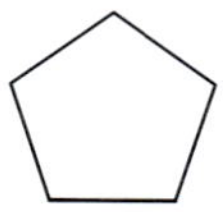

cyclopentane

#### (2) 방향족 화합물(aromatic compound)

탄소사이에 교대로 단일결합과 이중결합이 있는 고리(ring)화합물로서 ring의 수에 따라 benzene 계열, naphthalene 계열 및 anthracene 계열 등으로 분류되고 주로 관용명을 사용하며 <표 9.14>에 중요한 방향족 화합물을 나타내었다.

Benzene의 2치환체는 ortho-, meta-, para-로, 치환기가 같은 3치환체는 vicinal(vic-), asymmetrical (as-) 및 symmetrical(s-)로, 또는 치환기의 위치번호를 명칭 앞에 함께 표시한다.

### 2. 주요 고리화합물들의 성질 및 제법

석탄은 탄소를 주성분으로 하고 산소, 수소, 질소 그리고 유황을 조금씩 함유한다.

석탄을 500~1200℃ 에서 건류하면 18 % 정도의 coal gas($H_2$, $CH_4$, CO, $N_2$, $C_2H_2$, $CO_2$, $C_6H_6$), 6 % 정도의 coal tar[light oil (benzene, toluene, xylene, pyridine), middle oil (naphthalene, phenol, cresol), heavy oil (naphthalene, phenol, cresol, quinoline), anthracene oil (anthracene, phenanthrene) 및 pitch]이 나오고 cokes가 남는다.

Coal tar 은 특수한 냄새를 가진 점착성액체로서 방향족 화합물들의 중요한 원료가 되고, cokes는 탄소전극, 연료 및 금속제련에 사용된다.

### (1) 벤젠($C_6H_6$)

원유나 콜타르의 분별증류에 의하여 얻을수 있으나 불순물이 혼입된다. 공업적으로는 500 ~600℃에서 acetylene을 중합시켜 만든다.

$$3C_2H_2 \xrightarrow{500\sim600℃} C_6H_6$$

1865년 독일의 Kekule에 의하면 benzene은 방향족 화합물의 기본체로서 그 구조는 여섯개의 탄소가 교대로 단일결합과 이중결합을 한 고리화합물이라고 하였다.

그렇다면 benzene은 6개의 탄소원자 중 단일결합이 3개, 이중결합이 3개이므로 이중결합에 의해 큰 활성을 가져야 한다. 실제로 benzene은 불포화 탄화수소이면서도 포화탄화수소에 가까울 정도로 매우 안정하다. benzene의 구조가 갖는 이러한 특성을 설명하고자 공명이론(共鳴理論)을 도입하였다.

공명(resonance)이론에 의하면 benzene의 6개 탄소는 모두 단일결합을 하고, 남은 원자가전자 6개는 -C-C- 결합에 균일하게 퍼져서 단일결합과 이중결합의 중간형태 결합을 이루게 된다. 따라서 benzene은 안정하다. 이와 같은 현상을 공명현상이라 하고 사용되는 구조식을 공명구조식이라고 한다. Benzene의 공명구조식은 다음과 같다.

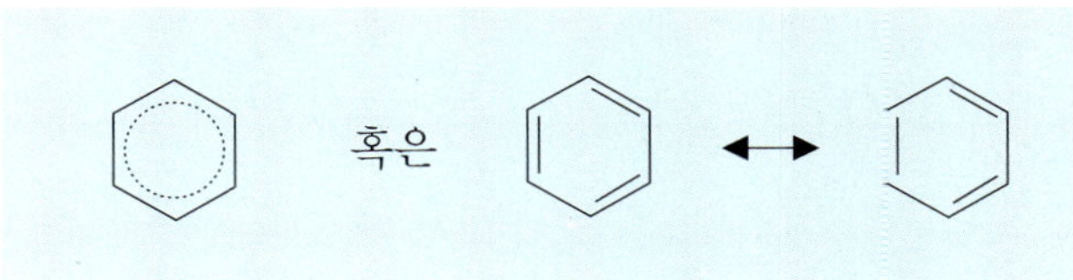


Benzene은 특수한 냄새를 가진 무색 휘발성액체로 bp는 80.4이며 물에는 용해되지 않는다. 공기 중에 0.01 %이면 현기증과 구토를 일으키고 방향족 화합물들의 제조원료 및 유기용매로 사용된다.

〈표 9.14〉 주요 aromatic compounds

| 구조식 | 명칭 | 구조식 | 명칭 |
|---|---|---|---|
|  | benzene | 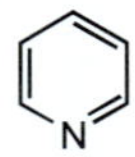 | pyridine |
| 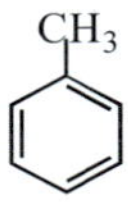 | toluene | 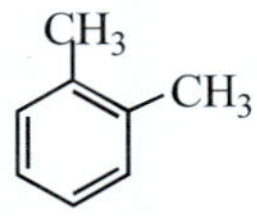 | o-xylene |
| 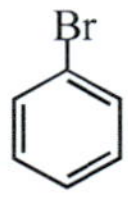 | bromobenzene | 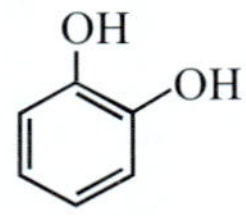 | o-catechol |
| 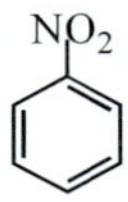 | nitrobenzen | 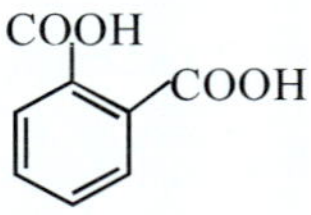 | phthalic acid |
| 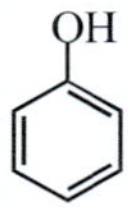 | phenol | 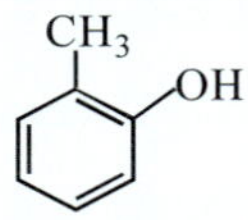 | o-cresol |
| 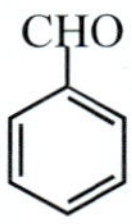 | benzaldehyde | 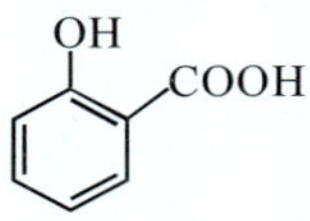 | salicylic acid |
| 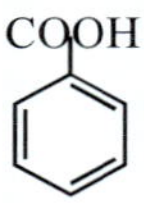 | benzoic acid | 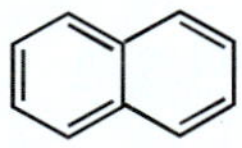 | naphthalene |
| 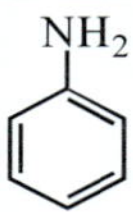 | aniline | 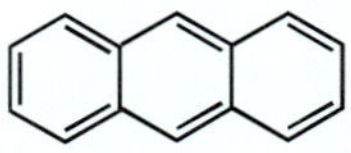 | anthracene |

(2) 석탄산(phenol)

Phenol($C_6H_5OH$)은 coal tar의 분별증류에 의하여 얻는다. 공업적으로는 sodium sulfonate를 alkalimetal hydroxide와 300~330℃로 용융한 후 산으로 처리하여 얻는다.

Phenol은 무색결정으로 독성이 있고 광선 및 공기 중에서 산화되어 적색 또는 갈색으로 변한다. 물에는 불용이고 alcohol 혹은 ether에는 잘 녹는다. 산성을 나타내고 방부제, 소독제로 사용되고, 폭약, 의약품, 염료 등의 원료로 활용된다.

### (3) 안식향산(benzoic acid)

Benzoic acid($C_6H_5COOH$)는 동물의 배설물 속에서 얻을 수 있고, toluene을 장시간 산화시켜 만든다. 식료품, 유지 등의 방부제, 거담제, 가축의 해열제 등의 의약품으로 사용된다, Phthalic acid ($C_6H_4(COOH)_2$)는 무색결정으로 온수, alcohol에 녹고 합성섬유의 원료가 된다.

## 3 천연 유기화합물(natural organic compound)

천연 유기화합물이란 생물체에서 얻어지는 탄수화물, 단백질, 지방 등 비교적 복잡한 구조를 가진 유기질을 말한다.

### 1. 탄수화물(炭水化物)

탄수화물의 주성분은 탄소, 수소 및 산소로서 $C_X(H_2O)_Y$의 일반식을 갖는다. 식물의 잎에서 클로로필이 공기 중의 $CO_2$와 뿌리에서 빨아올린 $H_2O$ 그리고 햇빛의 도움으로 탄수화물을 합성하는 과정을 광합성작용이라고 한다.

$$nCO_2 + nH_2O \xrightarrow{\text{햇빛}} C_n(H_2O)_n + nO_2$$

따라서 탄수화물은 곡식들의 필수성분으로, 동물의 생명활동에 필요한 에너지의 근원이 된다. 분자의 크기와 구조에 따라 탄수화물은 당류, 녹말 및 섬유소(cellulose)로 분류된다.

### (1) 당류

모든 당들은 무색 결정으로 물에 잘 녹고 단맛이 있으며, 단당류와 2당류로 분류된다. 단당류($C_6H_{12}O_6$)에는 포도당(D(+)glucose)과 과당(D(−)fructose)이 있고 2당류($C_{12}H_{22}O_{11}$)에는 설탕(sucrose), 맥아당(maltose), 유당(lactose) 등이 있다.

포도당은 식물의 잎, 액즙, 꽃, 과일 속에 있고 특히 포도에는 20 ~ 30%나 된다, 과당은 포도당의 이성질체로 모든 당중 감미가 가장 세고 과일 혹은 꿀 속에 있다. 설탕, 맥아당, 유당 등의 2당류들이 가수분해 하면 2분자의 단당류 즉, 포도당과 과당이 된다.

### (2) 녹말(starch)

녹말은 식물의 뿌리나 열매 속에 들어있는 저장양분으로 $(C_6H_{12}O_6)_X$의 일반식을 갖는다. 녹말은 요오드 반응에서 푸른색이 되는 amylose와 적자색이 되는 amylopectin으로 구성되어 있으며 완전히 가수분해하면 정량적으로 포도당이 된다. 따라서 녹말이 ethanol로 발효되거나 혹은 몸 속에서 소화될 때는 먼저 포도당이 된다. 햇빛에 노출된 식물의 엽록소에는 녹말이 있으나 어두운 곳에서는 녹말이 없어진다.

### (3) 섬유소(cellulose)

섬유소는 다당류의 일종으로 $(C_6H_{10}O_5)_nH_2O$의 일반식을 갖는다. 마치 동물의 뼈와 같이 모든 식물체의 구조물질로서 솜에는 약 90%, 짚에는 35% 들어 있다. 약솜이나 거름종이는 거의 순수한 섬유소로 되어 있고, 분자구조는 포도당 단위의 매우 긴사슬 모양이나, 결합구조가 녹말과 다르다. 가수분해하면 마지막으로 포도당이 되지만 사람의 소화기관에서는 소화되지 않고 음식물의 부피를 크게 하는 등 소화기능을 조절하고 흡수를 돕는다.

## 2. 단백질(protein)

단백질은 C, H, O 외에 N을 포함하는 복잡한 물질로서 마치 식물에서 섬유소와 같이 동물체의 구조물질이다. 근육, 신경조직, 피부, 머리털, 손톱, 발톱, 뿔 등의 각질과 피의 고체성분은 모두 단백질로 되어 있고 식물의 씨, 기름 없는 고기, 물고기, 달걀, 치즈 및 곡식 등은 단백질의 주요자원이다.

단백질의 구조는 $(-NH-CH_2-CO-)_X$이 반복된 폴리아미드로서 산성용액에서 가수분해하면 아미노산이 분리된다. 주요한 아미노산은 24개 있지만 이것을 모두 포함한 단백질은 없으므로 한 개의 단백질의 가수분해에 의해 얻어지는 아미노산은 불과 몇가지 뿐이다.

Glycine$(NH_2-CH_2-COOH)$은 가장 기본이 되는 아미노산이고 다른 것들은 모두 glycine의 유도체이다.

일반적으로 아미노산의 구조는 $H_2N-(CH_2)_n-COOH$ 인데 $H_2N-$는 다른 아미노산의 -COOH와 반응하여 1분자의 물이 빠지고 또 -COOH는 또 다른 아미노산의 $H_2N-$와 반응하여 물 한 분자가 빠지므로 결국 단백질은 $(-NH-(CH_2)_n-CO-)$가 반복되는 거대분자구조를 갖는다. 인간에게는 성장과 건강유지에 필수적인 아미노산이 몇 가지 있는데 필요량만큼 취하지 못하거나 체내합성이 어려울 때에는 영양결핍증이 생긴다.

〈그림 9.2〉 여러 가지 아미노산 종류

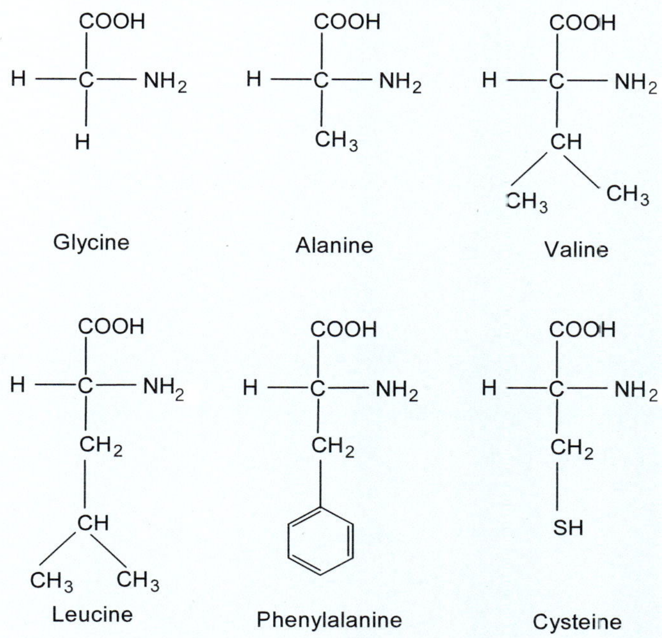


## 3. 지방(lipid)

지방은 3가 alcohol인 glycerol($C_3H_5(OH)_3$)과 분자량이 큰 지방산(RCOOH, $R \geq C_{14}$)과의 ester 이다.

$$\begin{array}{lcl} CH_2OH & RCOOH & CH_2OOCR \\ | & & | \\ CHOH \ + & R'COOH \ \rightarrow & CHOOCR' \\ | & & | \\ CH_2OH & R''COOH & CH_2OOCR'' \end{array}$$

지방은 몸의 조직을 이루는 어떤 성분을 저장, 보충 및 합성하는 재료로서 돼지기름, 소기름, 우유재품 속에 많다.

고체지방은 포화지방산의 glycerol ester이고 액체지방인 면실유, 아마씨유, 올리브유, 야자유, 낙화생유 등은 불포화지방산의 glycerol ester이다. 따라서 식물성 지방유에 수소를 첨가하여 고체의 식용 지방을 얻기도 한다.

비누(soap)는 분자량이 큰 지방산(팔미틴산, 스테아린산 혹은 올레인산)의 나트륨염이다. 공업적으로는 이들의 지방, 예를 들면 palmitic glycerol ester을 수산화나트륨과 반응시켜 얻는다. 제조과정을 비누화라 하고 부산물로 glycerol을 얻는다.

$$\begin{array}{lcl} CH_2OOCC_{15}H_{31} & & CH_2OH \\ | & & | \\ CHOOC_{15}H_{31} \quad + \quad 3NaOH \rightarrow & & CHOH \quad + \quad 3C_{15}H_{31}COONa \\ | & & | \\ CH_2OOCC_{15}H_{31} & & CH_2OH \\ \text{palmitic glycerol ester} & & \text{glycerol} \qquad\qquad \text{soap} \end{array}$$

비누($R-COO^- Na^+$)의 R은 긴사슬의 alkyl(보통 탄소수 15개)기로서 친유성(hydrophobic)이고 여기에 붙은 -COONa는 친수성(hydrophilic)이다. 따라서 비누는 기름때(유기질)와 물때를 물에 녹게하는 중매자 역할을 한다.

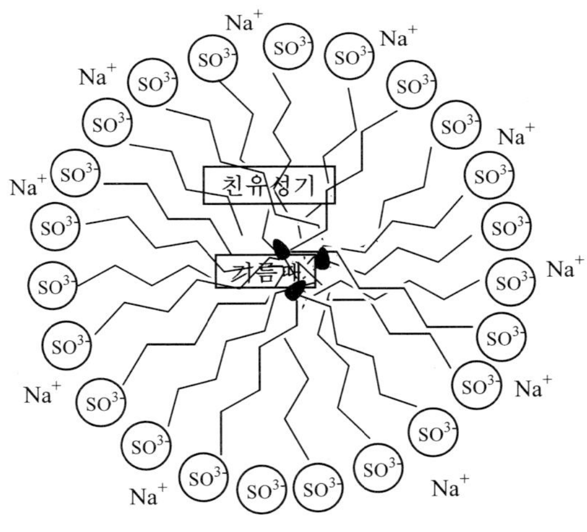


〈그림 9.3〉 비누에서 형성된 구형의 미셀모양

비누용액이 진하면 콜로이드성을 띄고 다른 물질들을 흡착하는 성질이 있다. 분자량이 큰 지방산의 칼슘염 및 마그네슘염들은 물에 녹지 않는다. 이러한 현상은 센물($Ca^{2+}$, $Mg^{2+}$이 많은 물)에 비누를 풀면 앙금이나 찌꺼기가 생기는 것으로 알 수 있다. 합성세제는 알킬황산염($R-OSO_3^- Na^+$) 또는 알킬벤젠황산염(R-⟨◯⟩-$SO_3^- Na^+$)으로 구성되어 있어 분해가 쉽지 않아

수질오염원이 되고 있다.

비누가 물에 녹으면 소수성기(친유성기)는 안쪽으로 향하고 물과 친화력이 큰 친수성기는 바깥쪽으로 배열하여 공모양을 형성하는 것을 미셀(micelle)이라 한다.

## 4 합성 유기화합물

자연물질과 비슷하며 품질이 좋고 응용가치가 큰 합성물질로는 합성염료, 합성수지, 합성고무, 합성섬유 등이 있다. 이들은 모두 간단한 단위분자(단일체)들의 중합(polymerization)에 의해 분자량이 큰 물질(중합체)로 합성된 것이다.

### 1. 합성염료

대개의 유기 유색 화합물들은 azo기(−N=N−), ethylene기(>C=C<), carbonyl기( >C=O ), nitro기($-N{<}^{O}_{O}$), nitroso기(−N=O), thiocarbonyl기( >C=S) 등의 불포화원자단을 1개 혹은 그 이상 가지고 있다. 이러한 기를 발색단(chromophore)이라 하고, 발색단을 가진 화합물을 색원체(chromogen)라고 한다.

색원체에 carboxyl기(−COOH), sulfone기($-SO_3H$) 등 산성원자단이나 hydroxyl기(−OH), amino기($-NH_2$)등 염기성원자단을 가하면 염색성이 증가하고 색상이 짙어진다. 이와 같은 산성 혹은 염기성 원자단을 조색단(auxochrome)이라고 한다.

염료에는 산성염료, 염기성염료, 매염염료 등이 있는데 동물성 섬유인 단백질은 산성염료($-SO_3M$, −COOH 화합물의 Na염)나 염기성염료($-NH_2$ 화합물의 염산염)에 의해 직접 염색되지만 섬유소와 같은 식물성 섬유는 매염체(mordant)를 사용하여 염색한다.

### 2. 합성수지

합성된 고분자 화합물로 송진(resin)과 비슷한 반고체 물질을 합성수지 혹은 plastics이라고 한다. 다음은 잘 알려진 합성수지이다.

① phenol수지(bakelite)는 산 또는 알칼리 존재 하에서 phenol과 formalin을 축합시켜 만들고, 열경화성이 있어 전기기구, 식기, 기계부속품 등으로 사용된다.

② 요소수지는 알칼리 촉매 하에서 요소(urea)와 formalin을 축합시켜 만들고, 착색이 쉽고, 내수성, 내열성 및 열경화성이 있어 파이프 재료로 쓰인다.

③ polyethylene수지는 1000 ~ 2000atm 에서 혹은 1 ~ 30atm, 촉매하에서 ethylene을 중합시켜 만들고, 화학적으로는 안정하지만 열에 약하므로 일용품, 도료 등에 사용된다.

④ PVC(polyvinyl chloride)는 과산화물 촉매 하에서 vinyl chloride를 부가중합시켜 만들고, 열에는 약하나 약품과 물에는 강하므로 전선의 피복제, 우의, 봉지 등에 사용된다.

⑤ PVA(polyvinyl acetate)는 과산화물 촉매 하에서 vinyl acetate를 부가중합시켜 만들고, 안전유리 접합제, 도료, vinylon원료로 사용된다.

## 3. 합성고무

천연고무는 isoprene이 1,4위치에 cis로 연결된 중합체이다.

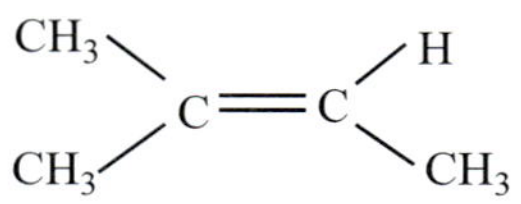

(isoprene)

따라서, cis-1,4-polyisoprene이라고 한다.

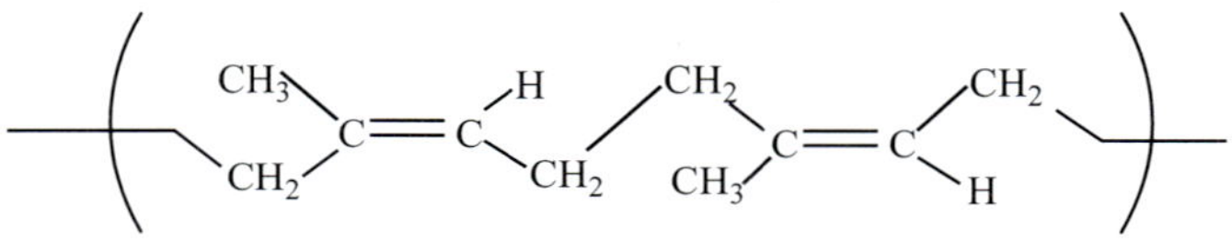

cis-1, 4-polyisoprene

합성고무에는 여러 가지가 있지만 천연고무와 구조가 똑같은 것은 없다. 그 이유는 isoprene을 값싸게 얻을 수 없고 또 대단히 순수하지 않으면 중합되지 않으므로 합성고무의 단일체로 사용할 수 없기 때문이다. 타이어 원료가 되는 합성고무(Buna-S 또는 GR-S)는 butadiene($CH_2 = CHCH = CH_2$)과 styrene($C_6H_5 - CH = CH_2$)의 혼성중합체이다. 실제로 GR-S 합성고무를 만들 때는 1 mole styrene에 대해 여러 mole의 butadiene을 가한다. Butadiene은 석유 또는 ethanol로부터, 또 styrene은 석유와 석탄에서 얻는다.

## 4. 합성섬유

합성섬유 중 polyamide계는 nylon과 같이 peptide(−CO−NH−)와 ethylene이 사슬형으로 결합된 것이고, polyvinyl계는 vinylchloride 혹은 vinylacetate와 같이 vinyl기($CH_2=CH-$)를 가진 화합물이다.

그리고 polyester계는 tetron과 같이 ethylene glycol과 terphthalic acid를 원료로 하여 합성한 섬유이다.

# 제9장 연・습・문・제

1. $sp^3$ 혼성궤도에 대해서 설명하라.

2. 이성질현상에 대해서 설명하라.

3. 메탄($CH_4$)과 $Cl_2$(염소) 기체에 빛을 쪼였을때 일어나는 메카니즘에 대해서 설명하라.

4. 광화학 산화물의 생성과정을 설명하라.

5. 공업적으로 메탄올(methanol)을 얻을 수 있는 방법을 설명하라.

6. 탄수화물에 대해서 설명하라.

7. 비누화과정에 대해서 설명하라.

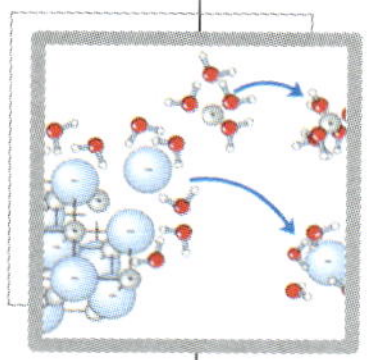

# 수질화학



# 10 Chapter

바다는 지구표면의 2/3을 덮고 있기 때문에 전 수량의 97.3 %가 바닷물이고 2.24 %는 사용이 불가능한 남북극의 얼음이므로 우리가 사용할 수 있는 물 즉, 담수자원은 0.36 %인 $0.5 \times 10^{15}$톤에 해당된다. 대기 중 수분의 대부분은 바다에서 증발한 것으로 증발량은 기온, 습도, 풍속 등에 따라 다르다. 일단 대기 중에 증발된 수분은 그 때의 기상조건에 의해 비 혹은 눈이 되어 직접 바다로 혹은 육지를 경유해서 바다로 되돌아오는 과정을 물의 순환(water cycle)이라고 한다.

수자원은 기상수, 지표수, 지하수 및 해수로 분류된다. 기상수는 대기 중 수증기, 구름, 비, 눈 형태의 수분으로 청탁의 정도는 대기오염과 비례한다. 즉, 오랜 가뭄 끝에 내리는 빗물은 대기오염원들을 많이 함유하기 때문에 탁하거나 그 pH가 5.5 ~ 7.0이다.

지표수는 하천수, 호소수로 그 근원은 암석 사이에서 솟은 천연수, 기상수의 응축, 도시하수 및 공장폐수가 주축을 이룬다. 특히 도시 근교의 지표수는 각종 인위적인 오염이 심각하다.

지하수는 지표수가 지하에 축적된 것으로 지표수에 비하여 용존산소는 적지만 암석 등에서 녹아 나온 무기염류들이 많다.

해수는 지각 중 가용성염류들이 긴 세월 지표수에 의해 용해, 운반, 축적되어 염분의 함량이 높다. 따라서 용존산소는 적고 pH는 8.0 ~ 8.3 정도이다.

〈그림 10.1〉 대청댐의 방류 모습

## 1 물의 이용

물은 수소와 산소가 체적으로는 2:1, 무게로는 1:8의 반응생성물로서 신체조직의 중요한 성분일 뿐만 아니라, 1일 최소 1.5 L 이상을 공급받아 소화, 운반, 흡수, 배설, 호흡과 순환, 체온

조절 등 신진대사 과정에 중요한 기능을 담당한다. 뿐만 아니라, 물은 가정에서 조리, 세탁, 목욕, 세척 등의 가정용수, 도시에서 소화, 살수 등의 도시용수, 각종 공장에서 공업용수, 농업에서 관개용수, 양어 등의 수산용수 이외에도 풀장 및 욕탕용수 등 그 용도가 다양하다.

옛날부터 인간생활에 수반되어 온 어느 정도의 수질오염은 천연수 혹은 빗물 등에 의한 희석, 물리적 침전, 화학적 침전 및 생물학적인 분해 등 자연적인 정화작용에 의해 억제될 수 있었다. 예를 들면, 하천수가 상류에서 하류로 흐르는 동안 수질 중 용해성 오탁물질은 흐름에 의한 확산희석, 흡착에 의한 침전, 모래 틈에 의한 여과 등으로 제거된다(물리적 침전).

수질 중 철(Fe), 망간(Mn)등의 금속이온은 용존 산소에 의해 높은 산화상태로 산화되고, $CO_2$와 무기염류의 작용으로 pH가 높아지면 자연적으로 수산화물 침전을 만들어 여과 제거된다(화학적 침전).

뿐만 아니라, 수질 중 오탁 유기물질들은 용존산소가 있을 때는 호기성 박테리아에 의해 산화 분해되고, 용존산소가 없을 때에는 셀룰로오스 분해와 같이 혐기성균에 의해 $CH_4$와 $CO_2$로 분해 제거된다(생물학적 분해).

그러나 최근 들어 가정하수, 도시하수 및 공장하수 등 대량으로 배출되는 폐수들의 정화는 그 양과 질을 감안할 때 별도의 폐수처리 방법이 요구되고 있다.

가정용수, 도시용수 및 공업용수의 대부분은 상수도수로서 그 제조과정을 보면, 먼저 양호한 수질과 충분한 수원을 가진 취수장을 확보한 다음 송수관을 통하여 정수장까지 송수한다.

정수장에서는 원수중의 분순물들을 침전, 여과, 소독의 과정을 거치면서 제거하고 정수를 만들어 높은 위치의 배수지에서 각 가정 및 사업장으로 배수한다.

정수처리장에서 침전, 여과, 소독의 과정을 거치면서 정수하는 과정을 보면 <그림 10.2>와 같다.

약품 투입실에서는 통과하고 있는 원수에 일정 농도의 응집제(예, 황산알루미늄)를 가한다. 약품 혼합조에서는 원수와 응집제가 충분히 혼합되게 한다.

응집조에서는 원수 중에 경도 성분인 $Ca(HCO_3)_2$가 있다면 응집제에 의해 충분한 응집이 일어나게 한다.

$$Al_2(SO_4)_3 + 3Ca(HCO_3)_2 + H_2O \rightarrow 2Al(OH)_3 + 3CaSO_4 + 6CO_2 + H_2O$$

침전조에서는 $Al(OH)_3$ 침전핵의 숙성에 의해 형성된 큰 flock이 침전되고 투명한 상등액은 넘쳐흐르게 하거나 혹은 자갈, 모래층을 이용하여 여과한다.

정수조에서는 여액을 염소처리하여 멸균한 다음 배수지로 보낸다.

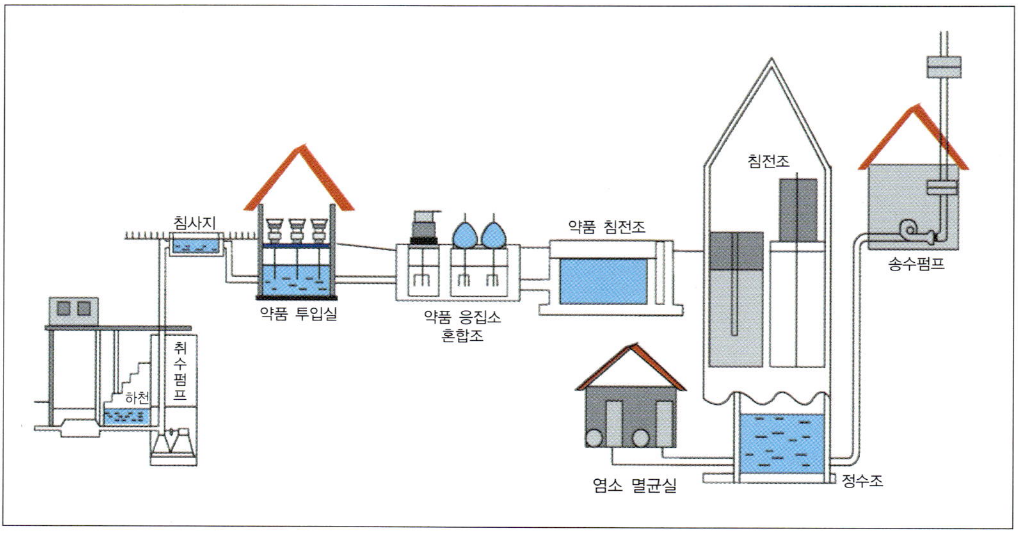


〈그림 10.2〉 상수의 정수과정

## 2 수질 오염원

물 자체의 영양 가치는 별로 없으나 인간의 생리적인 체액대사, 가정용수, 도시용수, 공장용수, 관개용수, 양어용수 외에 질병의 매개체로도 작용한다. 물을 매개로 전파되는 질병에는 수인성 전염병과 유독성 물질에 의한 중독증이 있다.

수인성 전염병에는, 오염된 물의 음용에 의한 경구 소화기계 전염병(장티푸스, 파라티푸스, 세균성이질, 아메바성 이질, 콜레라, 소아마비, 유행성 간염)과 오염된 물의 접촉에 의한 중독증은 폐수의 성상에 따른 오염원의 종류와 농도에 의해 다양하다.

성상을 보면, 최근의 폐수는 세제와 오물이 주축이 되는 가정하수, 시안화합물, 페놀, 불소, PCB, 합성세제 그리고 각종 중금속류를 포함한 공장폐수, 유기인, 유기수은, BHC, DDT, Aldrin등을 주축으로 하는 농업폐수, 각양각색의 유기물과 무기성 물질을 함유한 산업폐수, 그리고 학교, 연구소, 여관, 병원, 어시장, 유통센터, 차량정비, 공중목욕탕 등에서 방출되는 단백질, 세제, 기름 등의 유기질이 많은 도시폐수가 있다.

폐수 중 오염원의 농도가 적정치를 초과할 때 수중생태계나 물을 이용하는 생명체의 생존에 영향을 주는 것에는 여러 가지가 있지만, 일반적으로 수온, pH, 용존산소(DO), 생물학적 산소요구량(BOD), 화학적 산소요구량(COD) 및 색도 등이 있고, 오염원으로는 부유물질(SS), 유류(oil), 질소($NH_4^+$, $NO_2^-$, $NO_3^-$), 시안(CN), 불소(F), 인(P), 페놀, PCB, 세제, 대장균군등 비금속물질과, 크롬, 망간, 철, 니켈, 구리, 아연, 카드뮴, 비소, 납, 수은 등 금속물질을 열거할 수 있다.

〈그림 10.3〉 오염된 하천

## 3 수질 오염과 그 영향

### 1. 일반적 사항

① 온도

수중생태계의 생존에 알맞은 수온은 5~15 ℃이다. 각종 공장, 화력발전소 및 원자력발전소에서 방출되는 하수는 수온이 높다.

표준온도는 0 ℃, 상온은 15~25 ℃, 실온은 1~35 ℃, 찬곳은 0~15 ℃, 온수는 60~70 ℃, 냉수는 15 ℃이하이다.

② pH

pH는 수중에 녹아있는 산 및 염기에 의해 좌우된다. 그러나 자연수 중에서는 유리탄산과 탄산염의 농도비에 의해 결정된다.

자연수는 $CO_2 + CO_3^{2-} + H_2O \rightleftarrows 2HCO_3^-$ 로 평형을 이루고 있다.

$CO_2 > CO_3^{2-}$ 이면

$$CO_2 + H_2O \rightleftarrows H_2CO_3 \qquad H_2CO_3 \rightleftarrows H^+ + HCO_3^- \text{ (산성)}$$

$CO_2 < CO_3^{2-}$ 이면

$$CO_3^{2-} + H_2O \rightleftarrows HCO_3^- + OH^- \text{ (염기성)}$$

오염되지 않은 지표수는 $CO_2$가 작아 중성 혹은 알칼리성이지만, 지하수는 미생물들의 호흡작용에 의한 $CO_2$의 농축으로 산성이 되기 쉽다. 또한 호수나 저수지에서는 조류들의 광합성작용으로 $CO_2$가 소비되면 약알칼리성이지만, 유기질의 부패로 $CO_2$가 발생하면 산성이 된다.

pH가 8 이상이 되는 민물은 드물지만 해수는 8.1 ~ 8.3으로 알칼리성이다. pH가 7 미만이면 산성폐수로서 어패류를 죽게 하고 금속구조물이나 콘크리트를 부식시킨다. 반대로 pH가 7을 초과하면 알칼리성폐수로 유기물질을 분해하여 물의 자정작용을 저해한다.

③ 용존산소(Dissolved Oxygen)

용존산소(DO)는 물중에 녹아있는 산소이다. 일반적으로 액체에 대한 기체의 용해도는 기온, 기압 및 용존염류의 종류와 농도에 따라 좌우된다.

DO는 수중온도가 낮고 기압이 높을수록 크고, 동일한 수온과 기압에서는 물의 순도가 높을수록 DO가 크다. 따라서 해수나 경수는 용존염류가 많아서 DO가 작다. DO는 미생물들의 호흡작용 및 환원성물질에 의해 소비된다.

④ 생물학적 산소요구량(Biological Oxygen Demand)

하수나 폐수 중에 유기질이 함유되면 이를 에너지원으로 하는 호기성 미생물인 박테리아나 플랑크톤들이 증식하게 되고, 증식된 미생물들은 호흡작용에 의해 용존산소를 소비하게 된다.

이와 같이 호기성 미생물들의 호흡작용에 의한 용존산소의 5일간의 소비량을 $BOD_5$라고 한다.

따라서 $BOD_5$ 값으로 미생물에 의해 분해되는 탄소계, 질소계 유기질들의 오염정도를 예측할 수 있다.

⑤ 적조(Red Tide)

계절적으로 4~10월에 주로 발생하는 것으로 질소, 인, 비타민 기타 유기질을 함유한 공장폐수나 가정하수가 바다로 유입되면서 해수가 부영양화 되면 이를 에너지원으로 하는 박테리아나 플랑크톤의 조류가 증식하게 된다. 증식된 조류들의 호흡작용에 의해 용존산소의 소비량은 급격히 증가되므로 용존산소는 바닥나고, 급기야는 공기 중 산소의 용해마저 차단되면서 전 수역은 환원성 수질이 된다.

황산염, 질산염 등이 환원되면 유독한 $H_2S$, $NH_3$, $CH_4$ 가스를 발생시켜 어패류를 죽게 하므로 바다 물은 붉게 변하게 된다.

⑥ 화학적 산소요구량(Chemical Oxygen Demand)

Cellulose는 생물학적으로는 안정한 물질이지만 화학적으로는 산화제에 의하여 쉽게 산화된다. 반면에 사슬형 유기산은 화학적으로는 안정하지만 생물학적으로는 박테리아에 의해 쉽게 분해된다.

따라서 폐수 중 Cellulose와 같은 유기질들이 산화제($KMnO_4$)에 의해 분해될 때 소비되는 산소량을 COD라고 한다. 미생물에 유독한 물질을 함유한 폐수에서는 BOD값은 구할 수 없지만 COD값은 구할 수 있다.

COD는 산화제의 종류, 농도, 반응온도 및 반응시간에 따라 영향을 받으므로 측정값 다음에는 필히 시험방법을 명시하여야 한다.

COD는 BOD에 비하여 측정이 단시간에 되는 이점이 있으나 유기산등은 분해가 어려우며 크롬(Cr)법이 망간(Mn)법보다 큰 값을 나타낸다.

⑦ 색도(Color)

음료수기준의 수질은 무색, 무취, 무미이다. 따라서 색이 있으면 오염된 물이다.

## 2. 비금속 오염원

### ① 부유물질(Suspended Solid, SS)

SS는 비중이 1 이하인 입경 2mm 이하의 나무, 비닐, 천 조각, 죽은 미생물 등 물에 뜨는 물질로서 공업용수 중의 SS는 기계에 손상을 준다.

### ② n-Hexane 추출물질

유류(광물유, 식물유, 동물유, 구리스 등)는 부패되면 미생물들의 에너지원이 된다. 특히 광물유는 생태계의 생존에 해독을 준다.

### ③ 질소(Nitrogen)

질소는 공기 중에 78.03 %를 점유하고 지표층의 암석 중에는 무기성 질소로 0.03 %, 생체 중에는 단백질, 아미노산, 핵산 등 유기성 질소로 존재한다. 특히 동물의 배설물과 가축의 사육폐수 중에 함유된 질소는 수질을 오염시키고 또 토양에 유입되면 급격한 분해로 인하여 미생물이 증식하게 된다. 따라서 분뇨오염의 지표가 되고 있다. 시료용액 중 질소는 채수 즉시 정량해야 하나 보관이 필요할 경우는 4 ℃에서 염산으로 pH 2가 되게 한다. 질소는 암모니아성 질소($NH_4^+$), 아질산성 질소($NO_2^-$) 및 질산성 질소($NO_3^-$)로 분류된다.

$$\text{암모니아성 질소} \underset{\text{환원}}{\overset{\text{산화}}{\rightleftarrows}} \text{아질산성 질소} \underset{\text{환원}}{\overset{\text{산화}}{\rightleftarrows}} \text{질산성 질소}$$

$$2NH_3 + 3O_2 \rightleftarrows 2HNO_2 + 2H_2O$$

$$HNO_2 + -O_2 \rightleftarrows HNO_3$$

### ④ 암모니아성 질소

$NH_3$ 및 $NH_4^+$ 형태의 질소로서, 대기 중의 $CO_2$ 혹은 $SO_2$와 반응하여 $(NH_4)_2CO_3$, $(NH_4)_2SO_4$ 형태로 존재한다. 암모니아성 질소 자체는 위생적으로 별 피해가 없으나 물에 녹았을 때는 위생적인 의의를 갖는다. 암모니아성 질소가 발견되면 최근에 질소화합물에 오염된 것을 알 수 있다.

⑤ 아질산성 질소

아질산 및 아질산염 중에 함유된 질소로 물 속에서는 세균에 의해 생물학적, 화학적으로 산화 혹은 환원반응을 일어나게 한다.

⑥ 질산성 질소

질산 및 질산염 중에 함유된 질소이다. 산화제 및 강산으로서 농작물의 발육에 피해를 주고 금속구조물을 부식시킨다.

⑦ 인산염 및 유기인

인은 자연계에 정인산($H_3PO_4$), 아인산($H_3PO_3$), 차아인산($H_3PO_2$), 피로인산($H_4P_2O_7$)과 이들의 산무수물 및 염 등 다양한 형태로 존재하고 생체 중에는 인산지질, 핵산 및 뼈 등의 구성성분이 된다.

인은 분뇨, 사체, 공장폐수 및 비료 등에 의해 수중에 오염되고 특히 질소와 함께 수역을 부영양화 시키는 원인이 된다.

파라치온, 메칠파라치온 및 EPN 등 유기인 화합물들은 살충작용이 강하여 농약으로 사용된다.

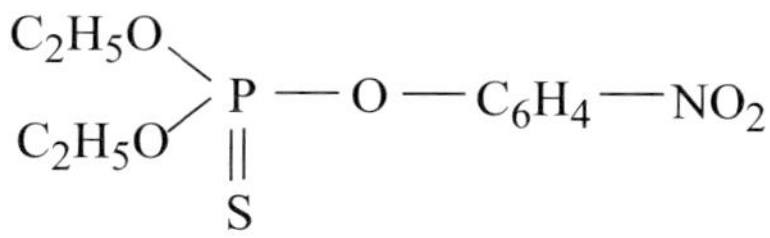

parathion

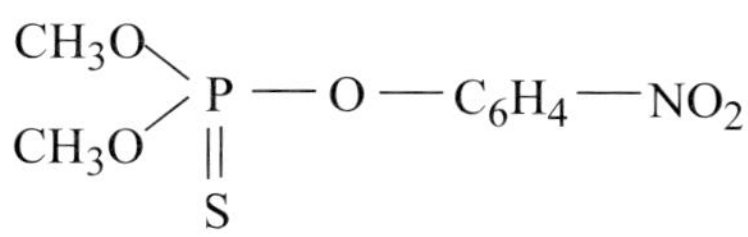

methyl parathion

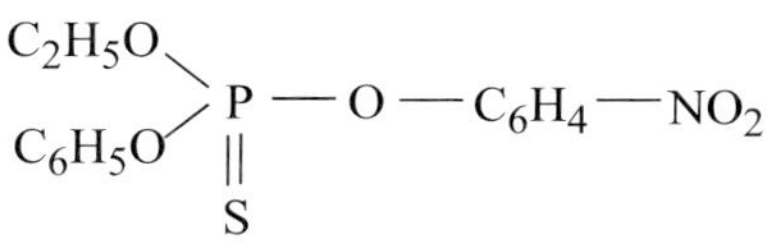

EPN

⑧ 페놀(Phenol)

페놀은 방부제 및 소독제로 사용되고 또한 의약품, 농약, 합성섬유, 합성수지, 폭약, 염료 등의 원료로 활용되므로 인간생활과 대단히 밀접한 물질이다.

페놀은 국소부식, 단백질 및 세포원형질의 응고사멸과 피부 및 점막을 마비시킨다. 많은 양을 복용하면 소화기계 점막의 염증, 복통, 구토, 혈압강하, 경련 등의 급성 중독증상을 나타낸다.

⑨ 시안(CN)

시안은 NaCN, KCN 형태로 존재한다. NaCN과 KCN은 은 및 구리의 도금, 질화강의 제조, 금속제품의 가공, 금은의 야금, 니트릴 및 시아노 착염의 제조원료, 사진 등에 이용된다.

NaCN나 KCN은 치사량이 0.3 g이다. 이것들이 경구를 통해 체내에 들어가면 위산과 반응하여 HCN을 유리시킨다. HCN은 체내의 금속이온들과 반응하여 안정한 complex를 형성하게 되므로 금속이온들은 그 기능을 상실하면서 중독증상이 오게 된다. CN은 채수 즉시 측정하거나 pH 12, 5~10 ℃에서 보관하여야 한다.

⑩ 불소(Fluorine)

불소는 곡물, 야채, 어패류, 음료수 및 대기 중에 미량 존재하고 금속표면처리, 인산비료, 유리, 도자기, 알루미늄 정련, 합성수지, 냉매 및 농약(살충제, 살서제) 등의 공장이나 불소 온천에서 주로 방출된다.

불소가 함유된 지하수를 장기간 복용하면 반상치가 생기고, 지방산 및 탄수화물 대사를 저해하지만 소량의 불소는 충치를 예방하는 효과도 있다.

⑪ PCB(Polychlorinated Biphenyl)

PCB는 Schmidt에 의하여 1881년에 처음 합성된 후 1929년 미국에서 생산되기 시작하였다. PCB는 변압기, 콘덴서 등의 전기기기 절연유, 열매체, 특수용도의 윤활유, 도료, 복사지, 가소제 등 공업적인 용도가 대단히 크다.

PCB는 염소화된 2개의 phenyl기 결합물로, 염소화의 정도에 따라서 이론적인 이성체 수는 209종이나, 지금까지 합성된 것은 51종에 달한다. 저염소화 PCB화물은 액체이지만 염소수가 증가하면 점도가 증가하면서 수지상태로 된다. PCB는 긴 시간 토양, 물, 대기 중에서 빛, 미생물 등의 작용으로 수질을 오염시킨다. 생체에 들어오면 분해되지 않고 지방 속에 축적되고 시력장애, 간장장애 등의 중독현상을 일으킨다.

⑫ 계면활성제(Surfactant)

세제란 일반적으로 계면활성제가 $Na^+$, $K^+$, $NH_4^+$와 결합한 염(salt)이거나, 글리세린, 소르비탄, 자당 등 다가 알코올과 결합한 에스테르 화합물이다.

○ 계면활성제의 종류에 따른 세제 분류
　ⓐ 지방산계 세제 : 고급지방산계, 고급지방산 에스테르계
　ⓑ 비지방산계 세제 : 알킬벤젠계, 고급알코올계, 기타
○ 이온성(염)과 비이온성(에스테르 혹은 에테르)에 따른 세제 분류
　ⓐ 음이온 계면활성 세제
　　고급지방산염($RCOO-M^+$),
　　직쇄알킬벤젠설폰산염(LAS : $R-C_6H_5-SO_3-M^+$)
　　폴리옥시에틸렌알킬에테르황산염[AES : $RO-(C_2H_5O)n-SO_3-M^+$]
　　알킬황산염(AS : $RO-SO_3-M^+$)
　ⓑ 비이온 계면활성 세제
　　소르비탄 지방산에스테르
　　자당 지방산 에스테르
　　폴리옥시 에틸렌 지방산 에테르
　　폴리옥시 에틸렌 소르비탄 지방산 에테르
　　지방산 알키롤 아미드
　　폴리옥시 에틸렌 알킬 에테르

⑬ 대장균군(E, Coli)

대장균 자신은 병원균을 가지고 있지 않아서 반드시 유해하다고는 할 수 없지만, 대장균이 검출될 경우 간편한 검출방법이 없는 이질, 장티푸스, 기타 살모넬라성 장염 등의 병원성미생물이 존재할 위험성이 높다. 따라서 분뇨오염의 증거가 된다.

⑭ 클로로필-a

일반적으로 수중생물은 플랑크톤, 페리피톤, 대형 무척추동물 및 어류로 군집분류 된다. 클

로로필-a는 광합성을 행하는 세균을 제외한 생물내에 존재하는 녹색색소를 말한다. 플랑크톤은 표류 생활하는 생물이고, 페리피톤은 다른 물질 표면에 부착 증식하는 미생물이다.

⑮ 부영양화(Eutrophication)

해초나 식물성 플랑크톤의 영양원이 되는 탄소, 질소 및 인성분이 유기질, 탄산가스, 질산염 및 인산염 형태로 하천, 호수 및 바다에 과잉으로 유입됨으로서 이들의 수중농도가 높아진 상태를 부영양화라고 한다.

자연현상에 의하면 수중에서 이들 영양원의 소비 및 분해속도와 그 증가속도가 균형을 이루게 되면 물은 맑고, 바닥에는 침전물이 생기지 않는다.

그러나 인간들의 활동에 의해 영양원이 과잉으로 유입되면 미생물에 의한 분해속도가 영양원의 증가속도를 따르지 못한 결과로서 하천, 호수 및 바다의 바닥에 과잉의 영양원들이 침전물로 퇴적하게 된다,

## 3. 금속오염원

① 크롬(Chromium)

크롬은 주로 크롬철광($FeO \cdot Cr_2O_3$)으로 산출되며 $Cr^{2+}$, $Cr^{3+}$와 $CrO_4^{2-}$(염기성용액) 및 $Cr_2O_7^{2-}$(산성용액)의 이온 형태를 갖는다.

크롬은 스텐레스강, 니크롬선의 재료와 내화제로, 6가 크롬은 산화제, 합성용 촉매, 크롬도금, 피혁, 전지, 황색안료($PbCrO_4$)로, 3가 크롬은 녹색안료($Cr_2O_3$)로 이용되고 있다. $Cr^{6+}$는 $Cr^{3+}$보다 100배 이상 유독하다. 크롬은 생체 필수원소로 글루코스나 지방질의 대사 및 단백질의 분해효소로 작용하므로 부족하면 당뇨병 및 동맥경화의 원인이 되고, 과다하면 궤양, 폐암, 간장과 신장의 기능장애를 유발한다.

② 아연(Zinc)

아연은 자연계에서 섬아연광(ZnS), 홍아연광(ZnO), 맥아연광($ZnCO_3$) 등으로 산출되고 동식물 및 인체에 널리 분포되어 있다.

아연은 합금재료(황동, 함석), 전지, 의약품 등에 이용되고 인체에는 필수원소로 하루에 성인은 15 mg, 성장기나 임신부는 40 mg까지 필요로 한다.

따라서 아연이 부족하면, 식욕감퇴, 성장저해, 성기발육부전, 각화증 및 탈모증상이 나타나고, 또 지나치면 구토, 혈성설사, 복통 등을 일으킨다. 아연이 많은 곳에는 카드뮴도 많이 존재한다.

③ 구리(Copper)

구리는 산화동(CuO), 황동광($CuFeS_2$) 및 아연광 중에 있고, 토양, 천연수, 해수, 석탄, 석유 등에 분포되어 있으며, 전기기계, 전선, 전동기, 황동 및 청동 의 합금재료, 도금, 화폐, 농약 등에 이용되고 있다.

구리는 동식물의 필수원소로 사람은 하루에 1.6 mg을 섭취해야 하지만 지나치면 간세포의 괴사, 간경변 및 당뇨병의 원인이 된다.

④ 카드뮴(Cadmium)

카드뮴은 아연광석에서 산출되고, 쌀, 소맥, 야채, 과일 뿐 만 아니라, 사람의 간, 신장 등에 널리 분포되어 있다.

아연광 중에는 아연의 1/100 ~ 1/150 정도로 존재하고, 과다 섭취하면 신장장해와 골연화 현상(이따이 이따이병)이 온다.

⑤ 납(Lead)

납은 방연광(PbS), 백연광($PbCO_3$), 황산연광($PbSO_4$)으로 산출되고 공기, 토양, 음식물 중에 널리 분포되어 있으며, 각종 기기 기구, 화학약품, 안료, 도료, 염료 등에 이용된다.

정상인의 혈중농도는 0.2 μg/ml이나 납은 체내 축적성이 있어 연속적으로 흡입하면 수개월 후에는 혈액, 신경, 평활근 등의 장애와 빈혈 및 안면납색이 온다.

⑥ 망간(Manganese)

망간은 지각 중에 널리 존재하는 원소로 수중에는 이온, 콜로이드, 현탁입자 혹은 유기물과 결합한 상태로 존재한다.

망간은 망간광산, 제련소, 제강공장, 건전지공장 및 망간화합물공장 등의 폐수에 의해 수중에 혼입 된다.

망간은 탄수화물 대사에 관여하는 생체 필수원소로서 부족하면 성장의 둔화, 빈혈, 생식장애가 온다.

또 과다 섭취하면 전신권태, 두통, 불면, 감정 장해 및 언어불명 등을 일으킨다.

⑦ 비소(Arsenic)

비소는 비산, 무수비산($As_2O_5$), 무수아비산($As_2O_3$), 비소철 등으로 존재하고, 석유정제공장, 광산, 정련소, 농약, 살충제, 안료, 염료, 의약품 등의 공장폐수에 의해 수중에 혼입 된다.

비소는 주로 음료수, 식품, 공기 등을 통하여 감염되고, 그 유독성은 환원성 $As_2O_3$가 세포내 SH기와 결합하여 효소계를 저해하기 때문이다.

$As_2O_3$의 치사량은 0.3 g이고, 섭취하면 구토, 마비, 피부궤양, 각화증, 손톱 및 모발의 위축증상이 온다.

⑧ 니켈(Nickel)

자연에는 주로 $NiAs_2$, $NiS \cdot FeS$, NiO 형태로 존재한다.

니켈은 촉매, 도금, 합금 등으로 이용되고 인체 중 간장, 신장, 심장에 영향을 주는 것으로 알려져 있다.

⑨ 철(Iron)

철은 Hematite($Fe_2O_3$), Limonite($Fe_2O_3 \cdot xH_2O$), Magnetite($Fe_3O_4$), Siderite ($FeCO_3$), Ilmenite($FeTiO_3$), Pyrite($FeS_2$), Chalcopyrite ($Cu-FeS_2$), Wolframite $\{(Fe, Mn)WO_4\}$ 등으로 산출되고 철광석, 선광장, 제철공장의 산세공정에 의해 수중에 혼입된다.

지각 중에는 산소, 규소, 알루미늄 다음으로 많이 존재하는 원소이다. 부족하면 빈혈증상이 있고, 지나치면 모든 것이 다 그렇듯 이롭지 않다.

⑩ 수은(Mercury)

수은은 자연계에 진사(HgS) 혹은 원소상태로 존재하고, 토양, 담수, 해수, 공기 중에 조금씩 분포되어 있으며 가성소다 공업, 유기합성 촉매, 농약, 의약품, 전기재료, 온도 및 압력계 등에 사용되고 있다.

수은 중독은 주로 $HgCl_2$(승홍)에 의하고 체내에 축적되면 구내염, 두통, 불면, 신장장해 등을 일으킨다.

유기수은은 수은이 알킬기와 결합한 R-Hg-X, R-Hg-R 형 화합물로 무기수은 화합물에 비해 살균력이 강하여 종자나 토양의 살균·소독 및 방부제로 대량 사용되고 있다.

무기수은도 각종 세균에 의해 메칠화 되면서 어패류 중에 농축되었다가 체내로 옮겨지고 있다. 메칠수은이 체내에 축적되면 미나마타 병으로 알려진 지각신경 이상, 언어장해, 운동실조, 난청 등이 온다.

## 4 폐수처리

70년도 후반만 해도 도시하수라 하면 가정하수가 대부분이고 거기에 약간의 공장폐수가 합류한 정도이었으나, 최근에는 하천, 호소 및 바다에 유입되어 수질오염의 주축을 이루는 것이 바로 공장폐수이다. 따라서 공장폐수의 처리는 폐수의 성상, 조성 및 방출량을 고려하여 각 공장의 폐수 특성에 맞게 처리방법을 선정하여 설계 시공하여야 한다. 공장폐수 처리방법에는 물리적, 화학적 및 생물학적 처리방법이 있다.

### 1. 물리적 처리방법

물과 오염물질의 물리적인 성질의 차이를 이용하거나 추가물질의 성질 및 작용에 의하여 오염물질을 분리, 제거하는 방법이다.

#### ① Screen법

폐수 중에 비중이 1 이하인 나뭇잎, 비닐조각, 천조각, 가죽조각 등 여러 가지 크기의 부유물질을 screen에 의해 제거하는 방법이다.

#### ② 침사지

침전지나 혼합조에 유입되기 전 모래, 자갈 등 비교적 크고 무거운 것들을 유속(0.15~0.3m/sec)과 체류시간(30~60초)의 조절로서 침전시킨다.

③ 침전지

폐수 중 부유 고형물질 및 혼탁한 미립자와 같이 작은 입자들을 유속(0.3m/sec)과 체류시간(2시간 이상) 조절로서 응집·침전시킨다.

④ 부상법

물보다 가벼운 부상물질이 많을 경우, 침전시킬 수 없으므로 부상조에 옮기고 공기방울, 가압공기 등을 불어 넣거나 진공으로 노출시켜서 부상, 분리시킨다. 폐수 중 페놀을 분리하는데 주로 사용된다.

⑤ 여과

공극이 있는 모질 층에 폐수를 통과시키면 물만이 통과된다. 여과제로는 모래, 안트라사이트, 규조토, 세밀히 짠 섬유 등이 사용된다.

## 2. 화학적처리 방법

폐수를 화학적으로 처리하는 데에는 중화, 응집, 산화환원, 수산화물침전, 이온교환흡착, 추출, 살균 등 여러 가지 방법이 이용되고 있다.

① 중화법

산과 염기의 조절로서 폐수를 중화(pH 7)시키는 방법이다. 중화제로는 산, 염기의 종류, 수량, 반응성, 반응속도, 침전특성 등을 고려하여 경제적이어야 한다.

② 응집법

폐수에 PAC$[Al_2(OH)_2Cl_2]_m$, PAS$[Al_2(OH)_2SO_4]_n$, $Al_2(SO_4)_3 \cdot 18H_2O$, $AlCl_3 \cdot 6H_2O$, $FeCl_3$, $FeSO_4 \cdot 7H_2O$, $Fe_2(SO_4)_3 \cdot 3H_2O$ 등 응집제를 서서히 가하면서 처음 5분은 급속히, 다음 10 ~ 30분은 완속으로 교반시키면, 폐수 중 부유물질이나 콜로이드질은 $Al(OH)_3$ 혹은 $Fe(OH)_3$ 침전에 흡착·응집된다.

③ 산화환원법

가장 많이 사용되고 있는 화학적 처리방법이다. 예로서 시안(CN) 폐수를 알칼리용액(pH 10.5)에서 차아염소산나트륨(NaOCl)으로 산화시키면 $CO_2$와 $N_2$로 분해·제거된다. 남은 용액에 황산을 가하여 중화시킨다.

$$NaCN + NaOCl \underset{5-15분}{\overset{pH\ 10.5}{\rightleftarrows}} NaCNO + NaCl \qquad (1\ 단계)$$

$$2NaCNO + 3NaOCl + H_2O \xrightarrow[30-40분]{pH\ 8-9} 2CO_2 + N_2 + 2NaOH + 3NaCl \qquad (2\ 단계)$$

(1단계)+(2단계) :

$$2NaCN + 5NaOCl + H_2O \rightarrow 2CO_2 + N_2 + 2NaOH + 5NaCl$$

또한 크롬($Cr^{6+}$)폐수를 산성용액(pH 3)에서 중아황산소다($NaHSO_3$)로 환원시켜 $Cr^{3+}$이 되게 한 후, 알칼리(NaOH or $Ca(OH)_2$)를 가하면 수산화물 침전이 생긴다. 침전을 제거한 여액에 황산을 가하여 중화하면 된다.

$$2H_2Cr_2O_7 + 6NaHSO_3 + 3H_2SO_4 \xrightarrow[10\ 분]{pH\ 3} 2Cr_2(SO_4)_3 + 3Na_2SO_4 + 8H_2O$$

$$Cr_2(SO_4)_3 + 3Ca(OH)_2 \xrightarrow{pH\ 8-9} 2Cr(OH)_3 + 3CaSO_4$$

④ 수산화물 침전법

$Ca(OH)_2$를 이용하여 폐수 중 $Cu^{2+}$, $Pb^{2+}$, $Cd^{2+}$ 등을 $Cu(OH)_2$, $Pb(OH)_2$, $Cd(OH)_2$로 침전시켜 분리하는 방법이다.

$$Cu^{2+} + Ca(OH)_2 \xrightarrow{pH\ 7-9} Cu(OH)_2 + Ca^{2+}$$

$$Pb^{2+} + Ca(OH)_2 \xrightarrow{pH\ 8.7-9.6} Pb(OH)_2 + Ca^{2+}$$

$$Cd^{2+} + Ca(OH)_2 \xrightarrow{pH\ 10.5-11} Cd(OH)_2 + Ca^{2+}$$

⑤ 이온교환수지법

양이온 교환수지로는 금속이온을, 또 음이온 교환수지로는 음이온을 흡착·제거한다.

⑥ 용매추출법

유기용매 층에 녹아있는 추출제가 수용액 층에 녹아있는 이온들과 반응하여 안정한 착물을 생성하면, 이 착물은 자발적으로 수용액 층에서 유기 층으로 이동·제거 된다.

⑦ 비소(As)

활성탄, 활성알루미나 혹은 이온교환수지를 이용하여 흡착 제거하거나 황화수소, 황화나트륨을 이용하여 황화물로 침전시킨다.

⑧ 유기인(Organic phosphorous)

석회로 중화하고 활성오니를 이용하는 생물학적 처리법과 70~80℃에서 수산화나트륨(pH 8.5)으로 분해시키거나 활성탄으로 흡착·제거는 화학적 처리방법 등이 있다.

⑨ 수은

황화나트륨 및 염화나트륨에 의한 침전법과 이온교환 흡착법을 이용하거나, 알킬수은(RHgX)은 산화·분해한 후 수은을 처리하는 방법을 이용한다.

⑩ 계면활성제

활성탄에 포화 흡착시키는 법, 오존에 의한 산화분해법, 미생물로서 분해시키는 활성오니법 등이 이용된다.

⑪ 불소와 그 화합물

pH 10.5 에서 칼슘염을 이용하여 $CaF_2$로 침전·분리한다. 이때 탄산나트륨을 첨가하면 제거율이 높아진다.

## 3. 생물학적처리 방법

생물학적처리 방법은 물리적, 화학적 처리 방법과는 달리 폐수중 분해 가능한 유기물을 원생동물, 조류, 박테리아와 같은 미생물에 의해 분해·제거하는 2차 처리방법이다.

### ① 활성오니법(Activated sludge process)

폐수를 연속적으로 폭기조(aeration tank)로 주입시켜 주면, 미생물들은 마음대로 유기물을 섭취·분해하면서 성장하게 된다. 성장한 미생물들은 바로 플륵(floc)을 형성하게 되고, 이것들이 종말 침전지에 침전되면 일부는 폭기조로 반송되어 활성슬러지로서 재사용되고, 대다수는 잉여슬러지로서 폐기된다. 이때 종말침전지의 상등액은 정화된다.

### ② 살수여상법(Trickling filter)

도시하수의 2차 처리방법으로, 침전지의 유출수를 미생물막으로 덮힌 모질층 위에 살수시키면 미생물막 위를 흘러내리는 과정에서 유기물은 분해된다.

### ③ 회전생물원반공법(Rotation biological process)

많은 플라스틱 원반으로 적재된 추를 회전시키면, 폐수 중에 원반의 반이 잠길 때는 미생물에 의해 유기물의 제거가 일어나고, 공기 중에 원반의 반이 노출될 때는 미생물막에 산소가 공급되므로 산소호흡을 한다.

원반 위의 미생물막이 과도히 자라나면 원반의 회전작용에 의해서 떨어져나가므로 침전지에서 침전·제거된다.

### ④ 산화지(Lagoon process)

호기성 및 임의성 산화지는 박테리아와 조류간의 공생현상을 이용한 것이다. 박테리아가 폐수중 유기물을 섭취·분해하면서 질소와 인성분의 영양소와 $CO_2$를 배출하면, 조류는 이들 물질과 햇빛으로 광합성작용을 하면서 산소를 내놓는다. 호기성 박테리아는 이 산소를 섭취한다.

산화지의 수심이 30 cm 정도로 얕으면 조류의 광합성 및 폭기에 의하여 전 수역에 걸쳐 DO가 존재하므로 호기성이 되지만, 수심이 1m 정도이면 바닥 부근은 DO가 없어 혐기성이 되고 수면 부근은 호기성이 되므로 결국은 임의성 산화지가 된다. 보통 산화지라고 하면 임의성 산화지를 뜻한다.

⑤ 혐기성소화법

도시 하수처리장에서 생기는 슬러지나 식품공장 폐수와 같이 유기물의 농도가 대단히 높아서 공기를 공급하여도 혐기성이 될 경우는 차라리 폭기 비용을 줄이고 $CH_4$ 같은 유익한 부산물을 얻을 목적으로 혐기성소화법을 이용한다.

이 방법은 2단계로 진행된다. 1단계에서는 유기물이 유산균에 의하여 유기산이 되고, 2단계에서는 유기산이 메탄균에 의해 $CH_4$와 $CO_2$로 분해된다.

⑥ 질소화-탈질소법

폐수중 질소의 제거방법으로 2단계에 걸쳐 실시된다. 1단계에서는 $NH_3$를 $NO_3^-$로 바꾸어 주는 호기성 산화과정을 거치고, 2단계에서는 $NO_3^-$를 $N_2$로 바꾸어 주는 혐기성 환원과정을 거쳐 탈질소 한다.

⑦ 현수 미생물 접촉법(Hanging biocontactor ring)

HBC ring 접촉법은 화학섬유질계로 엮어 짠 미생물 접촉제에 각종 다양한 미생물을 접촉시켜 오수 및 유기성 폐수를 처리하는 공법으로, 슬러지의 침전분리, 농축 및 탈수시설이 필요치 않아 동력비와 유지·관리비가 적은 최신의 방법이다.

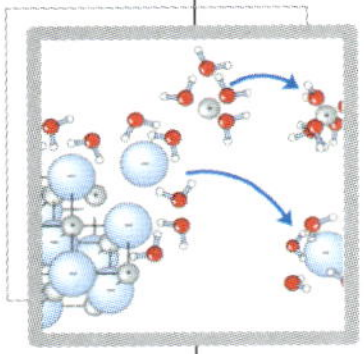

# 환경오염공정시험법 해설

(수질분야)

1 총칙

2 일반 시험법

3 항목별 시험법(33)

11 Chapter

지구촌의 인류는 환경오염방지대책에 고심을 하고 있으며, 보다 쾌적하고 맑은 생활환경과 사회환경을 유지하기 위하여 노력하고 있다. 우리나라도 경제성장과 산업화, 인구의 대도시 집중화 등으로 인하여 환경의 질은 더욱더 악화되어 우리가 마셔야 할 물이 오수, 산업폐수, 축산폐수와 분뇨에 의해 오염되고 있고, 생태계에 미치는 영향이 더욱 증대되었다.

이제는 종합적이고 과학적이며 효율적인 처리기술을 강구하기 위한 배출시설의 방지관리와 맑은 하천과 호소, 해수의 관리를 위한 배출허용기준 및 시험판정을 위하여 수질환경오염공정시험법을 배워야 한다.

화학에 바탕을 두고 여기에 환경이론을 접목하여 환경오염물질을 처리한다면 환경보전은 물론 청정생산을 관리하는데 크게 기여할 것으로 생각된다.

## 1 총칙

### 1. 목적

이 시험방법은 수질환경보전법 제7조 규정에 의거 수질오염물질을 측정함에 있어 측정의 정확성 및 통일을 유지하기 위하여 필요한 제반사항에 대하여 규정함을 목적으로 한다.

### 2. 적용범위

① 환경정책 기본법 제10조 환경기준 중 하천 및 호소에 대한 수질기준의 적합여부, 수질환경보전법 제8조 배출허용기준의 적합여부, 동법 제32조 제2항 및 동법 시행규칙 제52조 방류수수질기준, 하수도법 제16조 방류수 수질기준의 적합여부, 오수·분뇨및축산폐수처리에관한법률 제5조 방류수 수질기준의 적합여부와 동법시행규칙 제9조 오수처리시설 등의 방류수 수질기준의 적합여부 및 지하수법 제19조 지하수의 수질기준 적합여부는 수질오염공정시험방법(이하 "공정시험방법"이라 한다)의 규정에 의하여 시험 판정한다.

② 수질환경보전법에 의한 오염실태조사 중 하천 및 오염상황조사, 지하수법에 의한 지하수 오염 실태조사는 따로 규정이 없는 한 공정시험방법의 규정에 의하여 시험한다.

③ 오수분뇨처리시설, 축산폐수정화시설 및 축산폐수공동처리시설, 정화조, 분뇨처리시설, 축산폐수정화시설 및 축산폐수공동처리시설의 방류수 수질기준의 적합여부는 따로 규

정이 없는 한 이 시험방법에 의하여 시험 판정한다.

3. 이 공정시험방법에서 필요한 어원, 기호, 화학명 등은 ( )속에 기재한다.

4. 이 공정시험방법의 내용은 총칙, 일반시험방법, 기기분석방법 및 항목별 시험방법으로 구분한다.

5. 계량(計量)의 단위 및 기호

주요단위 및 기호는 <표 11.1>과 같으며, 여기에 표시되지 않은 단위는 KS A 0105 국제단위계(SI) 및 그 사용방법에 대한 규정에 따른다.

〈표 11.1〉 측정의 단위 및 기호

| 종 류 | 단 위 | 기 호 | 종 류 | 단 위 | 기 호 |
|---|---|---|---|---|---|
| 길 이 | 미터 | m | 용 량 | 킬로미터 | kℓ |
| | 센티 미터 | cm | | 리터 | ℓ |
| | 밀리미터 | mm | | 밀리 리터 | mℓ |
| | 마이크로 미터 | μm | | 마이크로 리터 | μℓ |
| | 나노 미터 | nm | | | |
| | | | 부 피 | 세제곱 미터 | $m^3$ |
| 무 게 | 킬로 그램 | kg | | 세제곱 센티미터 | $cm^3$ |
| | 그램 | g | | 세제곱 밀리미터 | $mm^3$ |
| | 밀리 그램 | mg | | | |
| | 마이크로 그램 | μg | 압 력 | 기 압 | atm |
| | 나노 그램 | ng | | 수은주 밀리미터 | mmHg |
| | | | | 수주 밀리미터 | $mmH_2O$ |
| 넓 이 | 제곱 미터 | $m^2$ | | | |
| | 제곱 센티미터 | $cm^2$ | | | |
| | 제곱 밀리미터 | $mm^2$ | | | |

6. 농도표시

① 백분율(parts Per Hundred)은 용액 100mℓ 중의 성분무게(g), 또는 가스 100mℓ 중의 성분무게(g)를 표시할 때는 W/V%, 용액 100mℓ 중의 성분용량(mℓ), 또는 가스 100mℓ 중의 성분용

량(mℓ)을 표시할 때는 V/V%, 용액 100g중 성분용량(mℓ)을 표시할 때는 V/W%의 기호를 쓴다. 다만, 용액의 농도를 "%"로만 표시할 때는 W/V%를 말한다.

② 천분율(Parts Per Thousand)을 표시할 때는 g/L 또는 ‰의 기호를 쓴다.

③ 백만불율(Parts Per Million)을 표시할 때는 ㎎/L 또는 ppm의 기호를 쓰며, 1ppb의 1,000배 이다.

④ 가스체의 농도는 표준상태(0℃, 1기압, 비교습도 0%)로 환산 표시한다.

## 7. 온도

① 온도의 표시는 셀시우스(Celcius)법에 따라 아라비아 숫자의 오른쪽에 ℃를 붙인다.

② 표준온도는 0℃, 상온은 15~25℃, 실온은 1~35℃로 하며, 찬곳은 따로 규정이 없는 한 0~15℃ 곳을 뜻한다. 온수는 60~70℃, 열수는 약 100℃, 냉수는 15℃이하로 한다. "수욕상 또는 수욕중에서 가열한다"라 함은 따라 규정이 없는 한 수온 100℃에서 가열함을 뜻하고 약 100℃의 증기욕을 쓸 수 있다.

③ 제반시험 조작은 따로 규정이 없는 한 상온에서 실시하고 조작직후 그 결과를 관찰하는 것으로 한다. 단, 온도의 영향이 있는 것의 판정은 표준 온도를 기준으로 한다.

## 8. 방울수(滴水)

방울수 함은 20℃에서 정제수(精製水) 20 방울을 적하할 때, 그 부피가 약 1mℓ 되는 것을 뜻한다.

## 9. 항량

"항량으로 될 때까지 건조한다" 또는 "항량으로 될 때까지 강열한다"라 함은 같은 조건에서 1시간 더 건조하거나 또는 강열할 때 전후 차가 g당 0.3㎎ 이하 일 때를 말한다.

## 10. 액의 농도

① 액의 농도를 (1→10), (1→100) 또는 (1→1000)등으로 표시하는 것은 고체 성분에서 있어서는 1g, 액체 성분에 있어서는 1mℓ를 용매에 녹여 전체량을 10mℓ, 100mℓ 또는 1000mℓ

로 하는 비율을 표시한 것이다.

② 액체 시약의 농도에 있어서 예를 들어 염산(1+2)이라고 되어 있을 때에는 염산 1mℓ와 물 2mℓ를 혼합하여 조제한 것을 말한다.

### 11. 진공

감압 또는 진공이라 함은 따로 규정이 없는 한 15mmHg 이하를 말한다.

### 12. 물

시험에 사용하는 물은 따로 규정이 없는 한 정제수 또는 탈염수를 말한다.

### 13. 액성

액체의 산성, 알칼리성 또는 중성을 검사할 때는 따로 규정이 없는 한 유리 전극에 의한 pH 미터로 측정하고 액성을 구체적으로 표시할 때는 pH 값을 쓴다.

14. **"약"**이라고 함은 기재된 양에 대하여 ±10% 이상의 차가 있어서는 안된다.

15. **"이상"과 "초과", "이하", "미만"**이라고 기재하였을 때는 "이상"과 "이하"는 기산점 또는 기준점인 숫자를 포함하며, "초과"와 "미만"은 기산점 또는 기준점인 숫자를 포함하지 않는 것을 뜻한다.

16. **"정확히 단다"**라 함은 규정된 양의 검체를 취하여 분석용 저울로 0.1mg 까지 칭량하는 것을 말한다.

17. **"정확히 취하여"**라 하는 것은 규정한 양의 검체 또는 시액을 홀피펫으로 눈금까지 취하는 것을 말한다.

18. **"냄새가 없다"**라고 기재한 것은 냄새가 없거나, 또는 거의 없을 것을 표시하는 것이다.

19. 여과용 기구 및 기기를 기재하지 아니하고 "**여과한다**"라고 하는 것은 KSM 7602 거름종이 5종 A 또는 이와 동등한 여지를 사용하여 여과함을 말한다.

## 20. 시약 및 용액, 완충액, 배지, 표준액, 규정액

### ① 시약

시험에 사용하는 시약은 따로 규정이 없는 한 특급 또는 1급 이상 또는 이와 동등한 규격의 시약을 사용하여 제5장에 수재된 조제방법에 따라 조제하여야 한다.

### ② 용액

㉮ 용액의 앞에 몇 %라고 한 것(예 ; 20% 수산화나트륨 용액)은 수용액을 말하며, 따로 조제방법을 기재하지 아니하였을 때는 일반적으로 물 100㎖에 녹아있는 용질의 g수를 나타낸다.

㉯ 용액 다음의 ( )안에 몇 N, 몇 Mol, 또는 W/V%라고 한 것 [예 : 아황산나트륨 용액(0.1N), 아질산나트륨 용액(0.1M), 구연산이암모늄 용액(20W/V%)은 용액의 조제방법에 따라 조제하여야 한다.

### ③ 완충액, 배지, 표준액 및 규정액

제5장에 수재된 조제방법에 따라 조제하여야 한다.

## 21. 용기

"용기"라 함은 시약 또는 시액을 넣어두는 것을 말하며 시약 또는 시액과 직접 접촉하는 것을 뜻한다. 용기를 막는데 사용되는 것들도 용기의 일부로 본다.

① "**밀폐용기**"라 함은 취급 또는 저장하는 동안에 이물이 들어가거나 또는 내용물이 손실되지 아니하도록 보호하는 용기의 일부로 본다.

② "**기밀용기**"라 함은 취급 또는 저장하는 동안에 밖으로 부터의 공기 다른 가스가 침입하지 아니하도록 내용물을 보호하는 용기를 말한다.

③ "**밀봉용기**"라 함은 취급 또는 저장하는 동안에 기체 또는 미생물이 침입하지 아니하도록

내용물을 보호하는 용기를 말한다.

④ "차광용기"라 함은 광선이 투과하지 않는 용기 또는 투과하지 않게 포장을 한 용기이며 취급 또는 저장하는 동안에 내용물이 광화학적 변화를 일으키지 아니하도록 방지할 수 있는 용기를 말한다.

## 22. 기구 및 기기

① 공정시험방법에서 사용하는 모든 유리기구는 KS L 2302 이화학용 유리기구의 형상 및 치수에 적합한 것 또는 이와 동등이상의 규격에 적합한 것으로, 국가 또는 국가에서 지정하는 기관에서 검정을 필한 것을 사용하여야 한다.

② 공정시험방법에서 사용하는 모든 기구 및 기기는 측정결과에 대한 오차가 허용되는 범위 이내인 것을 사용하여야 한다.

## 23. 분석용 저울 및 분동

분석용 저울 0.1mg 까지 달 수 있는 것이어야 하며 분석용 저울 및 분동은 국가 검정을 필한 것을 사용하야야 한다.

24. 연속측정 또는 현장측정의 목적으로 사용하는 측정기기는 공정시험방법에 의한 측정치와의 정확한 보정을 행한 후 사용할 수 있다.

25. 이 공정시험방법에 수재되어 있지 아니한 방법이라도 측정결과가 같거나 그 이상의 정확도가 있다고 판단될 경우로서 국내외의 공인기관에서 인정하고 있는 방법은 그 방법을 사용할 수 있다.

26. 하나 이상의 시험방법으로 시험한 결과가 서로 달라 제반 기준의 적부 판정에 영향을 줄 경우에는 제4장 항목별 시험방법 각 항목의 주 시험방법에 의한 분석 성적에 의하여 판정한다.

27. 유효측정농도는 지정된 시험방법에 따라 시험하였을 경우 그 시험방법에 대한 최소 정량 한계를 의미하며, 그 미만은 불검출된 것으로 간주한다.

28. "정량범위"라 함은 본 시험방법에 따라 시험할 경위 표준편차율 10% 이하에서 측정할 수 있는 정량하한과 정량상한의 범위를 말하며 측정기기의 성능 및 조작조건에 따라 다소 변할수 있다.

29. "표준편차율"이라 함은 표준편차를 평균치로 나눈값의 백분율로서 반복조작시의 편차를 상대적으로 표시한 것을 말한다.

30. 이 공정시험방법에 수재되어 있지 아니한 항목에 대해서는 시료의 특성을 고려하여 음용수 수질검사방법 KS M 0100 공업용수의 시험방법, KS M 0111 공장폐수 시험방법 및 외국의 공인 시험방법중 가장 적합하다고 판단되는 시협방법에 따라 시험할 수 있다.

## 2 일반 시험법

### 1. 유량 측정

오염된 수질이 생태계를 피폐화 하는 데는 오염원의 종류, 농도 및 오염 물질을 함유한 유량의 규모에 좌우된다. 유량의 규모가 적은 것이 공장 폐수나 생활하수이고 큰 것이 하천수이다.

#### (1) 공장폐수 및 생활하수 유량 측정법

##### ① 관(pipe)내의 압력차이를 이용한 유량 측정

너른 유입부직경($d_1$), 좁은 목부직경($d_2$) 및 점차적으로 확대되는 관구조를 가진 유량 측정용 기구로서, 정수압이 유속으로 변화하는 기본원리는 같으나 구조상의 차이로 인해 다음과 같이 알려져 있다.

a. 벤튜리미터(Venturi meter)
b. 유량측정용 노즐(nozzle)
c. 오리피스(Orifice)
d. 피토우(Pitot)관
e. 자기식 유량측정기(Magnetic flow meter)

ⓐ Venturi meter 측정법

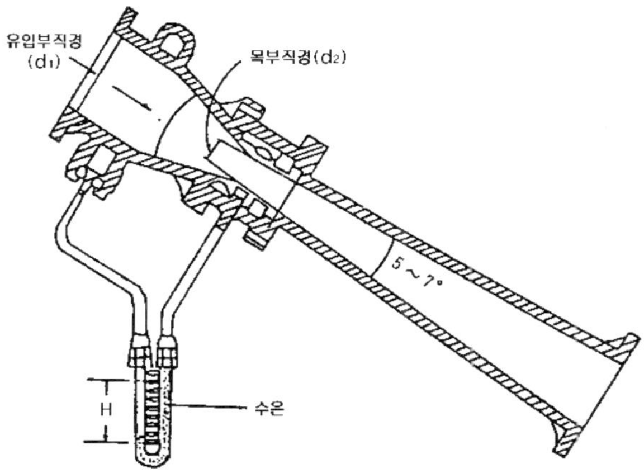


〈그림 11.1〉 벤튜리미터의 구조

$$Q[\text{유량}(cm^3/sec)] = C \cdot A \sqrt{\frac{2gH}{1-(\frac{d_2}{d_1})^4}}$$

| | |
|---|---|
| C : 유량계수 | $H_2$ : 목부의 수두(cm) |
| A : 목부의 단면적($cm^2$) = $\pi d_2^2/4$ | g : 중력 가속도(980cm/$sec^2$) |
| H : 수두차(cm) = $H_1 - H_2$ | $d_1$ : 유입부의 직경(cm) |
| $H_1$ : 유입관 중심부의 수두(cm) | $d_2$ : 목부의 직경(cm) |

② 측정용 수로에 의한 유량 측정법

a. 위어(Weir)

b. 파아샬 플름(Parshall flume)

ⓐ Weir : 내구성이 강한 목재, 철판, PVC판, FRP판 등으로 제작

㉠ 3각 Weir (적용범위 : B = 0.5~1.2m, D = 0.1 ~ 0.75m)

$$Q[\text{유량}(m^3/min)] = Kh^5/2$$

$$K : \text{유량계수} = 81.2 + \frac{0.24}{h} + \left[8.4 + \frac{12}{\sqrt{D}}\right] \times \left[\frac{h}{B} - 0.09\right]^2$$

B : 수로의 폭(m), h : 위어의 수두(m)

D : 수로의 밑면부터 절단 하부점까지 높이(m),

㉡ 각 Weir (적용범위 : B = 0.5 ~ 6.3m, b = 0.15 ~ 5m, D = 0.15 ~ 3.5m)

Q[유량($m^3$/min)] = $Kbh^{3}/2$

$$K : 유량계수 = 107.1 + \frac{0.177}{h} + 14.2\frac{h}{D} - 25.7 \times \sqrt{\frac{(B-b)h}{D \cdot B}} + 2.04\sqrt{\frac{B}{D}}$$

B : 수로의 폭(m), b : 절단의 폭(m)

D : 수로의 밑면부터 절단 하부모서리까지 높이(m),

h : 위어의 수두(m)

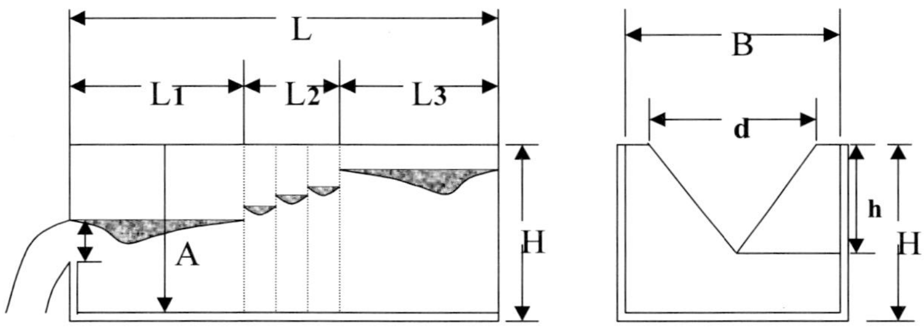


L = 3.60 m L1 ≥ 1.35 m L2 = 0.5 m L3 = L − L1 − L2
h ≤ B/3 D = 0.25 m B = 0.8 m H = 0.7 m
직각 3각 위어의 구조 및 치수

〈그림 11.2〉 직각 3각 위어의 구조 및 치수

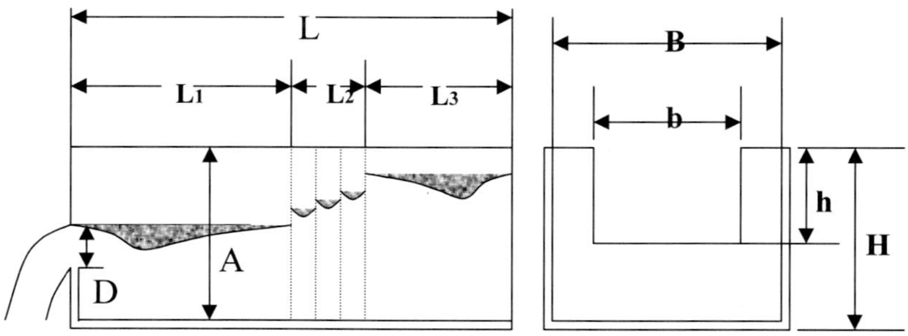


L = 3.60 m L1 ≥ 2.45 m L2 = 0.5 m L3 = L − L1 − L2
D = 0.2 m B = 0.9 m H = D b = 0.4 m
4 각 위어의 구조 및 치수

〈그림 11.3〉 직각 4각 위어의 구조 및 치수

③ 용기에 의한 유량 측정법

a. 최대유량이 1 $m^3$/min 미만인 경우 : 流水를 눈금 있는 용기에 받아서 측정

Q [유량($m^3$/min)] = 60($m^3$) / (sec)

b. 최대유량이 1 $m^3$/min 이상인 경우 : 流水를 눈금 있는 수조에 받아서 측정

④ 개수로에 의한 유량 측정법

a. 수로단면의 형상이 일정하고 수로의 길이가 똑 바른 경우

Q [유량($m^3$/min)] = $60 \times v \times A$

v(m/sec) : 평균속도 = $c \times \sqrt{R \times i}$ , A($m^2$) : 유수단면적(Bh)

c : 유속계수, i : 홈바닥의 구배, R : Bh/B + h

(B = 바닥의 폭, h = 바닥에서 수면까지의 높이)

b. 수로단면의 형상, 구배등이 일정하지 않을 경우

Q[유량($m^3$/min)] = $60 \times v \times A$

v(m/sec) : 평균속도 = 최대유속($v_{max}$) × 0.75,

A($m^2$) : 유수 평균단면적

10 m를 측정구간으로 하여 2 m마다 유수의 횡단 면적을 측정하고 산술평균으로 유수의 평균 단면적을 구한다.

유속은 부표를 사용하여 10 m구간을 흐르는데 소요시간을 측정하여 최대유속으로 한다.

### (2) 하천유량 측정법

통수단면을 15개 이상의 소구간으로 나누어 각 소구간 단견마다 유속계로 1~2개의 점 유속을 측정하고 소구간 단면의 평균 유속을 구한다. 평균 유속이 소구간 단면적을 곱하여 소구간 유량($q_i$)으로 한다.

$$Q[유량(m^3/min)] = q_1 + q_2 + q_3 + \cdots + q_i$$

* 소구간 평균유속($v_m$)

① 수심이 0.4 m 미만일 때 : $v_m = v_{0.6}$

② 수심이 0.4 m 이상일 때 : $v_m = (v_{0.2} + v_{0.8}) \times 1/2$

($v_{0.2}, v_{0.6}, v_{0.8}$ : 전수심의 20, 60, 80 %인 점의 유속)

## 2. 시료채취

### (1) 배출시설이 있는 폐수

① 폐수의 성상, 조업, 계절 및 시간적 변동을 고려하여 현장수의 성질을 대표할 수 있도록 채수한다.

② 유류 또는 부유물질이 함유된 폐수는 잘 저으면서 동일한 수질을 갖게 한다.

③ 공장전부가 가동될 때는 폐수의 성질이 균일하므로 일정시간 간격으로 일정량(3 L)씩 채수하고 수질이 급변하면 채수 횟수를 늘린다.

④ 직접 채수가 어려울 때는 하이로드 채수기로 채수하여 무색 경질의 유리병이나 폴리에틸렌병에 보관한다.

⑤ 온도 및 pH는 현장에서, 변화하기 쉬운 생화학적 검사항목은 빠른 시간 안에 검사를 실시하고 부득이한 경우는 규정된 시료 보존법에 따라 보관한다.

⑥ 시료채취 장소는 폐수의 최후 방류지점이다.

### (2) 하천수

① 하천수의 성상, 상황, 계절에 따른 유량, 유속의 시간적 변동을 고려하여 채수지점별 물의 성질을 대표할 수 있도록 채수한다.

② 유류 또는 부유물질이 함유된 폐수는 잘 저으면서 동일한 수질을 갖게 한다.

③ 하천수의 수질이 균일할 때는 일정시간 간격으로 일정량(3 L)씩 채수하지만, 강우 등으로 수질이 급변 할 때는 채수 횟수를 늘린다.

④ 직접 채수가 어려울 때는 하이로드 채수기로 채수하여 무색 경질의 유리병이나 폴리에틸렌병에 보관한다.

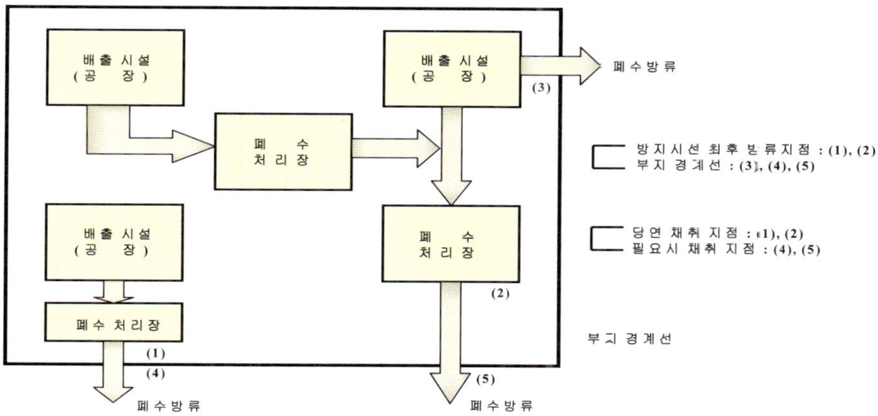


〈그림 11.4〉 시료채취 지점 예시

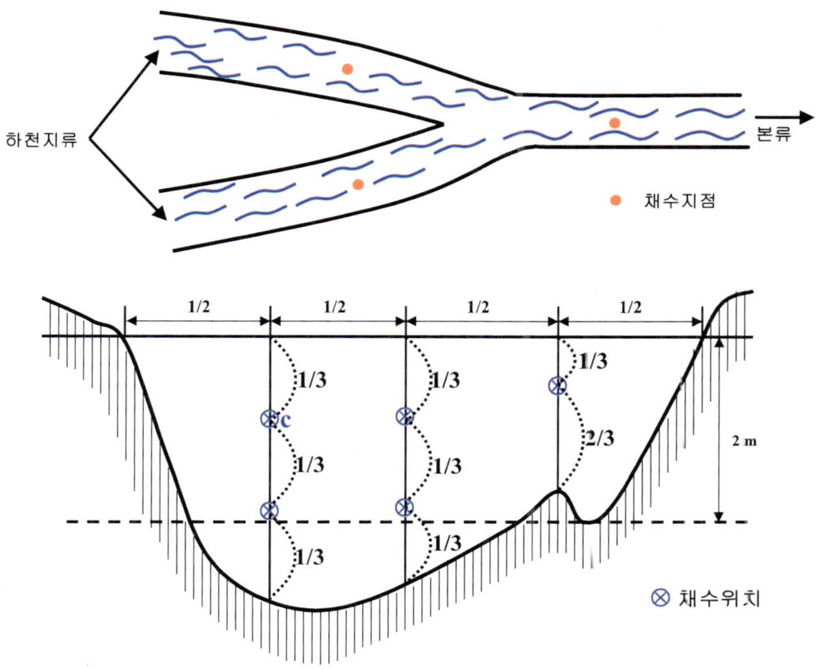


〈그림 11.5〉 하천수 채수 위치(단면도)

⑤ 온도 및 pH는 현장에서, 변화하기 쉬운 생화학적 검사항목은 빠른 시간 안에 검사를 실시하고 부득이한 경우는 규정된 시료 보존법에 따라 보관한다.

⑥ 시료채취 장소는 하천의 각 지류와 지류가 합류하는 본류로 구별한다. 또 채수지점은 하천의 단면에서 수심이 가장 깊은 수면의 지점과 그 지점을 중심으로 하여 수면폭을 2등분한 각 지점의 수면으로부터 수심 2 m 미만일 때는 수심의 1/3에서, 2 m 이상일 때는 수심의 1/3 및 2/3에서 각각 채수한다.

#### (3) 시료봉투에 기재사항

시료명칭, 채수장소 및 지점, 채수방법, 채수 연월일 및 시간, 기후(전일, 당일), 온도, pH, 시료외관(부유물질, 침강물질, 색상 등), 냄새 맛 기타를 상세히 기재한다.

### 3. 시료의 전처리

금속을 분석할 수질시료 중에 유기질이 혼탁되어 있으면 방해를 주므로 분석조작에 앞서 회화법을 이용하여 분해·제거해야 한다.

#### (1) 회화법

① 습식 회화

ⓐ 산 회화

- 질산 – 황산($HNO_3$–$H_2SO_4$)법
  - a. 시료를 균일하게 하고 서서히 증발시켜 적당량이 되게 한다.
  - b. 질산 5 ~ 10 mL를 가하고 가열 증발시켜 10 mL정도 되면 방냉한다.
  - c. 질산 5 mL와 황산 10 mL를 가하고 백연(白煙)이 날 때까지 가열 증발한다.
  - d. 유기물이 있으면 질산 10 mL를 가하고 가열증발 조작을 반복한다.
  - e. 상등액이 투명해지면 물로 희석하고 여과한 후 100 mL가 되게 한다.
    - * $Pb^{2+}$가 있으면 $PbSO_4$(백색침전)이 되므로 피해야 할 방법이다.
    - * 백연 : $H_2SO_4 \rightarrow H_2O + SO_3$
- 질산 – 과염소산($HNO_3$–$HClO_4$)법
  - a. 시료를 균일하게 하고 서서히 증발시켜 적당량이 되게 한다.
  - b. 질산 5~10 mL를 가하고 가열 증발시켜 10 mL정도 되면 방냉한다.
  - c. 질산 5 mL와 과염소산 10 mL를 가하고 白煙이 날 때까지 가열한다.

d. 유기물이 있으면 질산 10 mL를 가하고 가열증발 조작을 반복한다.

e. 상등액이 투명해지면 물로 희석하고 여과한후 100 mL가 되게 한다.

 * 유기물이 다량 함유된 시료에 적용한다.
 * 과염소산 10 mL를 일시에 넣으면 폭발의 우려가 있다.
 * $K^+$가 있으면 $KClO_4$(백색침전)가 되므로 이때는 피해야 할 방법이다.
 * 백연 : 과염소산기체

ⓑ 알카리 회화

시료 100 mL에 NaOH(1~3 g) + 30 % $H_2O_2$(1~3 mL) 또는 $NH_4OH$(5~10 mL) + 30% $H_2O_2$(1~3 mL)를 넣고 가열 증발시켜 양을 줄인 다음 $Na_2CO_3$를 소량 가하고 가열하여 건고·용융 시킨다. 용융된 것을 온·희염산(1+11)에 녹여 100 mL가 되게 한다.

 * 산 회화시 휘발로 손실되는 다음과 같은 성분시료에 적용된다.
 희산에 의해 휘발손실 되는 원소 : Hg
 할로겐이 공존할 때 휘발·손실되는 원소 : As, Sb, Sn, Se, B
 탄화로 분해지연 되는 원소 : As

② 건식 회화

시료를 백금접시 또는 자제접시에 취하여 수욕 혹은 적외선 램프로서 가열·건고하고 500~550 ℃의 전기로에서 회화시켜 염산(1+1)에 녹인다.

 * 500 ~ 550 ℃에서 증발, 승화하는 시료에는 부적당하다.
 * 500 ~ 550 ℃에서 휘발손실 되는 원소 : Hg, Cd
 * 할로겐이 공존할 때 휘발손실 되는 원소 : As, Sb, Sn, Se, B
 * 짧은 시간에 많은 시료를 동시에 처리할 수 있는 것이 장점이다.
 * 어떤 방법을 택할 것인가는 시료의 성질과 피검체의 종류에 따라 결정되므로 예비실험이 필요하다. 일반적으로 습식회화법은 건식회화법에 비하여 여러 번 가해주는 시약에 의해 오염이 되는 단점이 있다.

## 4. 분리(Separation)

분석의 정확도를 높이기 위해서는 방해가 되는 공존이온들의 효과적인 분리조작이 선결되어야 한다. 분리법에는 침전법, 용매추출법, 이온교환법, 휘발법, 전해법 등이 알려져 있다.

수질시료 중 오염원들은 종류가 다양하고 또 함량이 적다는 일반성을 감안하면 용매추출법이 가장 적합하다. 뿐만 아니라 용매추출법은 다른 방법에 비해 간편하면서도 신속한 장점이 있다.

### (1) 용매추출(Solvent Extraction)

ⓐ 목적 : 분리와 농축(Separation & Concentration)

ⓑ 원리 : 일반적으로 무기염류들은 무기용매(예 : 물)에는 잘 녹지만 유기용매에는 잘 녹지 않는다. 반면에 유기물질들은 유기용매(예 : benzene, acetone, chloroform, carbon tetrachloride etc.)에는 잘 녹지만 물에는 잘 녹지 않는다. 그러나 금속이온에 ligand (chelating agents)를 가하면 금속이온들은 중성 금속착화물(neutral metal chelates) 또는 이온 회합 착화물(ion association complexes)을 형성하여 친유성(hydrophobic)을 가지므로 유기용매에 잘 녹게 된다.

① Neutral Metal Chelates

ⓐ Acetylacetone ( pentane-2,4-dione, $CH_3COCH_2COCH_3$ )

Acetylacetone은 solvent로 또는 $CCl_4$, $CHCl_3$, benzene, xylene 등의 용매에 녹여서 chelating agent로도 사용된다.

* Co(Ⅱ)와 Ni(Ⅱ)를 분리할 때는 먼저 Co(Ⅱ)를 Co(Ⅲ)로 산화시킨 다음에 $CH_3COCH_2COCH_3$를 가하면 Co(Ⅲ)와 chelate를 형성하여 선택적으로 유기층에 추출된다.

ⓑ Diphenyl carbazone (in $CHCl_3$ or $CCl_4$)

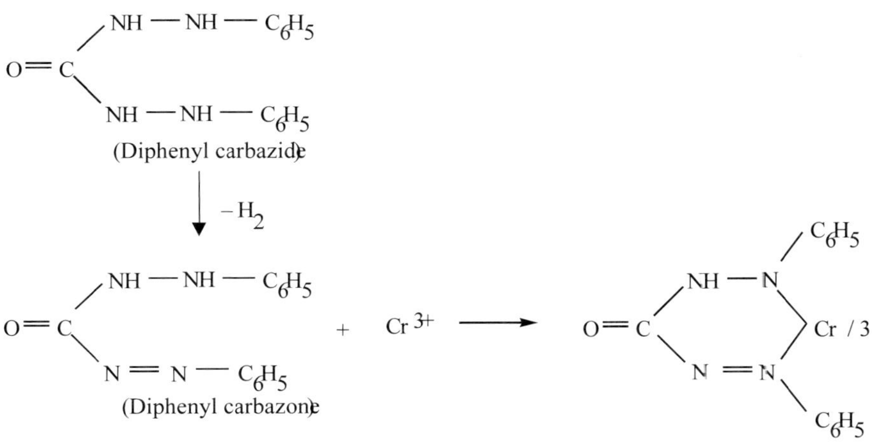


ⓒ Diphenyl thiocarbazone (Dithizone in $CHCl_3$ or $CCl_4$)

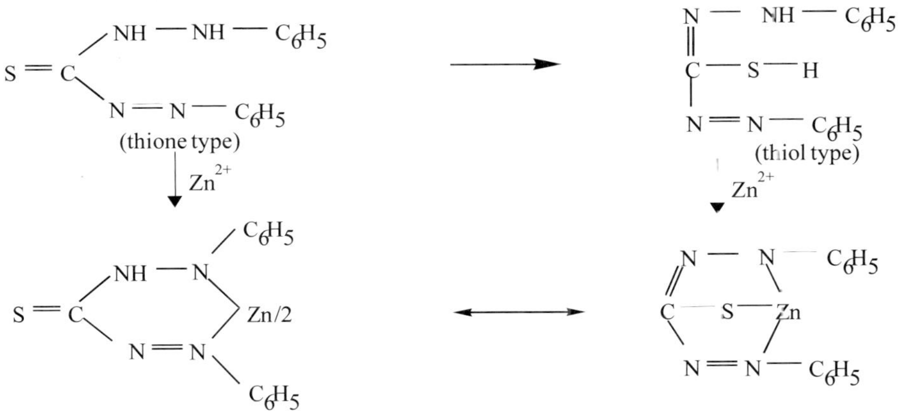


ⓓ Dimethyl glyoxime (DMG in $CCl_4$)

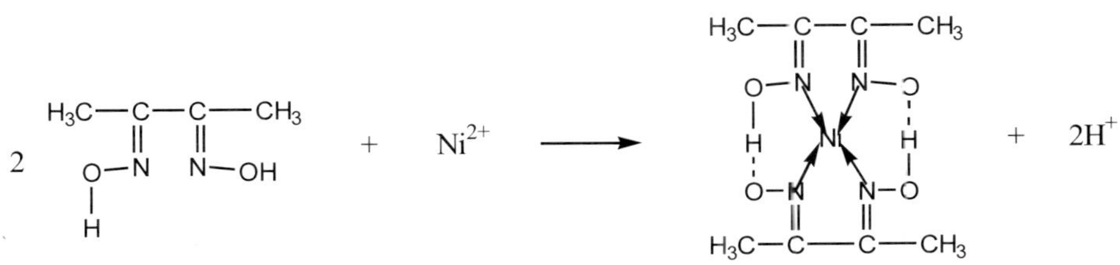

ⓔ Diethyldithio carbamic acid

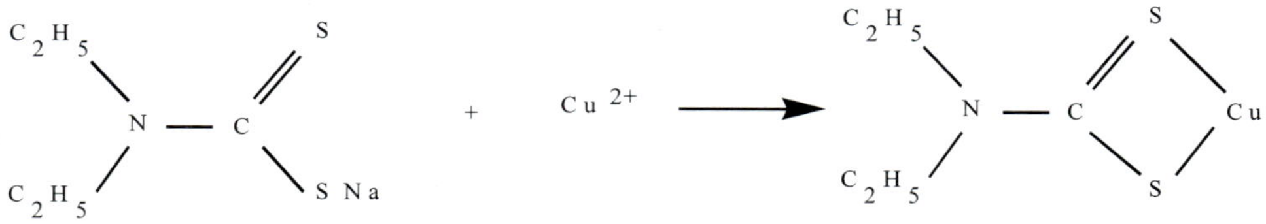


Cu-diethyldithio carbamate

② Ion Association Complexes

목표 성분이 simple ion 보다 큰 반대 하전의 유기이온과 회합하여 bulky한 neutral cluster를 형성하면 유기용매에 녹는다.

ⓐ Ortho phenanthroline (O-phenanthroline in $CHCl_3$)

3 o-phenanthroline + $Fe^{2+}$ → (Fe : 3 o-phenanthroline)$^{2+}$ $2Cl^-$

ⓑ Tetraphenyl arsonium ion

$(C_6H_5)_4\ As^+ + MnO_4^- \rightarrow (C_6H_5)_4\ As\ MnO_4$

ⓒ Tetrabutyl ammonium ion

$(n-C_4H_9)_4\ N^+ + ReO_4^- \rightarrow (n-C_4H_9)_4\ N\ ReO_4$

③ 방법

분액깔대기에 제일용액(aqueous, 금속이온들을 함유한 용액)과 이것과 혼합되지 않은 제 이 용액(usually organic, ligand를 함유한 용액)을 함께 취하고 격렬히 교반시킨 후 정치한다. 이때 제일용액 중의 어떤 금속이온들은 중성 금속킬레이트 혹은 이온형성으로 친유성이 되어 제 이 용액 즉 유기용매층으로 이동한다. 따라서 분리가 가능하다.

이 조작을 추출(extraction)이라 하고 또 유기층에 추출된 금속이온을 질산 혹은 염산용액 등으로 씻어내는 조작을 용리(elution) 혹은 역추출(stripping)이라고 한다.

이와 같이 추출과 용리의 조작을 이용하여 이온 혹은 분자들을 분리, 농축하는 조작을 Liquid-liquid extraction(Solvent extraction)이라 한다.

## 5. 정량(Determination)

수질을 오염시키고 있는 중금속들을 정량할 때는 그 양이 적어서 기기를 이용한 미량 분석방법을 적용하게 된다. 따라서 본 시험법에서는 수질오염원들을 분자흡광법, 원자흡광법 또는 가스크로마토그래피법 을 이용하게 되므로 이 기기들의 원리 및 구조를 알아야 한다.

(1) 분자흡광분석장치, 원자흡광분석장치

① 원리 : Lambert-Beer's Law

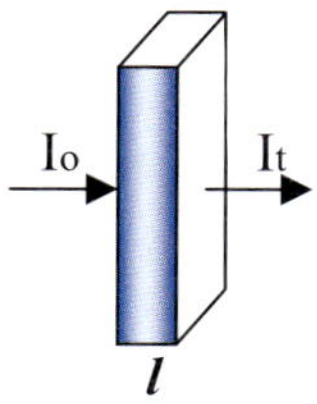


Io : Intensity of the incident light
$I_a$ : Intensity of the absorbed light
$I_t$ : Intensity of the transmitted light
$I_r$ : Intensity of the reflected light

$$I_o = I_a + I_t + I_r$$

ⓐ Lambert's Law

람벨트법칙은 다음과 같이 정의된다. 단색광이 투명매질을 통과할 때, 매질의 두께로 인한 강도의 감소속도는 빛의 강도에 비례한다.

$-dI/d\ell = kI$ (k : proportionality factor)

$-dI/I = kd\ell$ 이식을 적분하고 $\ell \rightarrow 0$ 일때는 $I = I_o$ 이므로

$\ln I_o/I_t = k\ell$ 이고

$It = I_o \cdot e^{-k\ell} = I_o \cdot 10^{-k\ell/2.303} = I_o \cdot 10^{-0.4343k\ell} = I_o \cdot 10^{-K\ell}$

(K : absortion coefficient = k/2.303 = 0.4343 k)

$It/I_o = 10^{-Kl}$ 이다. 따라서

$\therefore A = \log I_o/I_t = K\ell$ {흡강도(A)는 매질의 두께에 비례한다.}

ⓑ Beer's Law

비어법칙은 다음과 같이 정의된다.

단색광이 투명매질을 통과할 때, 매질의 농도로 인한 강도의 감소속도는 빛의 강도에 비례한다.

$-dI/dc = k'I$ (k' : proportionality factor)

$-dI/I = k'dc$ 이식을 적분하고 $c \rightarrow 0$ 일때는 $I = I_o$ 이므로

$\ln I_o/It = k'c$ 이고

$It = I_o \cdot e^{-k'c} = I_o \cdot 10^{-k'c/2.303} = I_o \cdot 10^{-0.4343k'c} = I_o \cdot 10^{-K'c}$

( K' : absortion coefficient = k'/2.303 = 0.4343k' )

$It/I_o = 10^{-K'c}$ 이다. 따라서

∴ $A = \log I_o/It = K'c$ (흡강도(A)는 매질의 농도에 비례한다)

ⓒ Lambert-Beer's Law

Lambert's Law와 Beer's Law를 combination하면

∴ $A = OD = \log I_o/I_t = \varepsilon c \ell$

A : absorbance

OD : optical density

c : concentration of the medium

$\ell$ : thickness of the medium

$\varepsilon$ : molar absorption coefficient = A/cl

$\{ I = I_t/I_o$ from $I_o = I_a + I_t$, $-\log I = \log I_o/I_t = OD = \varepsilon c \ell \}$

(2) 분자흡광분석장치

① 원리 : $A = OD = \log I_o/I_t = \varepsilon c \ell$

② 기기 : UV-Vis Spectrophotometer

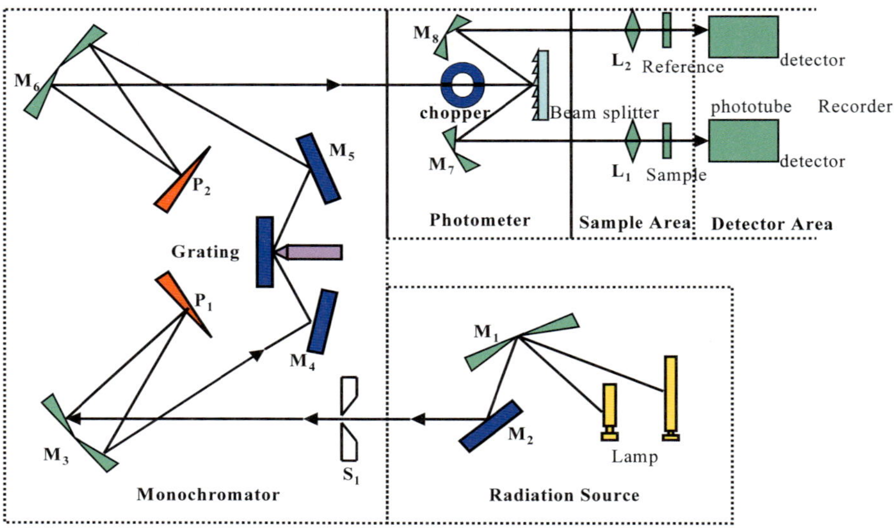


〈그림 11.6〉 UV-Vis Spectrophotometer

③ 구조

ⓐ Radiation Source : $H_2$ or $D_2$ lamp (ultraviolet : 400nm 이하)

W-lamp (visible light : 400 ~ 800 nm) Mirror

ⓑ Monochrometer (Monochromator)

: Slit, Prism, Quartz grating, Mirror

ⓒ Photometer : Chopper (pulse로 DC → AC화)

Beam Splitter(reference & sample beam)

ⓓ Sample Area : Lenz, Cell Holder

ⓔ Detector : Phototube(Photocell), Amplifier(Photomultiplier)

ⓕ Recorder

④ 응용 : 정량분석(ppm unit), 반응속도측정, 구조결정, 에너지준위

### (3) 원자흡광분석장치

1955년 Australia의 분광학자 Walsh에 의해 최초로 시도되었다

① 원리

$A = OD = \log I_o / I_t = K_\lambda c \ell$

A, OD, $I_o$, $I_t$ : above

c : concentration of the sample

l : the pass length of the light through sample

$K_\lambda$ : absorption coefficient

ⓐ 전자전이

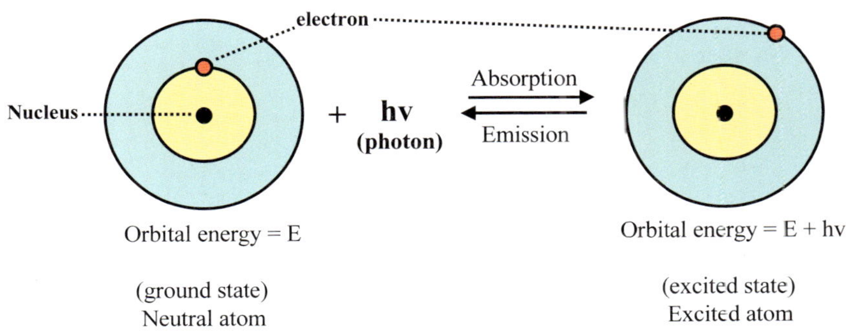

ⓑ 원자흡수

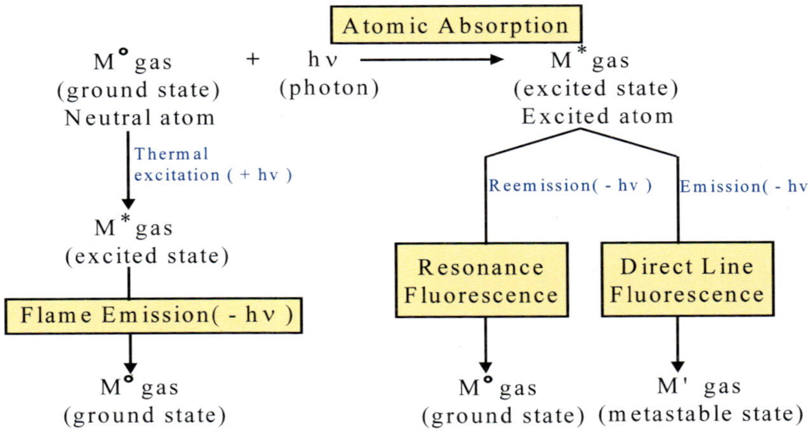


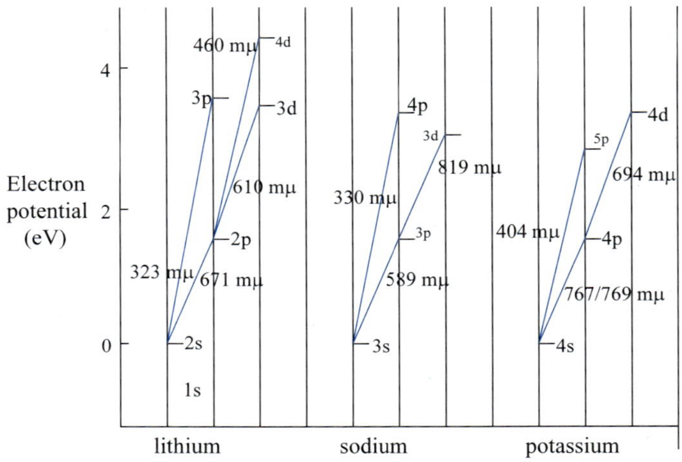


〈그림 11.7〉 원자흡수선(Atomic Absorption Line)

예) Na atom : 589 nm : 3s → 3p (분석파장)

330 nm : 3s → 4p

일반적으로 원자의 최외각 전자가 전이할 때 흡수하는 복사에너지는 자외선 및 가시광선 영역의 파장에 해당하는데 원자마다 최외각 전자의 에너지 준위가 각각 다르므로 원자들은 고유한 파장의 복사선만을 흡수하게 된다. 이때 나타나는 스펙트럼을 원자흡수선이라 한다.

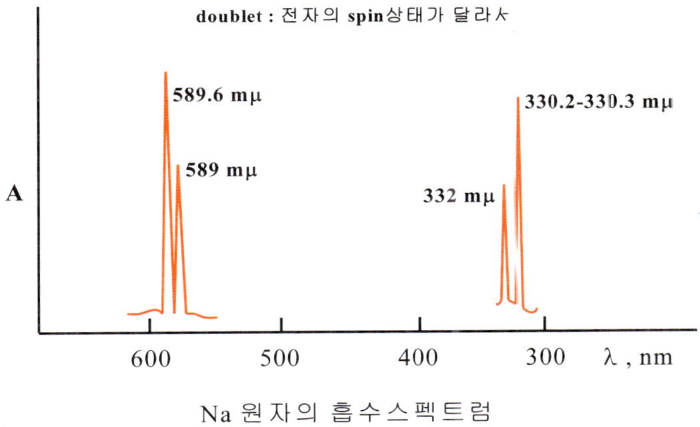


〈그림 11.8〉 Na 원자의 흡수 스펙트럼

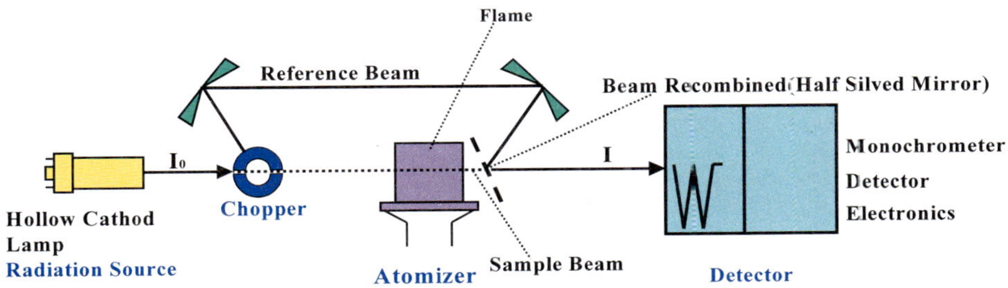


〈그림 11.9〉 Atomic Absorption Spectrophotometer(AA or AAS) 구조

② 기기구조

ⓐ Radiation source

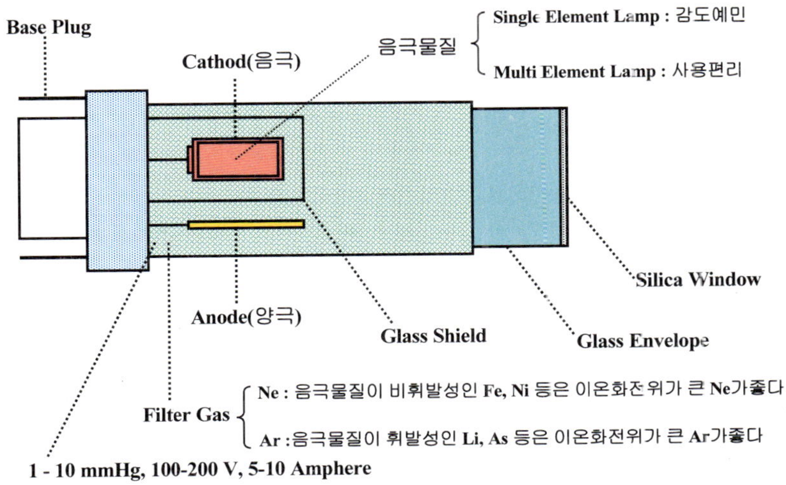

ⓑ Atomizer :

Atomization at 2500 – 3000 °K

$$\underset{\text{solution}}{M^{+}X^{-}} \xrightarrow{\Delta} \underset{\text{mist}}{M^{+}X^{-}} \xrightarrow{\Delta} \underset{\text{solid}}{MX} \xrightarrow{\text{Vaporization}} \underset{\text{gas}}{MX} \xrightarrow{\text{Dissociation}} \begin{array}{l} M^{0}g + X^{0}g \\ M^{*}g \\ M^{+}g \\ M_{X}O_{Y}, g \end{array}$$

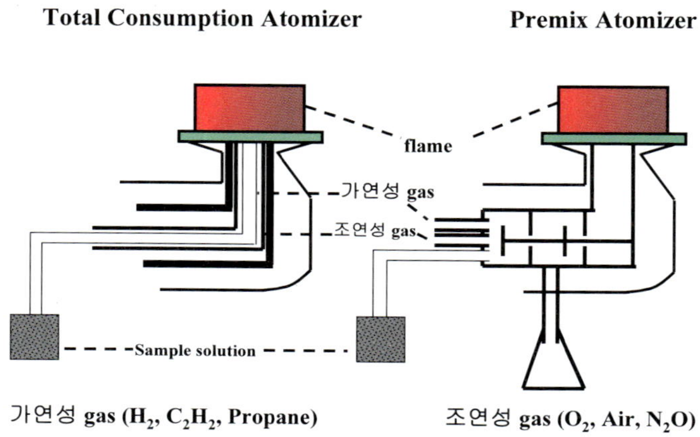


〈그림 11.10〉 원자화장치의 구조

③ 원자화의 원리

ⓐ Atomization Interference

㉠ Chemical Interference

원자화과정에서 분석하려는 금속이온이 공존하고 있는 양이온들과 반응하여 열적으로 안정한 혼합물을 형성하여 주어진 온도에서 쉽게 분해되지 않는다.

㉡ Ionization

높은 온도에서 중성원자가 되지 않고 이온화한다.

㉢ Matrix Effect

시료용액의 물리적 성질(표면장력, 점도 등)과 염의 농도는 불꽃에서 시료를 분산시킬 때 속도, 양, 방울의 크기 등 원자화에 영향을 준다.

㉣ Spectral Interference

불꽃 자체나, 불꽃에서 형성된 용매 혹은 공존하는 물질입자들은 광원으로부터 조사되는 복사선을 흡수, 산란시킴으로 방해를 준다.

ⓑ Application

㉠ 조작이 간편하고 선택성이 좋다.

㉡ 감도가 예민하다(ppb units).

㉢ 방해물질이 적다.

㉣ 65 여 종의 원소정량이 가능하다.

〈표 11.2〉 Atomizer의 종류 및 특징

| Type | Atomizer의 종류 | 강　　점 | 단　　점 |
|---|---|---|---|
| Flame Type | Total consumption atomizer | 1. 시료제작 및 조작이 간편하다.<br>2. 시료전체가 불꽃에 aspirate된다.<br>3. Unburned gas에 의해서 폭발 할 위험성이 없다. | 1. Aspiration이 불완전하다.<br>2. 점도가 큰 료는 aspirate가 곤란하다.<br>3. Drop size가 불균일하다.<br>4. Burner tip이 막히기 쉽다. |
| | Premix atomizer | 1. Aspiration 되는 양이 많다.<br>2. Drop size가 균일하여 atomization 효율이 크다.<br>3. 감도 및 재현성이 좋다.<br>4. Burner tip이 잘 막히지 않는다. | 1. 연소기체의 양이 많아 폭발할 위험성이 있다.<br>2. 미증발분의 축적으로 시료가 오염될 가능성이 있다. |
| Non Flame Type | 1. Flash heating atomizer<br>2. King furnace atomizer<br>3. L'vov furnace atomizer | 1. 산화작용을 방지할 수 있어 atomization 효율이 크다.<br>2. 시료를 전처리 하지 않고 직접 분석이 가능하다.<br>3. 부식을 잘 당하지 않고 오염을 막을 수 있다.<br>4. 적은량의 시료 분석이 가능하다.<br>5. 감도가 좋다. | 1. Vaccum UV region에서 resonance line을 가지는 원소 분석은 곤란하다.<br>2. U, Th, Zr과 같이 증기압이 낮은 원소는 감도가 좋지 않다. |
| | 1. Cold vapor method<br>2. Hollow cathode atomizer | 1. 휘발성이 큰 원소(Hg), 비금속원소(P, S), 동위원소 분석이 가능하다.<br>2. 감도가 대단히 좋다. | |

### (4) Gas Chromatography (GC) 원리

GC는 기체(액체) 형태의 이동상에 포함된 각 성분들이 고체입자로 충진된 고정상 분리관을 통과하는 동안에 고정상에 녹거나, 흡착되거나 혹은 화학반응을 하는 정도에 차이가 있게 된다. 이것은 바로 이동속도의 차이로 나타나게 되므로 분리관 끝에 연결된 검출기를 이용하여 시간별 농도 크기 값 즉, 크로마토그램(chromatogram)을 얻게 된다. 이것을 비교·해석함으로서 분리, 확인 및 정량을 할 수 있다.

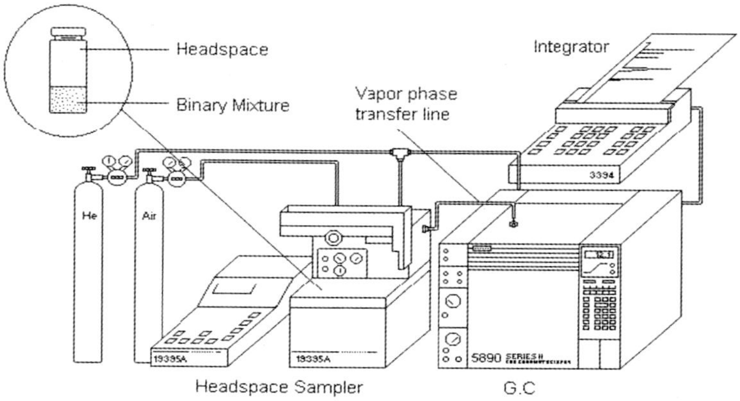


〈그림 11.11〉 기체크래마토그라피

① A supply of carrier gas from a high pressure cylinder

Carrier gas : helium, nitrogen, argon

Choice of gas : availability, purity, cost, type of detectors

ex. He : thermal conductivity detector

② Sample injection system (self sealing silicon rubber septum)

Temperature of sample port : rapidly vapourized without either decomposing or fractionating the sample (BP of sample solution)

Amount of sample : 1~10 $\mu\ell$ with microsyringe

③ Column

Metal tube or glass tube : sample components are decomposed by contact with metal

Internal diameter(2~6 ㎜), Outer diameter(3~10 ㎜)

Inert support : uniform granular size(80~100 mesh) of celite pack into uniform bed in column.

- Separation of sample component
  - a. The nature of the solid support
  - b. Type and amount of liquid phase
  - c. Method of packing
  - d. Length of column
  - e. Temperature

- Suitable liquid phase
  - a. Non-polar hydrocarbon type (paraffine oil)
  - b. Compounds of intermediate polarity (esters)
  - c. Polar compouds (polyglycols)
  - d. Hydrogen bonding class (glycol. glycerol)

④ Detector

a. Thermal Conductivity Detector (TCD)

b. Flame Ionization Detector (FID)

c. Electron Capture Detector (ECD)

d. Element Selective Detector (ESD)

## 3 항목별 시험법

### 1. 溫度 측정

(1) 기온 : 그늘진 지상 1 m 위에서 충분한 시간이 경과한 후 측정한다.

(2) 수온 : 직접 담그고 일정시간 경과한 후 측정한다.

### 2. pH 측정

pH meter를 이용하여 현장에서 직접 측정한다.

## 3. 용존산소(Dissolved Oxygen : DO) 측정

### (1) 시료의 전처리

① 착색 혹은 현탁된 시료

시료를 1 L들이 유리병에 조심스럽게 취한 후 칼륨명반($KAl(SO_4)_2 \cdot 24H_2O$)용액 10 mL를 가하고 암모니아수로 약알칼리성이 되게 한다. 45°로 절단된 콜크마개로 막고 1분간 조용히 위아래를 바꾸어 가면서 흔들어 섞은 후 10 분간 정치하였다가 상등액 300 mL를 사이폰 작용으로 취한다.

② 활성오니로 미생물 flock이 형성된 시료

시료를 1 L들이 유리병에 취하고 황산동-설파민산($CuSO_4 + HSO_3NH_2$)용액 10 mL를 가한 다음 45°로 절단된 콜크 마개로 막고 1분간 조용히 위아래를 바꾸어 가면서 흔들어 섞는다. 10분간 정치한 후 상등액 300 mL를 사이폰 작용으로 취한다.

### (2) DO의 측정법 (Winkler Method)

① 시료 300 mL를 취한 용존산소 측정병에 황산망간($MnSO_4$)용액, 암모니아수 및 요오드화칼륨(KI)용액을 소량(2 mL) 가한다. $NO_2^-$가 있으면 아지드화나트륨($NaN_3$)용액을, 또 $Fe^{3+}$가 있으면 불화나트륨(NaF)용액을 조금씩 가하고 마개를 닫고 병을 회전하면서 섞는다.

$$MnSO_4 + 2NH_4OH \rightarrow Mn(OH)_2 + (NH_4)_2SO_4$$

$$Mn(OH)_2 + O \rightarrow MnO(OH)_2 \ (\text{or } H_2MnO_3 : \text{침전})$$

* $NaN_3$는 $NO_2^-$의 산화 및 환원작용에 의한 방해를 막아준다.
* NaF는 알칼리성에서 $Fe^{3+}$를 $FeF_6^{3-}$ coplex로 만들어 $Fe(OH)_3$ 침전에 의한 방해를 막아준다.

② 침전이 완전히 가라앉으면 황산 2 mL를 가하여 침전을 녹인다.

$$MnO(OH)_2 + 2KI + 2H_2SO_4 \rightarrow MnSO_4 + K_2SO_4 + 3H_2O + I_2$$

③ 이 용액 200 mL중에 유리된 $I_2$를 0.025 N $Na_2S_2O_3$ 표준용액으로 적정한다. Starch(지시약)를 가하여 당량점에서 청색이 무색으로 될 때 종말점이다

$$I_2 + 2Na_2S_2O_3 \rightarrow 2NaI + Na_2S_4O_6$$

④ 계산

$1\ N\ Na_2S_2O_3$ 1mL = 8 mg of 산소

$0.025N\ Na_2S_2O_3$ 1 mL = 0.2 mg of 산소

DO(mg/L)

= $0.025N\ Na_2S_2O_3$의 소비량(mL) × Factor × [1000/시료량(mL)] × 0.2mg

⑤ $0.025\ N\ Na_2S_2O_3$표준용액 제조

$I_2 + 2\ Na_2S_2O_3 \rightarrow 2NaI + Na_2S_4O_6$ 이므로

$I = Na_2S_2O_3$

$= Na_2S_2O_3 \cdot 5H_2O$ (46 + 64 + 48 + 90 = 248 : equivalent) 248g/40

= 6.2 g, 즉 6.2 g의 $Na_2S_2O_3 \cdot 5H_2O$를 녹여서 총 1L되게 한다.

그러나 이 용액은 공기중의 $CO_2$와 반응하여 다음과 같이 변질된다.

$Na_2S_2O_3 + CO_2 + H_2O \rightarrow Na_2CO_3 + H_2SO_3 + S$

따라서 0.2 g의 $Na_2CO_3$를 녹여 끓인 증류수에 $Na_2S_2O_3 \cdot 5H_2O$를 녹인다.

⑥ 표정 및 지시약 제조는 분석화학 Redoximetry중 Iodometry를 참조할 것.

## 4. 생물학적 산소요구량(Biological Oxygen Demand : BOD) 측정

### (1) 시료의 전처리

① 산성 혹은 알카리성 시료

HCl(1+11) 또는 4 % NaOH용액을 이용하여 중화시킨다.

② 잔류염소($Cl_2$)가 함유된 시료

$Cl_2$는 미생물을 죽이므로 $Cl_2$에 상당하는 티오황산나트륨을 가하여 $Cl_2$를 무해한 $Cl^-$로 환원시켜야 한다.

$Cl_2 + 2Na_2S_2O_3 \rightarrow 2NaCl + Na_2S_4O_6$

* $Cl_2$가 함유된 시료 중에 충분한 양의 KI를 가하면 $Cl_2$는 같은 당량의 $I_2$를 유리시키므로 이것을 $0.025\ N\ Na_2S_2O_3$ 표준용액으로 정량 한다.

* 종말점에서는 starch에 의해 청색이 무색으로 변한다. 따라서 $0.025\ N\ Na_2S_2O_3$를 소비량만큼 시료용액 중에 가해주면 된다.

$Cl_2 + 2KI \rightarrow 2KCl + I_2$

$I_2 + 2Na_2S_2O_3 \rightarrow 2NaI + Na_2S_4O_6$

③ 용존산소가 과포화된 시료

BOD 측정을 준비하는 동안에 용존산소량의 변화가 일어날 수 있다. 따라서 23~25 ℃에서 15분쯤 통기시킨 후 방냉하여 20 ℃가 되도록 한다.

### (2) BOD 측정법

① 300 mL BOD 측정용 유리병 4개를 1개조로 준비한다.

② 시료의 성상에 따라 강한 공장폐수는 0.1~1.0 %, 처리되지 않은 공장폐수는 1~5 %, 처리된 공장폐수는 5~25 %, 하천수는 25 % 이상의 비로 채취한다.

③ 여기에 완충액($K_2HPO_4$, $KH_2PO_4$, $Na_2HPO_4$ 및 $NH_4Cl$을 적당히 혼합하여 pH 7.2가 되게 만든 용액), $MgSO_4$용액, $CaCl_2$용액, $FeCl_3$을 각각 0.1 % 되게 가한다(미생물들의 발육에 필요한 영양염).

④ 가정하수나 하천수는 무관하지만 유독했던 공장폐수에는 미생물이 없기 때문에 시료 중에 미생물을 식종하여야 한다. 따라서 가정하수는 0.5~1 %, 하천수는 1~5 %되게 취하여 일정시간 방치하였다가 모두가 20 ℃, 300 mL가 되게 한다

⑤ 1개는 즉시, 또 한 개는 15분 후, 나머지 2개는 20 ℃ 수용액에서 5일간(120시간) 부란시킨 다음 Winkler법에 의해 각 용액중의 DO를 측정한다.

⑥ 계산

$$IDOD(mg/L) = [DO(mg/L)_{즉시} - DO(mg/L)_{15분후}] \times [1000/검액의\ 취량(mL)]$$

$$BOD(mg/L)_{식종않음} = [DO(mg/L)_{15분후} - DO(mg/L)_{5일후}] \times [1000/검액의\ 취량(mL)]$$

$$BOD(mg/L)_{식종함} = \{[DO(mg/L)_{15분후} - DO(mg/L)_{5일후}] - [DO(mg/L)_{15분후(식종희석수)} - DO(mg/L)_{5일후(식종희석수)}] \times f\} \times [1000/검액의\ 취량(mL)]$$

* f(식종액의 첨가에 의한 보정치)

= 희석검액중식종액함유율(%) / 식종액의BOD측정에서의 희석율(%)

* 5일간 부란시킨 다음 산소의 소비량이 40~70 % 범위 내에 있도록 조절한다

* 독성물질, 동, 납 및 아연 등이 함유된 희석수는 미생물의 증식에 영향을 준다.

* 순간 산소요구량(IDOD : Immediate Dissolved Oxygen Demend)

시료 중 황화물, 아황산염, 제일철염, 알데히드 등 환원성 물질에 의해 빠르게(15분내)

소비되는 용존산소의 양을 IDOD라고 한다.

## 5. 화학적 산소 요구량(Chemical Oxygen Demand : COD) 측정

### (1) 산성 100 ℃에서 과망간산칼륨에 의한 화학적 산소요구량

① 300 mL flask에 시료를 취하고 증류수로 100 mL가 되게 한다.

② 황산(1+2) 10 mL를 넣고 0.025 N $KMnO_4$용액 10 mL를 정확히 가한다.

③ 수욕의 수면이 시료의 수면보다 높게 하고 30분간 끓인다.

④ 여기에 0.025 N $Na_2C_2O_4$ 10 mL를 정확히 가하고 60~80 ℃를 유지하면서 0.025 N $KMnO_4$용액으로 자색이 나타날 때까지 적정 한다.

⑤ 유기질은 100 ℃에서 30분 동안에 0.025 N $KMnO_4$용액에 의해 산화되고 남은 $KMnO_4$는 가해준 0.025 N $Na_2C_2O_4$에 의해 모두 소비된다. 반응하고 남은 $Na_2C_2O_4$는 0.025 N $KMnO_4$ 표준용액에 의해 적정된다.
결과적으로 유기질의 산화에 사용된 0.025 N $KMnO_4$의 양은 적정할 때 소비된 0.025 N $KMnO_4$ 표준용액의 양과 같다.

$$2KMnO_4 + 5Na_2C_2O_4 + 8H_2SO_4 = K_2SO_4 + MnSO_4 + 5Na_2SO_4 + 8H_2O + 10CO_2$$

⑥ 계산

COD(mg/L) = [0.025 N $KMnO_4$ 소비량(mL) − 공시험에서
0.025 N $KMnO_4$ 소비량(mL)] × Factor
× [1000/시료량(mL)] × 0.2

* 0.025 N $KMnO_4$용액의 제법
$KMnO_4/5$ = 1당량이므로, 1 g당량/40 을 녹여 1 L되게 한다.

* 시료중 $Cl^-$이 질소화합물과 같이 있으면 다음의 반응에 의해,
$Cl^- \rightarrow Cl_2 \rightarrow NH_2Cl \rightarrow Cl^-$으로 계속 $KMnO_4$를 소비하게 된다.

$$10NaCl + 2KMnO_4 + 8H_2SO_4 = K_2SO_4 + 2MnSO_4 + 5Na_2SO_4 + 8H_2O + 5Cl_2$$

따라서 $Cl^-$의 함량이 작을때는 $Ag_2SO_4$를 가하여 그 영향을 제거하지만 해수와 같이 $Cl^-$의 함량이 많을 때는 본 방법을 사용할 수 없다. 따라서 알칼리성 100 ℃에서 과망간산칼륨법을 사용해야 한다.

(2) 알카리성 100 ℃에서 과망간산칼륨에 의한 화학적 산소요구량

① 300 mL flask에 일정량의 시료를 취하고 중성이 되게 한다.

② 20 % NaOH 1 mL를 넣고 0.025 N $KMnO_4$용액 10 mL를 가한다.

③ 수욕의 수면이 시료의 수면보다 높게 하고 60분간 끓인다. (100 ℃)

④ 여기에 10 % KI 1 mL와 10 % $H_2SO_4$ 5 mL를 가하고 유리되는 $I_2$를 전분 존재 하에서 0.025 N $Na_2S_2O_3$용액으로 청색이 없어질 때까지 적정한다.

$$2KMnO_4 + 3H_2O \rightarrow 2KOH + 2MnO(OH)_2 + 3O$$

$$3O + 6KI \rightarrow 3K_2O + I_2$$

$$I_2 + Na_2S_2O_3 \rightarrow 2NaI + Na_2S_4O_6$$

⑤ 계산

COD(mg/L) = [공시험에서 0.025 N $Na_2S_2O_3$ 소비량(mL)
− 0.025 N $Na_2S_2O_3$ 소비량(mL)] × Factor
× [1000/시료량(mL)] × 0.2

## 6. 색도 측정 : 부유물질을 제거하고 비색분석법에 의한다.

## 7. 부유물질(Suspended Solid : SS) 측정

① 세척한 유리섬유여지를 105~110 ℃에서 1시간 건조한 무게(A)

② 일정량의 시료를 여과 후 105~110 ℃에서 1시간 건조한 무게(B)

③ 계산 : SS(mg/L) = (B−A) × 1000/시료량(mL)

## 8. n-Hexane 추출물질 측정

폐수중 비점이 80 ℃ 이상인 유류(식물유, 동물유, 광물유, 그리스 등) 를 n-Hexane(bp : 69 ℃)으로 함께 추출·포집하여 n-Hexane을 증발시키고 남은 물질이다.

따라서 80 ℃이하의 저비점 유류는 n-Hexane을 증발시킬 때 같이 휘발한다. n-Hexane을 증발 제거하고 잔유물을 사염화탄소에 용해한 다음 프로리실 컬럼을 통과시키면 흡착된 극성물질이 동식물유이고, 유출된 비극성물질이 광물유이다.

본 방법으로는 유분의 성분별 분리정량은 곤란하다.

① 시료 일정량을 분액깔대기에 취하고 염산(1+1)으로 pE 4가 되게 한다.

② n-Hexane 20 mL씩으로 2회 추출하고 n-Hexane층을 합한다.

③ 무수황산나트륨 3~5g을 탈지면과 같이 깔대기 꼭지에 부착 여과 한다.

④ 여액을 flask에 옮기고 80 ℃에서 2 mL가 될 때까지 증류한다.

⑤ 실온에서 공기나 질소를 불어넣어 n-Hexane을 완전히 날려 보낸다.

⑥ 80(±5) ℃에서 30분간 건조시킨 다음 무게를 단다.

⑦ 계산

n-Hexane 추출물질(mg/L) = 무게(wt/mL) × 1000/시료량(mL)

## 9. 암모니아성 질소(Ammonia-Nitrogen) 측정

### (1) Indophenol 법

① 일정량의 시료를 50 mL mess flask에 취하고

② Phenol-sodium nitroprusside {$C_6H_5OH-Na_2[Fe(CN)_5NO]$}용액 5 mL와 NaClO 5 mL를 넣고 잘 섞는다. ($Na_2[Fe(CN)_5NO]$ : 산화촉진제)

③ 25 ~30 ℃에서 60분간 방치하였다가 증류수로 표선까지 채운다.

④ 640 nm에서 청색의 흡광도를 측정한다.

$NH_3 + HCl \rightarrow NH_4Cl$

$NH_4Cl + NaClO \rightarrow NH_2Cl + H_2O + NaCl$

$2NH_2Cl + 2C_6H_5OH \rightarrow$ 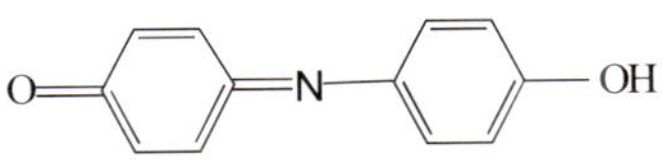 $+ NH_4Cl + HCl$



Indophenol(blue)

## 10. 아질산성 질소(Nitrite-Nitrogen) 측정

### (1) Sulfanilamide-α -naphtylethylenediamine 법(에브렐-노리스법)

① 일정량의 시료를 50 mL mess flask에 취한다.

② sulfanilamide용액 5 mL와 α-naphtylethylenediamine-염산용액 5 mL를 가한다.

③ 25~30 ℃에서 10~30분간 방치하였다가 증류수로 표선까지 채운다.

④ 540 nm에서 홍색의 흡광도를 측정한다.

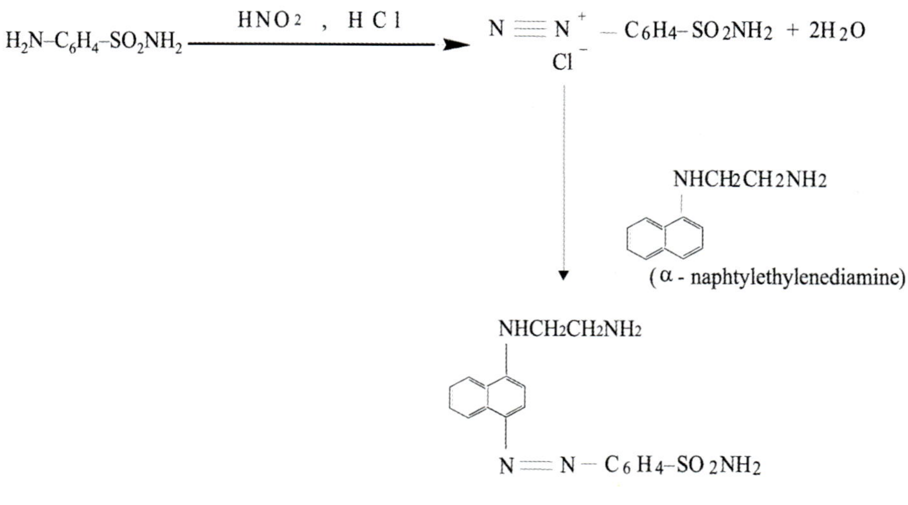


홍색 (azo 색소)

## 11. 질산성 질소(Nitrate-Nitrogen) 측정

### (1) 카드뮴 아말감 환원법

① 일정 시료중 아질산성질소를 sulfanilamide-α-naphtylethylene-diamine 법으로 정량한다. (순 아질산성 질소)

② 일정 시료 중 질산이온을 크로마토그라프용 카드뮴-구리컬럼에 유출시켜 아질산이온으로 환원시킨 다음 Sulfanilamide-α-naphtylethylenediamine 법으로 정량한다. (총 아질산성 질소)

③ 질산성 질소 = (총 아질산성 질소 - 순 아질산성 질소) × 1000/시료(mL)

### (2) 크로마토그라프용 Cd-Cu Column

① 99.9 % 이상의 Cd분말을 크로마토그라프용 벤젠으로 씻고, 2 N HCl로 다시 씻은 후 증류수로 가신다. (Cd분말에 묻은 유지분, 산화피막 및 질산이온의 제거)

② 여기에 2 % $CuSO_4$용액 50 mL를 넣고 흔들면 Cd-Cu분말을 얻는다.

③ 이 분말을 10 % $NH_4Cl$용액으로 2~3 회 씻고 미리 준비한 컬럼에 충진시킨다.

④ 이 컬럼에 시료용액을 통과시켜 초류액 15 mL는 버리고 다음 25 mL를 받는다.

## 12. 총 킬달성 질소(Total Kjeldahl Nitrogen) 측정

① **In Kjeldahl flask**

sample solution, conc sulfuric acid

catalyzer(selenium coated boiling chips or Cu, Hg)

$K_2SO_4$ to increase the BP

Reaction : $CaHbNc + H_2SO_4 \rightarrow aCO_2 + 1/2bH_2O + cNH_4HSO_4$

$cNH_4HSO_4 + NaOH \rightarrow cNH_3 + NaHSO_4 + H_2O$

② In receiving flask a measured excess of 0.1 N HCl solution

reaction : $cNH_3 + (c+d)HCl \rightarrow cNH_4Cl + dHCl$

③ Titration with 0.1 N NaOH solution

reaction : $dHCl + dNaOH \rightarrow dNaCl + H_2O$

④ Calculation : 0.1 N HCl 1 mL = 1.4 mg of N, 1.7 mg of $NH_3$

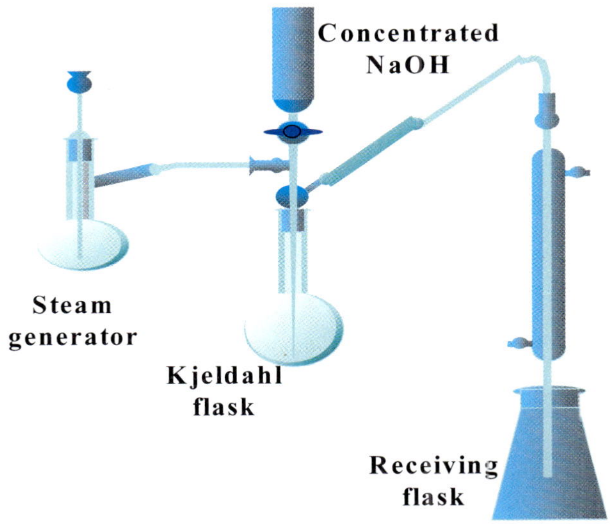

## 13. 인산염 및 인의 측정

### (1) 정 인산이온(orthophosphate : $PO_4^{3-}$) 측정법

① 시료용액 일정정량을 100 mL flask에 취하고 중성이 되게 하고

② ammonium molybdate [$(NH_4)_6Mo_7O_{24}$]용액 4 mL를 가하여 ammonium phospho molybdate [$(NH)_2HPO_4 \cdot 6MoO_3 \cdot 2H_2O$]를 생성시킨다.

③ 여기에 염화제일주석($SnCl_2$)용액 혹은 아스콜빈산을 소량 가하면 청색의 heteropoly compound(phosphomolybdenum blue)가 생성된다.

④ 20~30 ℃에서 10분간 방치한 다음 690 nm에서 청색의 흡광도를 측정한다.

### (2) 총인(total phosphorous) 측정법

① 시료 100 mL를 삼각 flask에 취하고 황산 2 mL와 과황산암모늄[$(NH_4)_2S_2O_8$] 0.8 g을 가하고 총 20 mL가 될 때까지 30~40분간 가열하면,

② 모든 인들은 정 인산이온(orthophosphate : $PO_4^{3-}$)으로 산화된다.

③ 일정정량을 100 mL flask에 취하여 위의 방법에 따라 정량한다.

## 14. 페놀(phenol) 측정

### (1) 수용액법(페놀함량 0.05 mg이상)

① 시료 250 mL를 500 mL 증류 flask에 취하고 인산으로 pH 4가 되게 한다.

② 황산동 용액을 소량 가하고 증류한다.

③ 수기에 받은 증류액이 225 mL가 되면 가열을 잠시 중단하고

④ 물 25 mL를 증류 flask에 가하고 가열하여 증류액이 250 mL 되게 한다.

⑤ 이 용액 25 mL를 50 mL mess flask에 취하고

⑥ $NH_4OH-NH_4Cl$로서 pH 9.8~10.2가 되게 한다.

⑦ 4-아미노안티피린액(발색제)과 페리시안화칼륨액(산화촉진제)을 2 mL씩 가하고 50 mL 되게 한다.

⑧ 510 nm에서 안티피린계의 적색 흡광도를 측정한다.

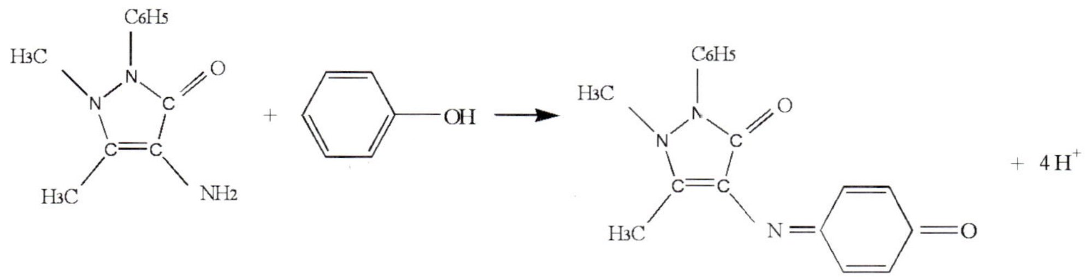

(2) 클로로포름용액법(페놀함량 0.05mg이하)

① 시료 250 mL를 500 mL 증류 flask에 취하고 인산으로 pH 4가 되게 한다.

② 황산동 용액을 소량 가하고 증류한다.

③ 수기에 받은 증류액이 225 mL가 되면 가열을 잠시 중단하고,

④ 물 25 mL를 증류 flask에 가하고 계속 증류하여 증류액이 250 mL 되게 한다.

⑤ $NH_4OH-NH_4Cl$로서 pH 9.8~10.2가 되게 하고,

⑥ 4-아미노안티피린액과 페리시안화칼륨액을 2 mL씩 가하여 적색이 되면,

⑦ $CHCl_3$ 20 mL 씩으로 추출, 재추출 하여 50 mL mess flask에 합한다.

⑧ $CHCl_3$로서 50 mL가 되게 하고 460 nm에서 황적색의 흡광도를 측정한다.

## 15. 시안(CN) 측정

(1) 피리딘-피라졸론법( pyridine-pyrazolon method)

① 시료(pH 12) 100 mL를 시안증류장치에 취하고 황산(1+49)으로 중화한다.

② EDTA 및 인산용액을 각각 10 mL씩 가하고 매분 2~3 mL 속도로 증류한다.

③ 수기에는 2 % NaOH 20 mL를 미리 준비하고 총 90 mL가 될 때 까지 받는다.

④ 식초산으로 pH 7이 되게 하고, 증류수로 총 100 mL가 되도록 채운다.

⑤ 이 용액 20 mL를 50 mL mess flask에 취하고

⑥ 인산염 완충용액(pH 6.8) 10 mL와 클로라민T용액 0.25 mL를 가하여 섞고,

⑦ 피리딘-피라졸론 10 mL를 가하여 25 ℃에서 30분간 방치한다.

⑧ 증류수로 표선까지 채운다음 620 nm에서 청색의 흡광도를 측정한다.

## 16. 불소(Fluorine) 측정

### (1) 란탄-알리자린법(La-alizarin method)

① 시료 200 mL를 증발접시에 취하고 10 % NaOH로서 약알카리성이 되게 한다.
② 가열 농축시켜 30 mL가 되면 불소 증류장치에 옮긴다.
③ 인산 1 mL와 과염소산 40 mL를 넣고 가열하면서 유출액을 수기에 받는다.
④ 140 ℃가 되거든 수증기를 통기하면서 140~150 ℃에서 매분 3~5 mL의 유출속도로, 200 mL정도 될 때까지 유출액을 받는다.
⑤ 증류수로 정확히 200 mL되게 하고, 50 mL mess flask에 20 mL를 취한다.
⑥ 여기에 란탄-알리자린용액 20 mL를 가하고 증류수로 표선까지 채운다.
⑦ 한시간 방치하였다가 620 nm에서 청색의 흡광도를 측정한다.

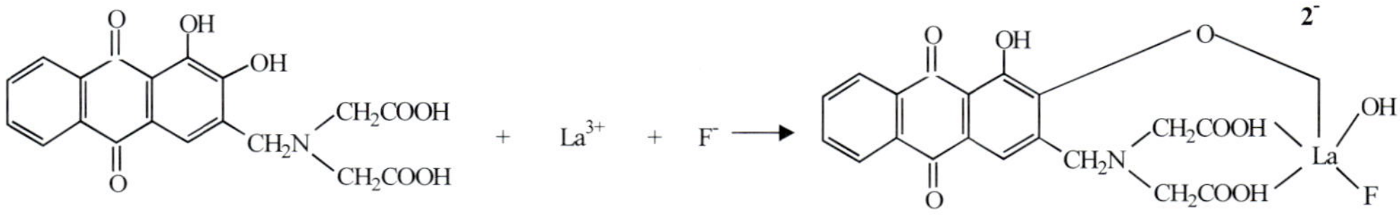


## 17. 총 크롬(Total Chromium) 측정

### (1) 원자 흡광광도법

① 유기질을 처리한 시료 100 mL를 비커에 취하고 1 N 산성이 되게 한다.
② 황산제일철암모늄[$FeSO_4 \cdot (NH_4)_2SO_4$]용액을 소량 가하고 잘 젓는다.

$$6FeSO_4 + K_2Cr_2O_7 + 7H_2SO_4 \rightarrow 3Fe_2(SO_4)_3 + K_2SO_4 + Cr_2(SO_4)_3 + 7H_2O$$

③ 암모니아 알카리성이 되게 하고 잠시 끓인다.

$$Cr_2(SO_4)_3 + 6NH_4OH \rightarrow 2Cr(OH)_3 + 3(NH_4)_2SO_4$$

④ 침전을 여과하고 1 % $NH_4NO_3$로 세척한다.
⑤ 침전을 염산(1+2)으로 녹이고 증류수로 100 mL 되게 한다.

$$Cr(OH)_3 + 3HCl \rightarrow CrCl_3 + 3H_2O$$

⑥ AAS(WL ; 3579 Å, Acetylene-Air)로서 크롬의 흡광도를 측정한다.

### (2) 원자 흡광광도법(미량, TOA-MIBK추출법)

① 처리한 시료 100 mL를 비커에 취하고 1 N 산성이 되게 하고,

② 끓이면서 0.3 % $KMnO_4$용액을 자주색이 남을 때까지 적가한다.

$$5Cr_2(SO_4)_3 + 6KMnO_4 + 24H_2SO_4 \rightarrow 10Cr(SO_4)_3 + 3K_2SC_4 + 6MnSO_4 + 24H_2O$$

③ 분액깔대기에 옮기고 20 % $(NH_4)_2SO_4$용액(염석제) 10 mL를 가하고 증류수로 200 mL되게 한다.

④ 2 % 트리옥실아민(TOA. $C_{21}H_{45}N_3$) - MIBK 20 mL로 추출한 후 이 용액에 MIBK을 가하여 총 100 mL가 되게 한다.

⑤ AAS(WL ; 3579 Å, Acetylene-Air)로 MIBK층의 Cr(VI) 흡광도를 측정한다.

### (3) 분자 흡광광도법(Diphenylcarbazide method)

① 전처리 시료 100 mL를 비커에 취하고 1 N 산성이 되게 한다.

② 끓이면서 자주색이 남을때까지 0.3 % $KMnO_4$용액을 적가한다

$$5Cr_2(SO_4)_3 + 6KMnO_4 + 24H_2SO_4 \rightarrow 10Cr(SO_4)_3 + 3K_2SO_4 + 6MnSO_4 + 24H_2O$$

③ 20 %요소용액 10 mL를 가하고 자주색이 없어질 때까지 $NaNO_3$나 $NaN_3$를 적가한 후 증류수로 총 100 mL가 되게 한다.

④ 20 mL를 50 mL mess flask에 취하고 1 % diphenylcarbazide용액 1 mL를 넣고 증류수로 채운다.

⑤ 540 nm에서 적색의 흡광도를 측정한다.

## 18. 6가 크롬[Chromium(VI)] 측정

① 유기질을 처리한 시료 100 mL를 비커에 취하고 1 N 산성이 되게 한다.

② 황산제일철암모니윰[$FeSO_4 \cdot (NH_4)_2SO_4$]용액을 소량 가하고 잘 젓는다.

③ 암모니아수로 알카리성이 되게 하고 잠시 끓인다.

$$Fe^{+3}, Cr^{+3} + NH_4OH \rightarrow Fe(OH)_3 , Cr(OH)_3$$

④ 침전을 여과하고 1 % $NH_4NO_3$로 세척한다.

⑤ 여액과 세척액을 합한 용액중 $Cr^{+6}$를 17)에서와 같은 방법으로 정량한다.

## 19. 아연(Zinc) 측정

### (1) 원자 흡광광도법

① 유기질을 처리한 시료 100 mL를 250 mL 분액깔대기에 취하고

② 10 % 구연산 2암모니움용액 2 mL, 10 % 염산히드록실아민용액 2 mL를 가하고 암모니아수로 pH 7이 되게 한다.

③ 10 % 초산나트륨용액 5 mL, 50 % $Na_2S_2O_3$용액 1 mL를 가하고

④ 1 % dithizone-$CCl_4$ 20 mL씩으로 추출, 재추출하고 $CCl_4$층을 합한다.

⑤ 0.2 N HCl 20 mL씩으로 2회 역추출하고 염산층을 합한다.

⑥ 이 용액을 50 mL mess flask에 옮기고 증류수로 총 50 mL되게 한다.

⑦ AAS(WL ; 2139 Å, Acetylene-Air)로서 아연의 흡광도를 측정한다.

### (2) 분자 흡광광도법(진콘법)

① 처리한 시료 50 mL를 100 mL mess flask에 취하고 NaOH로 중화한다.

② 아스콜빈산나트륨 0.5 g, 1 % KCN 1 mL를 넣고 NaOH로 pH 9가 되게 한다.

③ 진콘용액 3 mL, 10 % 포수클로랄용액 3 mL를 넣고 증류수로 100 mL 되게 한다.

④ 620 nm에서 청색의 흡광도를 측정한다.

* 구연산2암모늄(citric acid · $2NH_4OH$) : $Fe^{3+}$, $Al^{3+}$의 수산화물 침전을 막는다.

* 염산 히드록실아민($NH_2OH \cdot HCl$) : $MnO_4^-$, $NO_2^-$, $Fe^{3+}$, $H_2O_2$등 산화제에 의해 dithizone이 산화되는 것을 방지한다.

* 초산나트륨, $Na_2S_2O_3$용액 : dithizone-$CCl_4$에 의한 $Cu^{2+}$의 추출을 방지한다.

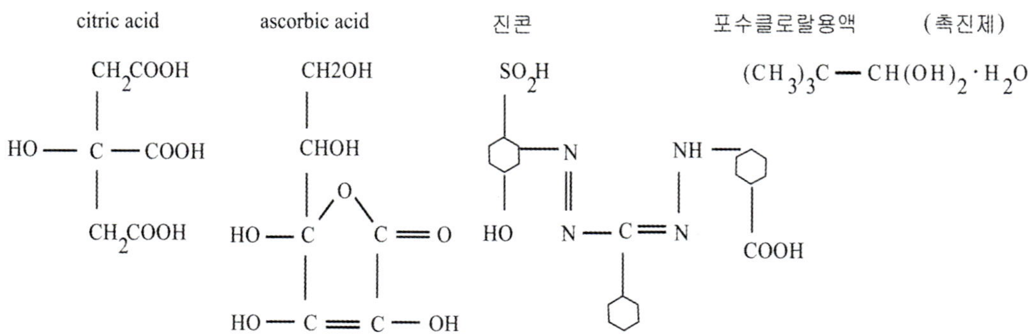

## 20. 구리(Copper) 측정

### (1) 원자 흡광광도법(dithizone method)

① 유기질을 처리한 시료 100 mL를 250 mL 분액깔대기에 취하고

② 10 % 구연산2암모니움용액 2 mL, 10 % 염산히드록실아민용액 2 mL를 가하고 암모니아수로 pH 7이 되게 한다.

③ 1 % dithizone-$CHCl_3$ 20 mL씩으로 추출, 재추출하고 $CHCl_3$층을 합한다.

④ 0.2 N HCl 20 mL로 $CHCl_3$층을 씻어버리고, $CHCl_3$층을 증발 건조한다.

⑤ 1 N HCl로서 잔사를 녹인다.

⑥ 이 용액을 50 mL mess flask에 옮기고 증류수로 총 50 mL되게 한다.

⑦ AAS(WL ; 3247 Å, Acetylene-Air)로서 구리의 흡광도를 측정한다.

### (2) 원자 흡광광도법(디에틸디티오카르바민산법)

① 유기질을 처리한 시료 100 mL를 250 mL 분액깔대기에 취하고

② 10 %구연산 2 암모니움 2 mL를 가하고 암모니아수로 pH 7로 한다.

③ 1 % 디에틸디티오카르바민산 나트륨용액 5 mL를 넣고 혼합한다.

④ 초산부틸($CH_3COOC_4H_9$) 20 mL씩으로 추출, 재추출하고 초산부틸층을 합한다.

⑤ 초산부틸층을 증발 건고시킨후 1 N HCl로서 잔사를 녹인다.

⑥ 이 용액을 50 mL mess flask에 옮기고 증류수로 총 50 mL되게 한다.

⑦ AAS(WL ; 3247 Å, Acetylene-Air)로서 구리의 흡광도를 측정한다.

* carbamic acid : $H_2N-COOH$

* diethyldithio carbamic acid : $(C_2H_5)_2N-CSSH$

* diethyldithio sodium carbamate : $(C_2H_5)_2N-CSSNa$

### (3) 분자 흡광광도법(디에틸디티오카르바민산법)

① 유기질을 처리한 시료 100 mL를 250 mL 분액깔대기에 취하고

② 10 % 구연산2암모니움 2 mL, 1 % EDTA 1 mL를 가하고 암모니아수로 pH 7이 되게 한다.

③ 1 % 디에틸디티오카르바민산나트륨용액 5 mL를 넣고 혼합한다.

④ 초산부틸 20 mL씩으로 추출, 재추출하고 초산부틸층을 합한다.

⑤ 이 용액을 50 mL mess flask에 옮기고 초산부틸로 총 50 mL되게 한다.

⑥ 440 nm에서 황갈색의 흡광도를 측정한다.

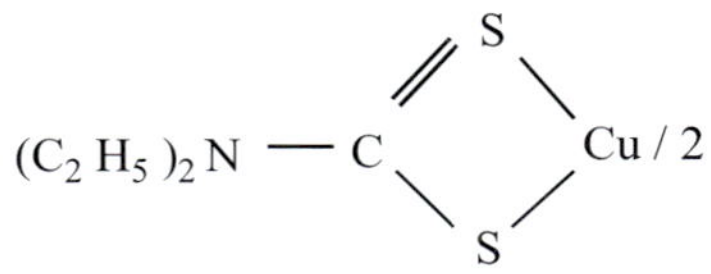

## 21. 카드뮴(Cadmium) 측정

### (1) 원자 흡광광도법

① 유기질을 처리한 시료 100 mL를 250 mL 분액깔대기에 취하고

② 10 % 구연산 2 암모니움 2 mL, 10 % 염산히드록실아민 2 mL를 가하고 NaOH로 중화한다.

③ 10 % NaOH 10 mL와 1 % KCN 1 mL를 가하고

④ 1 % dithizone-$CCl_4$ 20 mL씩으로 추출, 재추출하고 $CCl_4$ 층을 합한다.

⑤ 0.2 N HCl 20 mL씩으로 2회 역추출하고 HCl 층을 합한다.

⑥ 이 용액을 50 mL mess flask에 옮기고 증류수로 50 mL가 되게 하고,

⑦ AAS(WL ; 2288 Å, Acetylene-Air)로 카드뮴의 흡광도를 측정한다.

### (2) 분자 흡광광도법(dithizone method)

① 유기질을 처리한 시료 100 mL를 250 mL 분액깔대기에 취하고

② 10 % 구연산 2 암모니움 2 mL, 10 % 염산히드록실아민 2 mL를 가하고 NaOH로 중화한다.

③ 10 % NaOH 10 mL와 1 % KCN 1 mL를 가하고

④ 1 % dithizone-CCl4 20 mL씩으로 추출, 재추출하고 CCl4 층을 합한다.

⑤ 2 % 주석산용액 20 mL로 2회 역추출하고 주석산용액을 합한다.

⑥ 10 %구연산2암모니움 2 mL, 10 %염산히드록실아민 2 mL를 가하고,

⑦ 10 % NaOH 10 mL와 1 % KCN 1 mL를 가한 다음,

⑧ 1 % dithizone-CCl4 20 mL씩으로 추출, 재추출하고 CCl4 층을 합한다.

⑨ CCl4로서 총 50 mL가 되게하고 520 nm에서 적색의 흡광도를 측정한다.

* tartaric acid(주석산)

  HOOC-CH(OH)-CH(OH)-COOH

## 22. 납(Lead) 측정

### (1) 원자 흡광광도법

① 유기질을 처리한 시료 100 mL를 250 mL 분액깔대기에 취하고

② 10 % 구연산2암모니움 2 mL, 10 % 염산히드록실아민 2 mL를 가하고 암모니아수로 pH 8.5~10이 되게 한다.

③ 5 % KCN 5 mL를 가하고

④ 1 % dithizone-$CCl_4$ 20 mL씩으로 추출, 재추출하고 $CCl_4$ 층을 합한다.

⑤ 0.2 N HCl 20 mL씩으로 역추출, 재 역추출하고 HCl 층을 합한다.

⑥ 이 용액을 50 mL mess flask에 옮기고 증류수로 50 mL가 되게 하고,

⑦ AAS(WL ; 2833 Å, Acetylene-Air)로서 납의 흡광도를 측정한다.

### (2) 분자 흡광광도법

① 유기질을 처리한 시료 100 mL를 250 mL 분액깔대기에 취하고

② 10 % 구연산2암모니움 2 mL, 10 % 염산히드록실아민 2 mL를 가하고 암모니아수로 pH 8.5~10이 되게 한다.

③ 5 % KCN 5 mL를 가하고,

④ 1 % dithizone-$CCl_4$ 20 mL씩으로 추출, 재추출하고 $CCl_4$층을 합한다.

⑤ 0.5 % KCN 10 mL로서 $CCl_4$ 층을 씻어버리고,

⑥ 이 용액을 50 mL mess flask에 옮기고 $CCl_4$로 총 50 mL가 되게 하고,

⑦ 520 nm에서 적색의 흡광도를 측정한다.

## 23. 용해성 망간(Soluble Manganese) 측정

### (1) 원자 흡광광도법

① 유기질을 처리한 시료 100 mL를 삼각 flask에 취하고

② $Fe_2(SO_4)_3$ 5 mL와 30 % $H_2O_2$ 5 mL를 가하고 황산산성에서 잠시 끓인다.

$$5H_2O_2 + 2KMnO_4 + 3H_2SO_4 \rightarrow K_2SO_4 + 2MnSO_4 + 8H_2O + 5O_2$$

③ 암모니아수로 알칼리성이 되게 하고 잠시 끓인다.

$Mn^{+}$, $Fe^{3+} \rightarrow Mn(OH)_2$, $Fe(OH)_3$

④ 침전을 여과하고 1 % $NH_4NO_3$로 세척한다.

⑤ HCl(1+2) 10 mL로써 침전을 녹이고,

⑥ 이 용액을 50 mL mess flask에 옮기고 증류수로 총 50 mL가 되게 하고,

⑦ AAS(WL ; 2795 Å, Acetylene-Air)로서 망간의 흡광도를 측정한다.

### (2) 분자 흡광광도법

① 유기질을 처리한 시료 100 mL를 삼각 flask에 취한다.

② $H_2SO_4$(1+1) 10 mL를 넣고 백연이 날 때까지 끓인다.

③ 과요드산칼륨($KIO_4$) 0.5 g을 넣고 수욕 중에서 30분간 끓인다.

$$2Mn^{2+} + 5IO_4^- + 3H_2O \rightarrow 2MnO_4^- + 5IO_3^- + 6H^+$$

④ 이 용액을 50 mL mess flask에 옮기고 증류수로 총 50 mL가 되게 하고,

⑤ 545 nm에서 적자색의 흡광도를 측정한다.

## 24. 비소(Arsenic) 측정

### (1) 원자 흡광광도법

① 유기질을 처리한 시료 25 mL를 50 mL mess flask에 취하고

② 10 % 구연산2암모니움 2 mL를 가하고 암모니아수로 중화한다.

③ 6 N HCl 1 mL, 10 % $SnCl_2$ 1 mL를 가하고 30분 후에 증류수로 채운다.

④ 아연 column을 통과시키면 $AsH_3$를 발생한다.

⑤ 700 ℃에서 통기하여 원자화시키고

⑥ ASS(WL ; 1937 or 1972 Å)로서 비소의 흡광도를 측정한다.

### (2) 분자 흡광광도법(디에틸디티오카르바민산은법)

① 전처리 시료 100 mL를  플라스크에 취하고 1 N 황산산성이 되게 한다.

② 서서히 끓이면서 0.1 N $KMnO_4$를 적가하고, 과잉은 $H_2O_2$로 분해한다.

$5H_3AsO_3 + 2KMnO_4 + 3H_2SO_4 \rightarrow K_2SO_4 + 2MnSO_4 + 5H_3AsO_4 + 3H_2O$

$5H_2O_2 + 2KMnO_4 + 3H_2SO_4 \rightarrow K_2SO_4 + 2MnSO_4 + 8H_2O + 5O_2$

③ $Fe_2(SO_4)_3$를 소량 넣고 암모니아 알카리성이 되게 한 후 잠시 끓인다.

$Fe^{3+} \rightarrow Fe(OH)_3$에 $AsO_4^-$는 흡착 침전된다.

④ 침전을 여과하고 1 % $NH_4NO_3$로 세척한다.

⑤ 침전을 비화수소($AsH_3$) 발생장치에 옮기고 6 N $H_2SO_4$ 18 mL, 6 N HCl 2 mL, 10 % KI 15 mL, 10 % $SnCl_2$ 5 mL 및 Zn분말 5 g을 가한다.

⑥ 10 % 초산납으로 침윤된 유리솜을 통과시킨 비화수소($AsH_3$)를,

⑦ 1 % 디에칠디티오카르바민산은-피리딘용액 5 mL를 담은 수기에 받는다.

⑧ 25 ℃에서 1시간 방치한후 50 mL mess flask에 옮기그 피리딘으로 채운다.

⑨ 530 nm에서 적색의 흡광도를 측정한다.

$H_3AsO_4 + 2KI + 2HCl \rightarrow H_3AsO_3 + 2KCl + I_2 + H_2O$

$H_3AsO_3 + 3HCl \rightarrow AsCl_3 + 3H_2O$

$2AsCl_3 + 3SnCl_2 \rightarrow 2As + 3SnCl_4$

$2As + 6H \rightarrow 2AsH_3$ ($Zn + H_2SO_4 \rightarrow ZnSO_4 + H_2$)

$AsH_3 + 6AgDDC \rightarrow 6Ag + 3HDDC + As(DDC)_3$

## 25. 니켈(Nickel) 측정

### (1) 원자 흡광광도법(dithizone-$CHCl_3$)

① 유기질을 처리한 시료 100 mL를 250 mL 분액깔대기에 취하고

② 10 % 구연산2암모니움 2 mL, 10 % 염산히드록실아민 2 mL를 가하고 암모니아 알칼리성이 되게 한다.

③ 1 % dithizone-$CHCl_3$ 20 mL씩으로 2회 추출하고 $CHCl_3$ 층을 합한다.

④ 0.2 N HCl 20 mL로 $CHCl_3$ 층을 세척하여 버리고 $CHCl_3$ 층을 증발 건조한다.

⑤ 1 N HCl 10 mL로서 녹인다.

⑥ 이 용액을 50 mL mess flask에 옮기고 증류수로 총 50 mL가 되게 하고,

⑦ AAS(WL ; 2320 Å, Acetylene-Air)로서 니켈의 흡광도를 측정한다.

### (2) 원자 흡광광도법(dimethylglyoxime-$CHCl_3$)

① 유기질을 처리한 시료 100 mL를 250 mL 분액깔대기에 취하고
② 10 % 구연산2암모니움 2 mL를 가하고 암모니아 알칼리성이 되게 한다.
③ 1 % dimethylglyoxime-$CHCl_3$ 20 mL씩으로 2회 추출하고 $CHCl_3$을 합한다.
④ 0.2 N HCl 20 mL로 2회 역추출하고 HCl 층을 합한다.
⑤ 이 용액을 50 mL mess flask에 옮기고 증류수로 총 50 mL가 되게 하고
⑥ AAS(WL ; 2320 Å, Acetylene-Air)로서 니켈의 흡광도를 측정한다.

### (3) 분자 흡광광도법(DMG법)

① 유기질을 처리한 시료 100 mL를 250 mL 분액깔대기에 취하고
② 10 % 구연산2암모니움 2 mL를 가하고 암모니아 알칼리성이 되게 한다.
③ 1 % dimethylglyoxime-$CHCl_3$ 20 mL씩으로 2회 추출하고 $CHCl_3$을 합한다.
④ 0.2 N HCl 20 mL로 2회 역추출하고 HCl층 을 합한다.
⑤ mess flask에 옮기고 브롬수 2 mL를 가한 후 암모니아 알칼리성으로 한다.
⑥ 1 % dimethylglyoxime 2 mL를 가하고 증류수로 50 mL가 되게 한다.
⑦ 20분 방치하였다가 450 nm에서 적갈색 흡광도를 측정한다.

$$Ni^{2+} + 2\ DMG \rightarrow Ni(DMG)_2 + 2\ H^+$$

## 26. 철(Iron) 측정

### (1) 원자 흡광광도법

① 유기질을 처리한 시료 100 mL를 삼각 flask에 취하고
② 질산산성에서 10분간 끓여 3가 철로 산화시킨다.
③ $KAl(SO_4)_2 \cdot 24H_2O$ 0.1 g을 가하고 암모니아 알칼리성이 되게 한다.

$$Fe^{3+},\ Al^{3+} + NH_4OH \rightarrow Fe(OH)_3,\ Al(OH)_3$$

④ 침전을 여과하고 1 N HCl 10 mL에 녹인다.
⑤ 이 용액을 50 mL mess flask에 옮기고 증류수로 총 50 mL가 되게 하고,
⑥ AAS(WL ; 2483 Å, Acetylene-Air)로서 철의 흡광도를 측정한다.

### (2) 분자 흡광광도법(Fe(III)−CNS method)

① 유기질을 처리한 시료 100 mL를 삼각 flask에 취하고

② 질산산성에서 10분간 끓여 3가 철로 산화시킨다.

③ $KAl(SO_4)_2 \cdot 24H_2O$ 0.1g을 가하고 암모니아 알칼리성이 되게 한다.

$Fe^{3+}$, $Al^{3+}$ + $NH_4OH$ → $Fe(OH)_3$, $Al(OH)_3$

④ 침전을 여과하고 1 N HCl 10 mL에 녹인다.

⑤ 50 mL mess flask에 옮기고 1% KCNS 2 mL를 가한 후 증류수로 채운다.

⑥ 적색의 흡광도를 520 nm에서 측정한다.

### (3) 분자 흡광광도법(Fe(II)−orthophenanthroline method)

① 유기질을 처리한 시료 100 mL를 삼각 flask에 취하고

② 질산산성에서 10분간 끓여 3가 철로 산화시킨다.

③ $KAl(SO_4)_2 \cdot 24H_2O$ 0.1 g을 가하고 암모니아 알칼리성이 되게 한다.

$Fe^{3+}$, $Al^{3+}$ + $NH_4OH$ → $Fe(OH)_3$, $Al(OH)_3$

④ 침전을 여과하고 1 N HCl 10 mL에 녹인다.

⑤ 50 mL mess flask에 옮기고 10 %염산히드록실아민(환원제) 2 mL를 가한다.

⑥ 1 % o−phenanthroline 2 mL, 10 % 초산암모늄 10 mL를 가하고 증류수로 50 mL가 되게 한다.

⑦ 20분간 방치하였다가 510 nm에서 등적색 흡광도를 측정한다.

$Fe^{2+}$ + 3 o−phenanthroline → $Fe(o\text{-}phenanthroline)_3^{2+}$

## 27. 수은(Mercury) 측정

### (1) 원자 흡광광도법(환원 기화순환법)

① 원시료 100 mL를 삼각 flask에 취하고 황산(1+1) 20 mL를 가한다.

② 5 % $KMnO_4$ 20 mL를 가하고 2시간 동안 서서히 끓인다.

③ 남은 $KMnO_4$는 10 % 염산히드록실아민을 한방울씩 가하면서 분해한다.

④ 이 용액을 50 mL mess flask에 옮기고 10 % $SnCl_2$ 10 mL를 가한 후 증류수로 50 mL 되게 한다.

⑤ 송기펌퍼로 시료를 순환시킬 때 수은이 원자화(cold vapour)한다.

⑥ AAS( 2537 Å)로서 수은의 흡광도를 측정한다.

### (2) 분자 흡광광도법(dithizone method)

① 원시료 100 mL를 삼각 flask에 취하고 황산(1+1) 20 mL를 가한다.

② 5 % $KMnO_4$ 20 mL를 가하고 2시간 동안 서서히 끓인다.

③ 남은 $KMnO_4$는 10 % 염산히드록실아민을 한방울씩 가하면서 분해한다.

④ 10 % 염산히드록실아민 2 mL, 5 % 요소용액 5 mL를 가하고 1 N 황산산성이 되게 한다.

⑤ 1 % dithizone-$CCl_4$ 20 mL씩으로 추출, 재추출하고 $CCl_4$층을 합한다.

⑥ 6 N HCl 10 mL씩으로 역추출, 재역추출하고 HCl층을 합한다.

⑦ 10 % 염산히드록실아민 2 mL, 초산(1+2) 2 mL, 0.1 M EDTA 1 mL를 가하고 암모니아수 (1+1)로서 pH 4.5~5.5가 되게 한다.

⑧ 1 % dithizone-$CCl_4$ 20 mL 씩으로 추출, 재추출하고 $CCl_4$층을 합한다.

⑨ 이 용액을 50 mL mess flask에 옮기고 $CCl_4$로 총 50 mL가 되게 한다.

⑩ 490 nm에서 황적색의 흡광도를 측정한다.

$$2KMnO_4 + 10NH_2OH + 3H_2SO_4 \rightleftarrows K_2SO_4 + 2MnSO_4 + 18H_2O + 5N_2$$

## 28. 유기수은(Organic Mercury) 측정

### (1) 가스크로마토그래피법

① 원시료 100 mL를 250 mL 분액깔대기에 취하고 0.5 N 염산산성이 되게 한다.

② benzene 20 mL씩으로 추출, 재추출하고 benzene층을 합한다.

③ 0.1 % L-cysteine 20 mL씩으로 2회 역추출하고 L-cysteine층을 합한다.

④ L-cysteine층을 0.5 N 염산산성이 되게 하고

⑤ 다시 benzene 20 mL씩으로 2회 추출하고 benzene층을 합한 후 무수황산나트륨으로 탈수시킨다.

⑥ 이 용액을 50 mL mess flask에 옮기고 benzene으로 총 50 mL 되게 한다.

⑦ 이것을 GC의 시료로 한다.

### (2) 흡광광도법(박층크로마토그래피법)

① 원시료 100 mL를 250 mL 분액깔대기에 취하고 0.5 N 염산산성이 되게 한다.
② benzene 20 mL씩으로 추출, 재추출하고 benzene층을 합한다.
③ 0.1 % L-cysteine 20 mL씩으로 2회 역추출하고 L-cysteine층을 합한다.
④ L-cysteine층을 0.5 N 염산산성이 되게 하고,
⑤ 다시 benzene 20 mL씩으로 2회 추출하고 benzene층을 합한다.
⑥ 1 N HCl 5 mL를 가하고 $CHCl_3$ 20 mL씩으로 2회 추출하여 $CHCl_3$을 합한다.
⑦ 무수황산나트륨으로 탈수하고 $CHCl_3$으로 총 50 mL가 되게 한 것을,
⑧ 미리 준비한 thinlayer chromatography용 silica gel plate에서 전개한다.
전개액 ; n-hexane chloroform solution(1+9)
분무액 ; dithizone-chloroform solution
⑨ 표준용액에서와 같은 RF값에 해당하는 점의 silica gel을 박리하고 유기물을 분해한 후 수은 정량법에 의해 각각을 정량한다.

## 29. 유기인(Organic Phosphates) 측정

### (1) 가스크로마토그래피법

① 원시료 100 mL를 250 mL 분액깔대기에 취하고 1 N HCl 10 mL를 가한다.
② 크로마토그래피용 n-hexane 20 mL로 2회 추출하고 n-hexane층을 합한다.
③ 무수황산나트륨으로 n-hexane층의 수분을 제거하고 구데르나다니쉬 농축기로 5 mL 되게 농축한다.
④ 크로마토그래피용 column에 흡착시키고 n-hexane 100 mL를 유출시킨다.
⑤ hexane을 구데르나다니쉬 농축기로 5 mL되게 농축하여 GC의 시료로 한다.

## 30. Polychlorinated Biphenyl(PCB) 측정

### (1) 가스크로마토그래피법

① 시료 100 mL를 분액깔대기에 취하고 크로마토그래피용 아세톤 25 mL를 가한다.
② 크로마토그래피용 n-hexane 20 mL씩으로 2회 추출하고 n-hexane층을 합한다.

③ 무수황산나트륨으로 탈수하고 구데르나다니쉬로서 5 mL되게 농축한다.
④ 환류냉각용 200 mL 삼각플라스크에 옮기고 수산화칼륨-에틸알콜(1M) 50 mL를 넣고 냉각관을 달아 수욕중에서 1시간 끓인 다음 방냉한다.
⑤ 250 mL 분액깔대기에 옮기고 증류수로 50 mL 되게 한다.
⑥ 크로마토그래피용 n-hexane 20 mL씩으로 2회 추출하고 n-hexane층을 합한다.
⑦ 무수황산나트륨으로 탈수하고 구데르나다니쉬로서 5 mL되게 농축한다.
⑧ 이 액을 GC의 시료로 한다.

## 31. 계면활성제(Surfactant) 측정

### (1) 메틸렌블루법

① 시료 100 mL를 가열농축하여 20 mL가 되게 한다.
② 환류냉각용 삼각플라스크에 옮기고 염산 25 mL가하여 2시간 가열한다.
③ NaOH로 중화하고 증류수로 100 mL 되게 한다.
④ 이것을 A용액에 가하고 $CHCl_3$ 20 mL씩으로 2회 추출하고 $CHCl_3$를 합한다.
A용액 ; 250 mL 분액깔대기에 물 50 mL, 알칼리성붕산나트륨($Na_2B_4O_7$)용액 50 mL, 0.025% 메틸렌블루용액 5 mL를 가하고 $CHCl_3$ 10 mL로 교반후 $CHCl_3$를 버리고 남은 용액
⑤ 이것을 B용액에 옮겨서 교반한다.
B용액 ; 250 mL 분액깔대기에 물 100 mL, 알칼리성붕산나트륨($Na_2B_4O_7$)용액 50 mL, 0.025%메틸렌블루용액 5 mL를 가하고 $CHCl_3$ 10 mL로 교반 후 $CHCl_3$를 버리고 남은 용액에 1 N 황산 3 mL를 가한 용액
⑥ $CHCl_3$층을 분리하고 $CHCl_3$로써 총 50 mL가 되게 한다.
⑦ 650 nm에서 청색의 흡광도를 측정한다.

## 32. 대장균군(E.Coli)수 측정

검체의 채취는 무균적으로 멸균된 용기를 이용하고 1시간 내로 실험해야한다. 부득이한 경우 10 ℃이하로 냉장 운반하여 6시간 내로 실험하고, 검체에 잔유염소가 있을 때는 멸균된 10 % $Na_2S_2O_3$를 상당량 넣어 제거한다.

① 추정시험

양성 ; 유당음이온 발효관에서 35 ~ A37 ℃ 24(±2)시간 동안 가스 발생

의양성 ; 유당음이온 발효관에서 35 ~ 37 ℃ 48(±3)시간 동안 가스 발생

음성 ; 유당음이온 발효관에서 35 ~ 37 ℃ 48(±3)시간 동안 가스 발생 없음

② 확정시험

추정시험 양성 및 의양성에 대한 확인실험으로 발효관을 각 희석액에 따라 5개씩 준비하고 검액을 10, 1, 0.1, 0.01, 0.001 mL 접종하여 균수 실험을 한다.

양성 ; BGLB베지 발효관에 이식 35 ~ 37 ℃, 48(±3)시간 동안 가스발생 갈색이면 완전시험으로 결과를 얻는다.

| 10 | 1 | 0.1 | 0.01 | 0.001 |
|---|---|---|---|---|
| ● | ● | ● | ● | ○ |
| ● | ● | ● | ● | ○ |
| ● | ● | ● | ○ | ○ |
| ● | ● | ● | ○ | ○ |
| ● | ● | ● | ○ | ○ |

520에 대한 표를 찾으면 49를 얻는다.

49 × 100 = <u>4900</u>

## 제11장 연 · 습 · 문 · 제

1. 다음을 설명하시오.

   ① 방울수　② 항량　③ "정확히 단다"　④ "정확히 취하여"

   ⑤ 밀폐용기　⑥ 표준편차율

2. 강물의 시료채취 방법에 대해서 설명하시오.

3. 시료의 전처리 중 습식회화법에 대해서 설명하시오.

4. 용매 추출법에 대해서 설명하시오.

5. Lambert-Beer의 법칙에 대해서 설명하시오.

6. 용존산소의 측정법에 대해서 설명하시오.

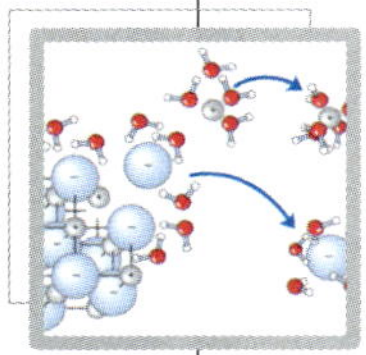

# 부 록

## 1. 실험실에서 사용하는 초자기구(1)

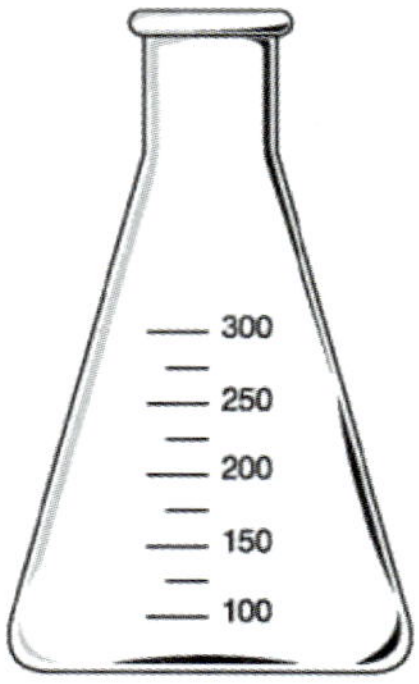


삼각 플라스크
(Erlenmeyer flask)

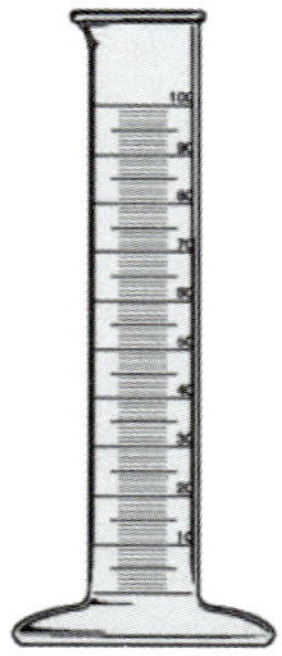

메스실린더
(Graduated cylinder)

뷰렛
(Burette)

용량플라스크
(Volumetric flask)

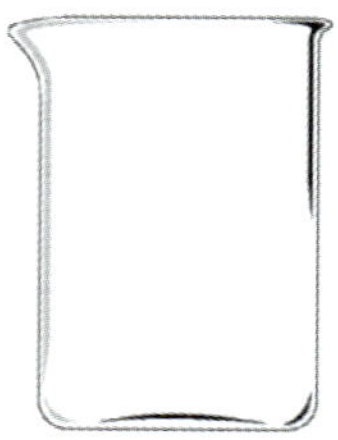

비이커
(Beaker)

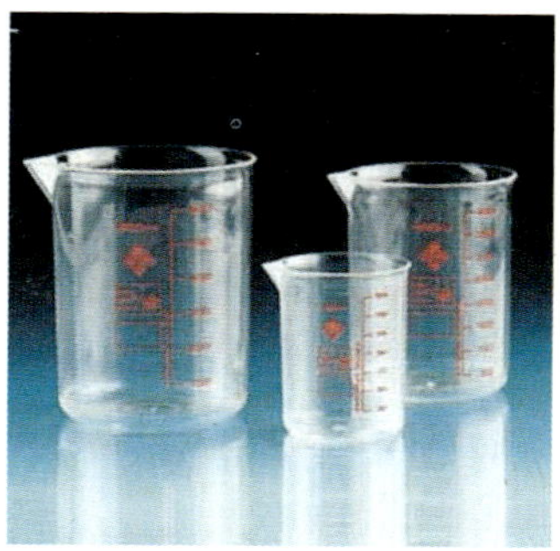

비이커

## 1. 실험실에서 사용하는 초자기구(2)

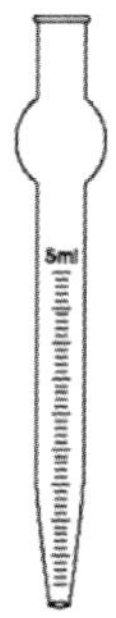

스포이드
(Medicine dropper))

눈금 피펫
(Measuring pipette)

홀피펫
(Hole pipette)

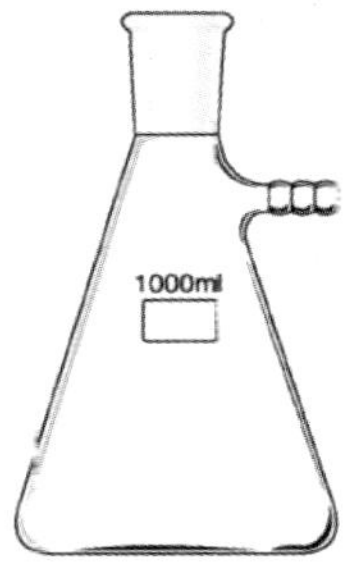

감압 여과 플라스크
(Filtering suction flask)

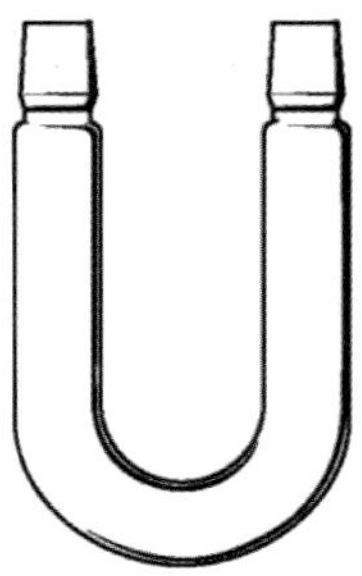

U자관 튜브
(U-tube)

분액깔대기
(Separatory funnel)

## 1. 실험실에서 사용하는 초자기구(3)

둥근 플라스크
(Round flask)

평면 바닥 플라스크
(Round bottom flask)

크래마토그래피 칼럼
(Chromatography column)

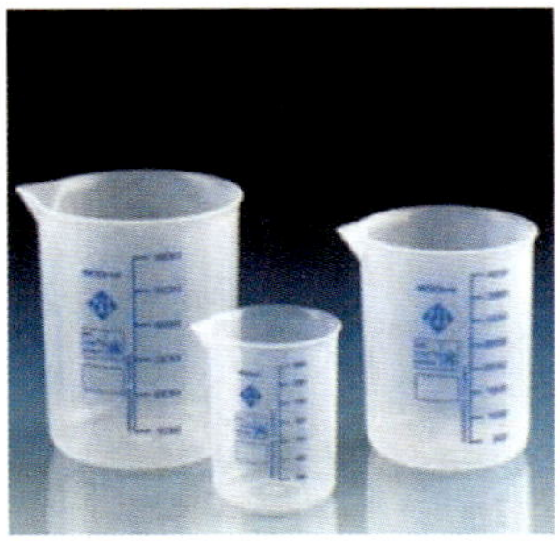

플라스틱 비이커
(Plastic beaker)

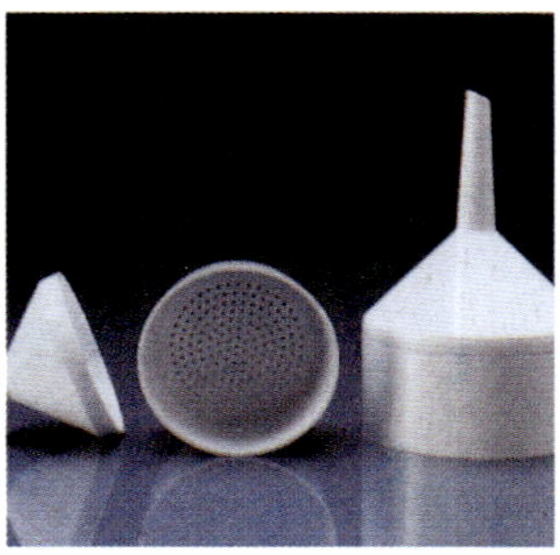

깔대기(감압 여과용)
(Buchner funnels)

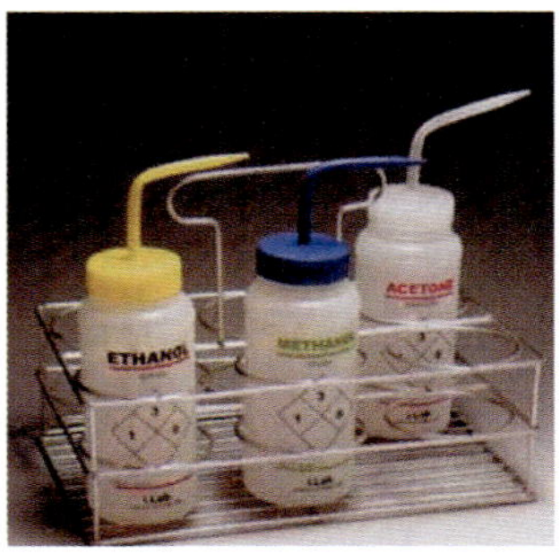


세척병
(Washing bottles)

# 1. 실험실에서 사용하는 초자기구(4)

용량플라스크
(Volumetric flasks)

갈색 용량플라스크

사각 시약병
(Square bottle)

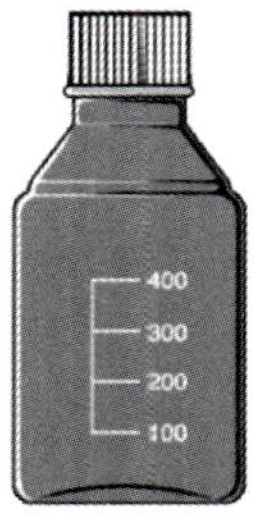


갈색 시약병

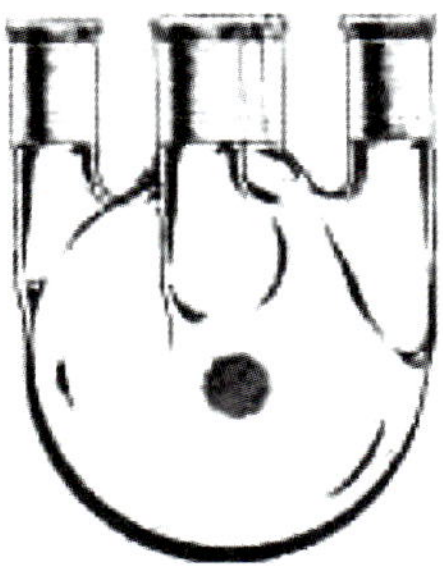

5구 플라스크

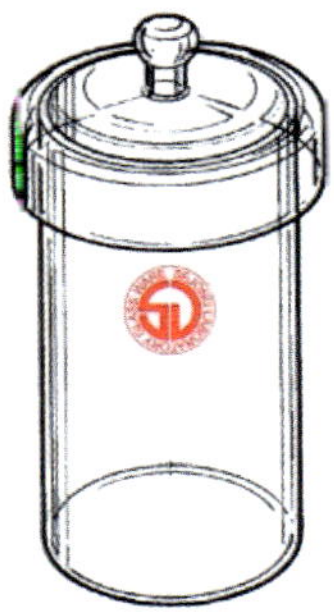

평량병
(Weighing bottle)

## 1. 실험실에서 사용하는 초자기구(5)

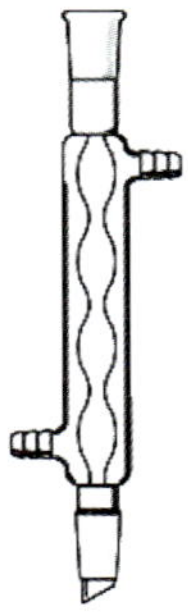

냉각기
(Allihn condenser)

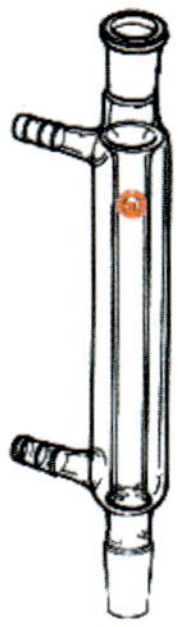

냉각기
(Liebig condenser)

냉각기
(Dimroth condenser)

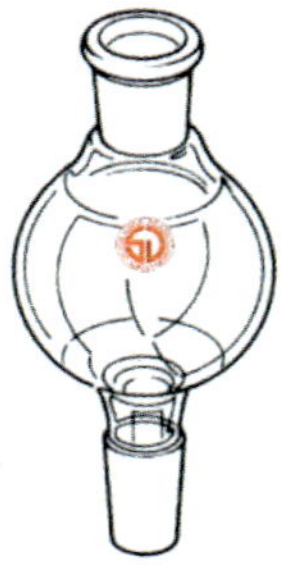

용량 어댑터
(Volumetric adapter)

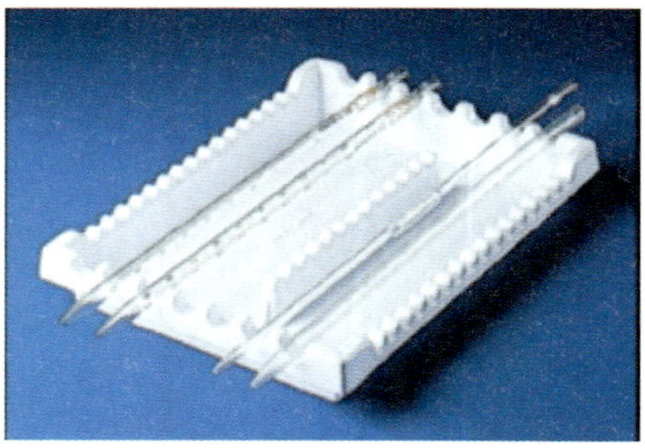

피펫 트레이
(Pipette tray)

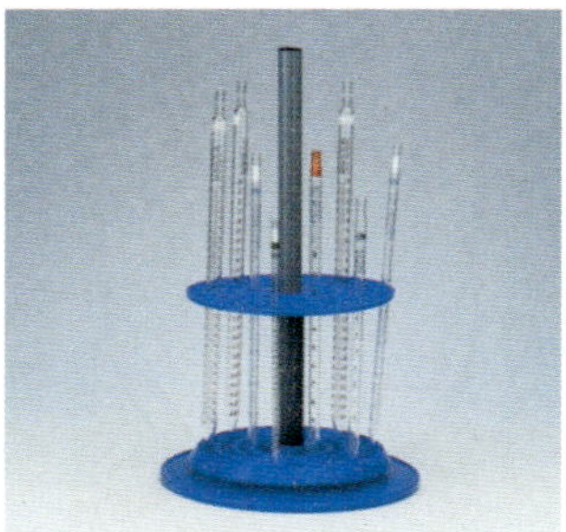

피펫 스탠드
(Pipette stand)

## 2. 실험실에서 사용하는 보조기구(1)

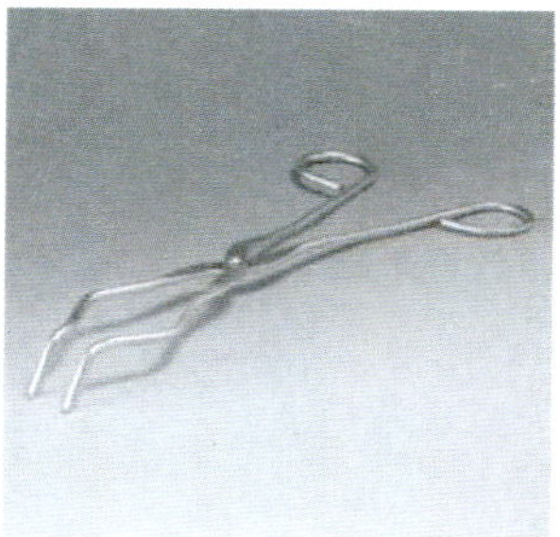

도가니 집게
(Crucible tung)

삼발이
(Tripode)

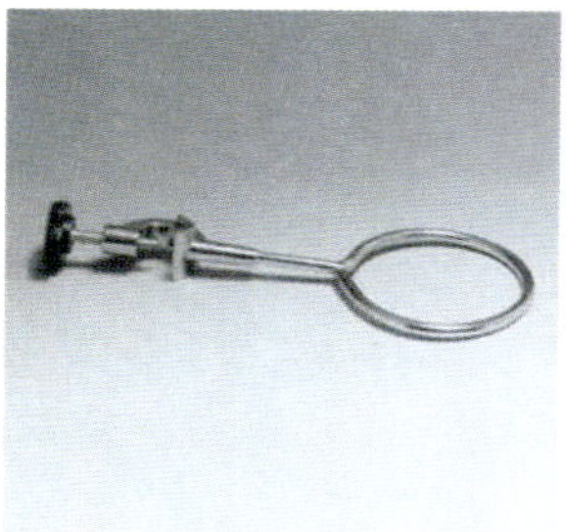

링 클램프
(Ring Clamp)

교반기용 홀더
(Jumbo clamp holder)

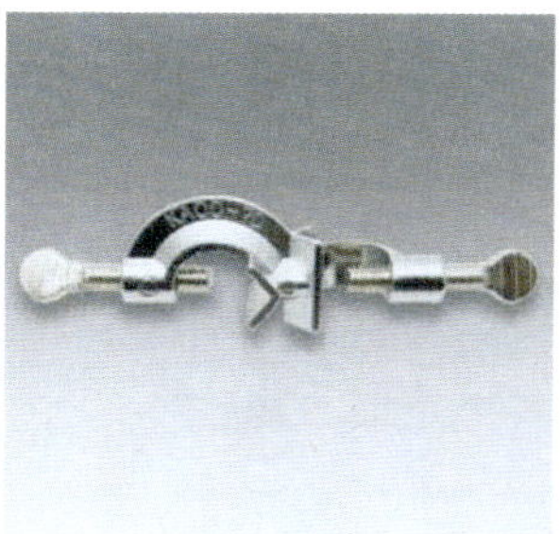

클램프 홀더
(Clamp holder)

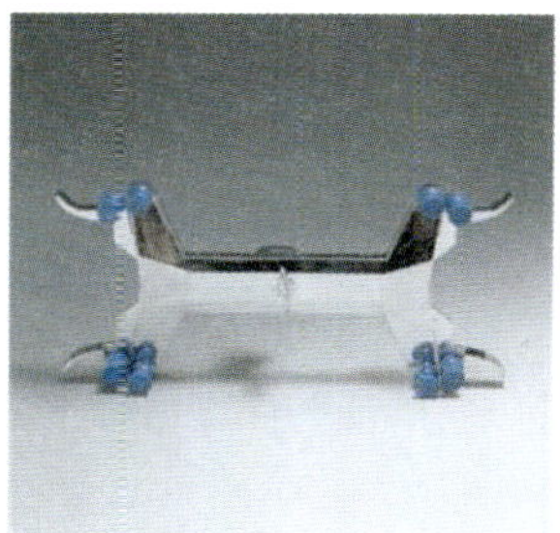

뷰렛 클램프
(Double buret clamp)

## 2. 실험실에서 사용하는 보조기구(2)

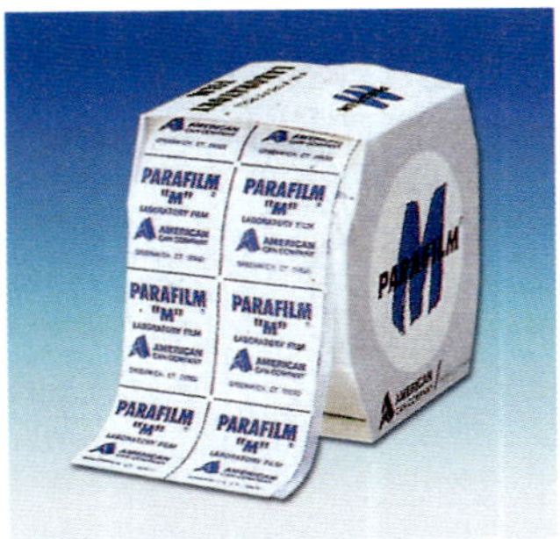


파라필름
(Parafilm)

마이크로 피펫
(Micro pipette))

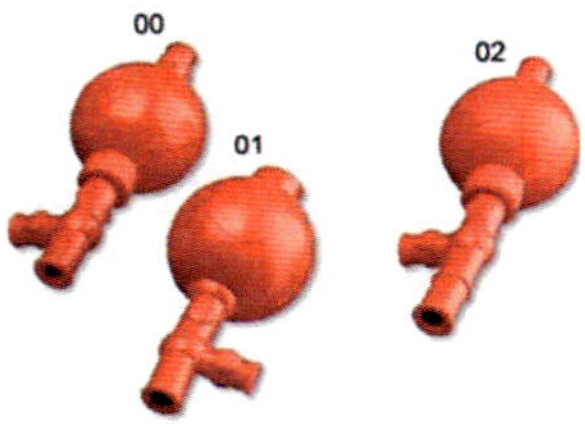


피펫 필러
(Pipette filler)

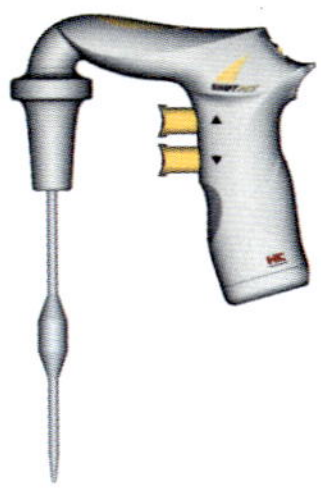

피펫 에이드
(Pipette aid)

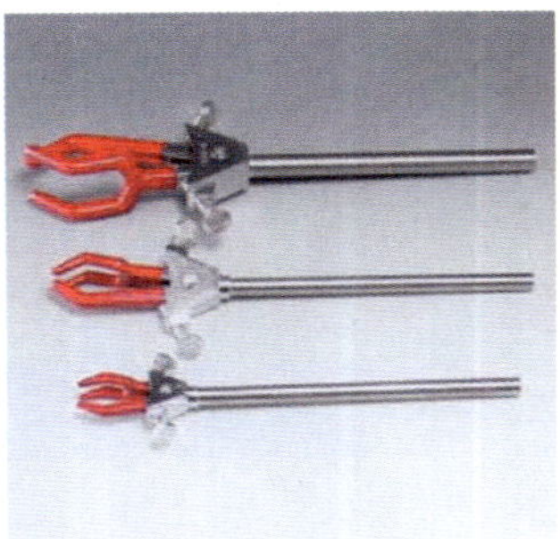

클램프
(Clamps)

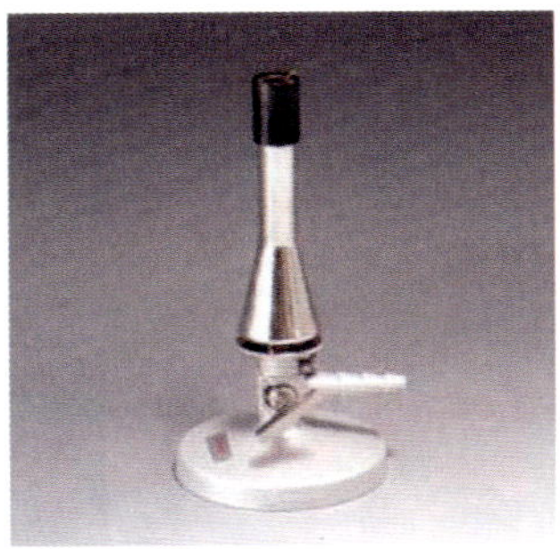

가스 버너
(Gas burner)

## 2. 실험실에서 사용하는 보조기구(3)

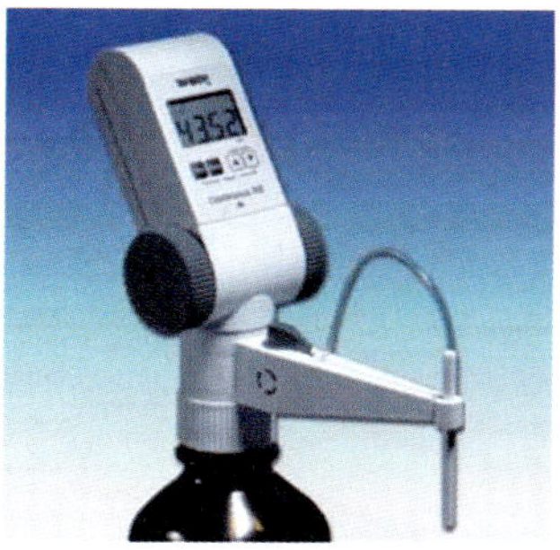

디지털 뷰렛
(Digital buret)

중탕 냄비
(Water bath)

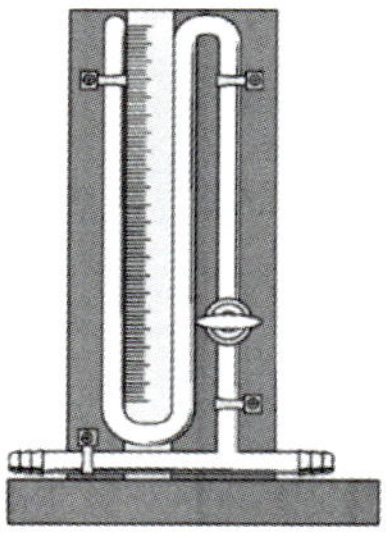

마노메터
(Mercury manometer)

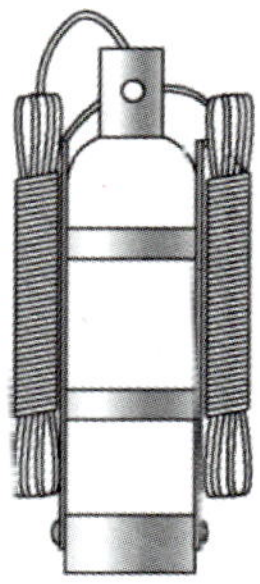

하이드로 채수병
(Water sampling bottle)

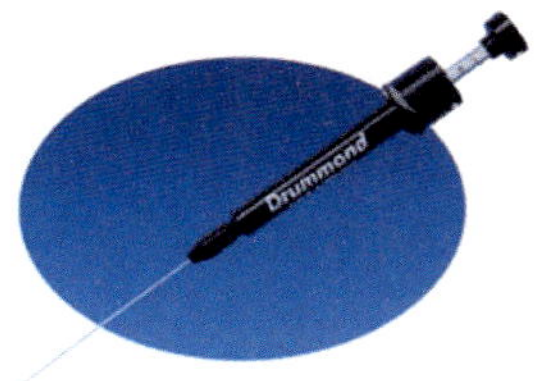

정밀 피펫
(Sequencing micro pipette)

마이크로 디스펜스
(Micrc dispenser)

## 3. 실험실에서 사용하는 실험기기(1)

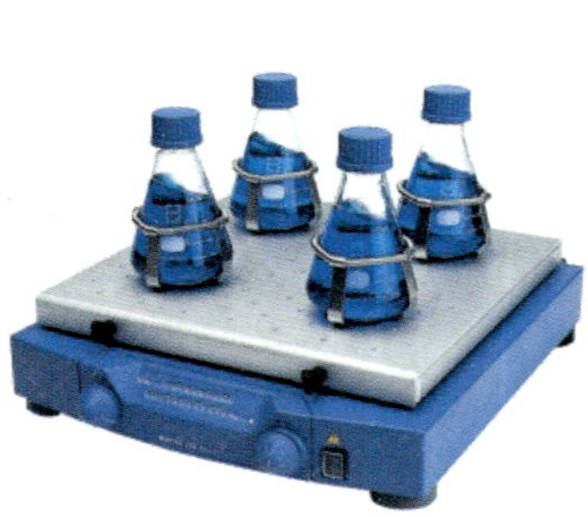

진탕기
(Saker)

분산기
(Dispersing instrument)

가열기
(Heating plate)

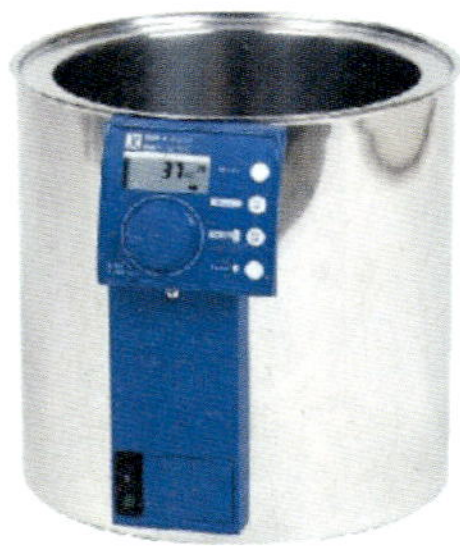

전기 수욕조
(Digital heating bath)

순환 항온조
(Circulation thermostat)

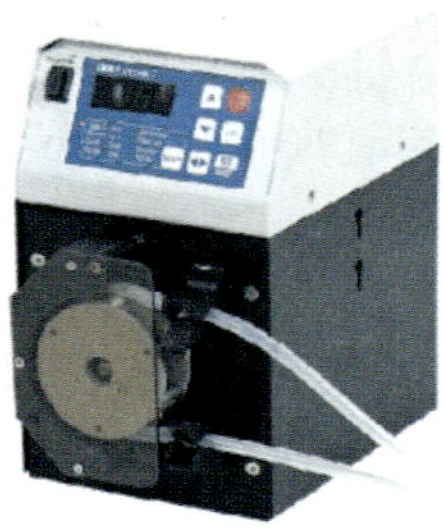

미량 펌프
(Peristaltic pump)

## 3. 실험실에서 사용하는 실험기기(2)

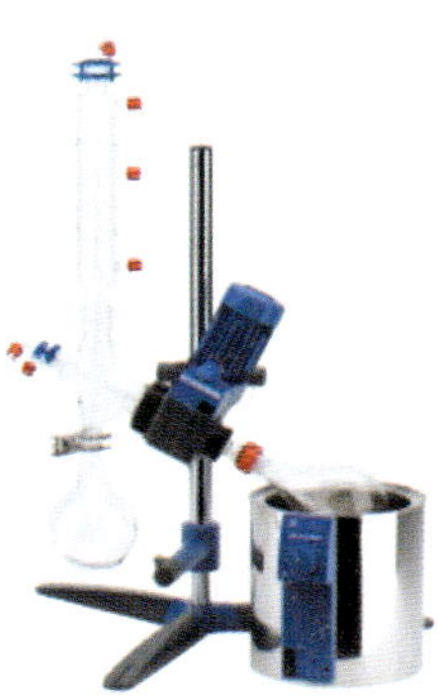

회전 증발기
(Rotary evaporator)

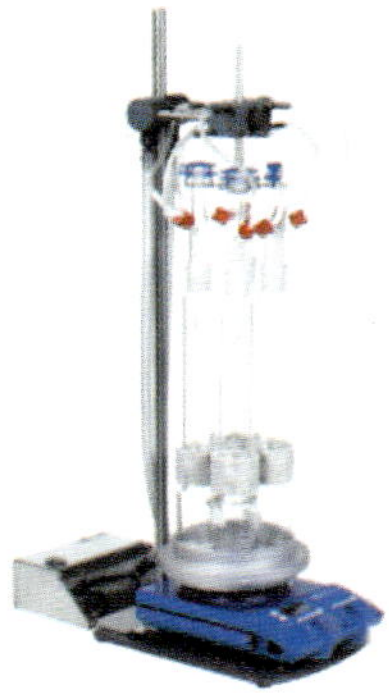

단백질 추출장치
(Solid–liquid extractor)

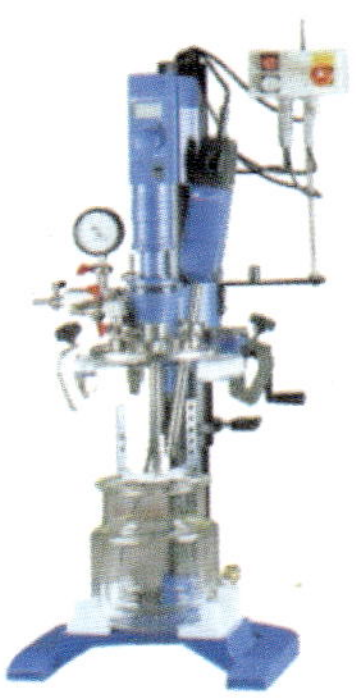

감압 실험장치
(Vacuum laboratory reactor)

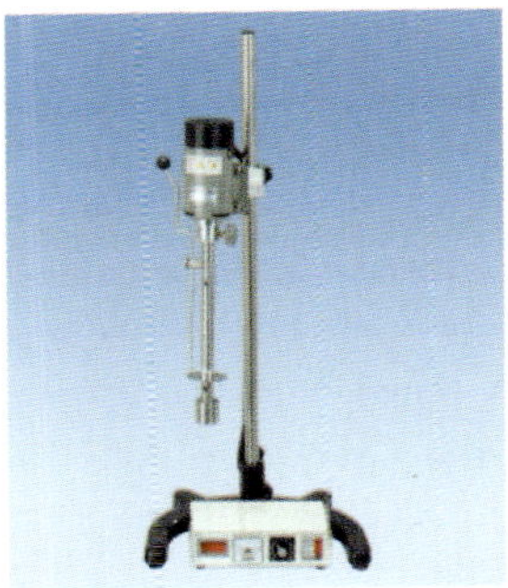

디지털 호모자이저
(Digital homogenizer)

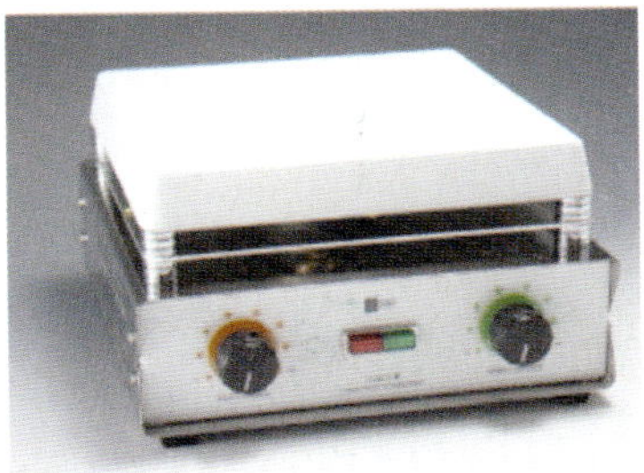

가열교반기
(Hot plate stirrer)

고압 멸균기
(Auto clave)

## 3. 실험실에서 사용하는 실험기기(3)

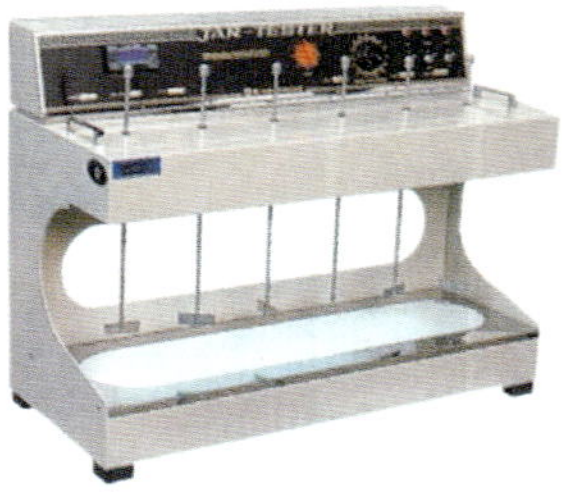

자 테스트
(Jar test)

자동 증류수기
(Distilling apparatus)

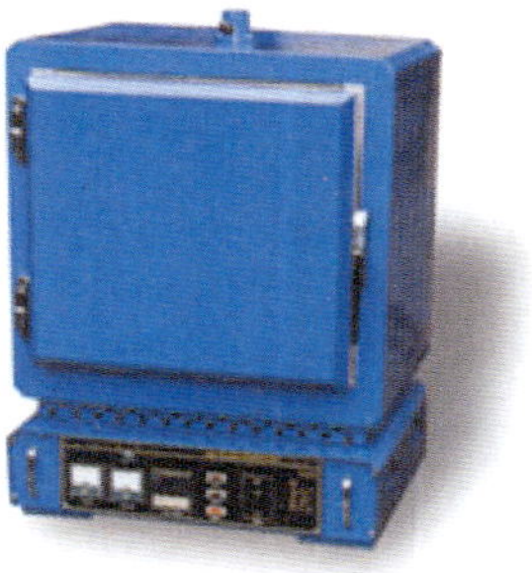

건조기
(Dry oven)

pH 메터기
(pH meter)

전자저울
(Electrical balance)

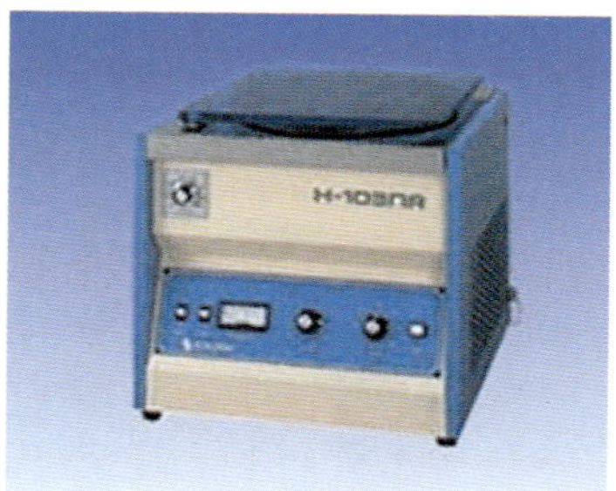

원심분리기
(Centrifuge)

## 3. 실험실에서 사용하는 실험기기(4)

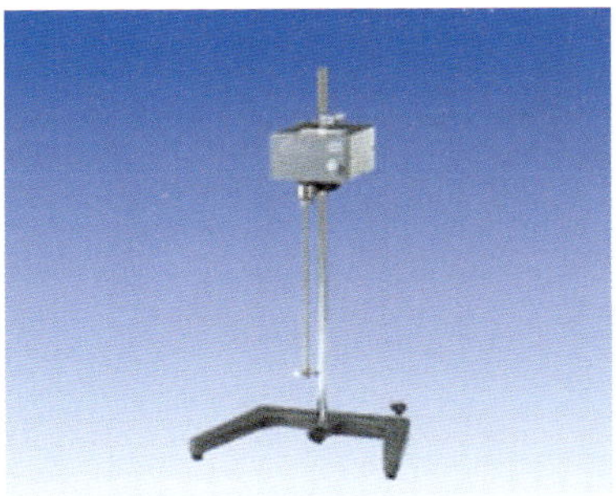

모터 교반기
(Motor stirrer)

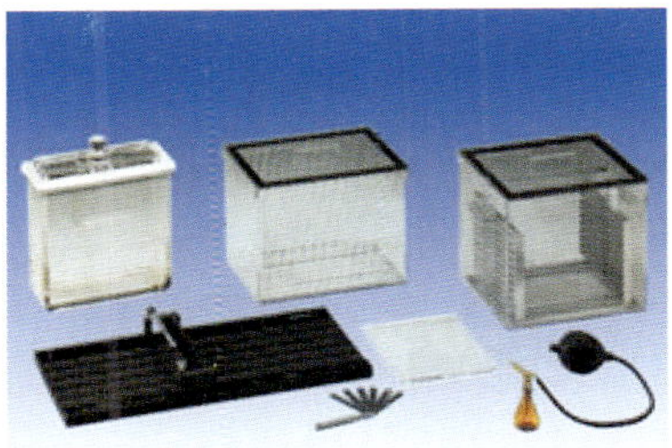

박층 크래마토그래피
(Thin layer chromatography)

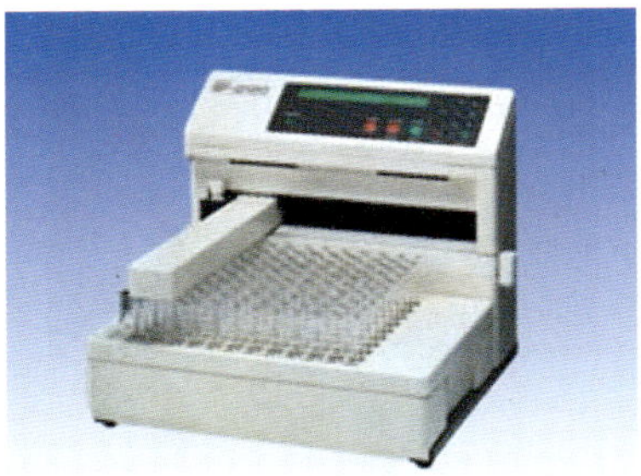

분취기
(Fraction collector)

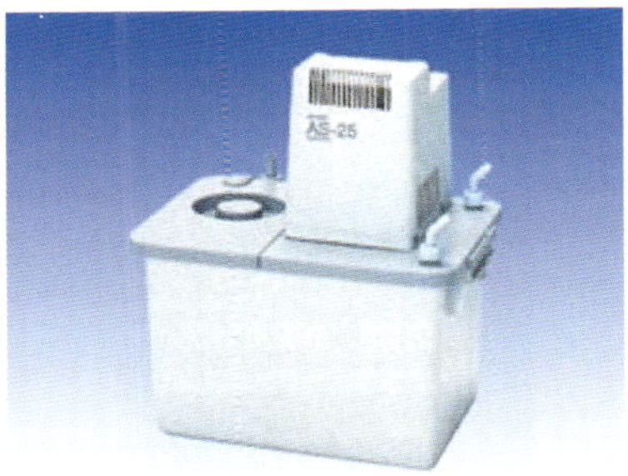

순환식 흡입기
(Aspirator)

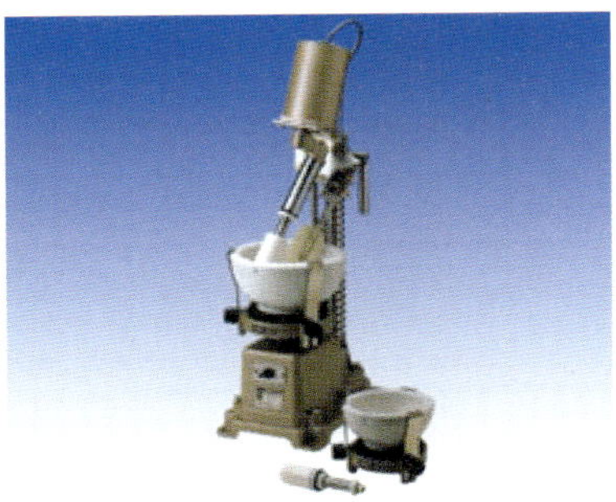

자동유발기
(Automatic grinding mixer)

저온 배양기
(Cooled incubator)

## 4. 고가의 실험 분석장비(1)

UV-Visible spectrophotometer

Gas Chromatography

UV-Visible spectrophotometer

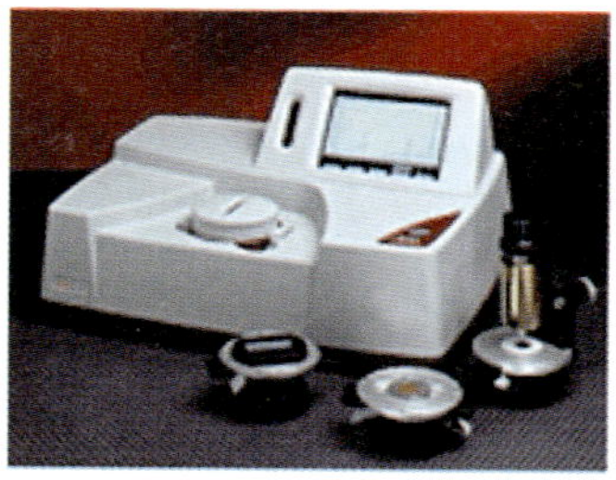

Infrared spectrophotometer

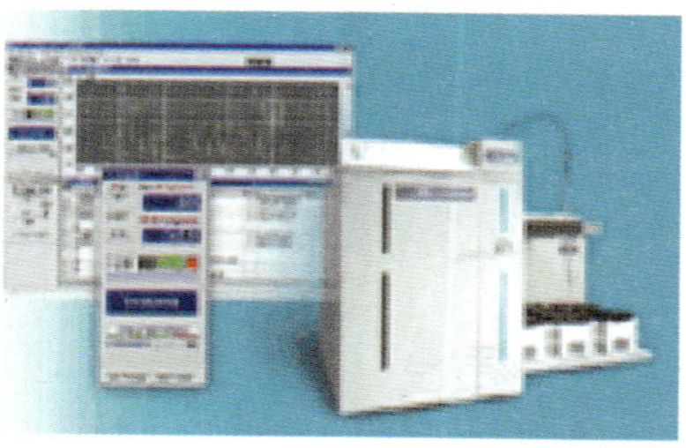

TOC Analyzer

NMR spectrophotometer

## 5. 실험실에서 사용하는 산과 염기 및 염의 종류

| 명 칭 | 농 도 | 사 용 법 |
|---|---|---|
| 진한 염산 | 12N-HCl | 시약 염산(비중 1.19)을 그대르 사용한다. |
| 묽은 염산 | 6N-HCl | 12N-HCl을 2배의 둘로서 희석한다. |
| 묽은 염산 | 2N-HCl | 6N-HCl을 3배의 물로서 희석한다. |
| 진한 황산 | 36N-$H_2SO_4$ | 시약 황산(비중 1.84)을 그대로 사용한다. |
| 묽은 황산 | 6N-$H_2SO_4$ | 36N-$H_2SO_4$를 6배의 물로서 희석한다. |
| 묽은 황산 | 2N-$H_2SO_4$ | 6N-$H_2SO_4$를 3배의 물로서 희석한다 |
| 진한 질산 | 16N-$HNO_3$ | 시약 질산(비중 1.42)을 그대로 사용한다. |
| 묽은 질산 | 6N-$HNO_3$ | 시약 질산(비중 1.42) 380mL에 물을 가하여 1L로 한다. |
| 묽은 질산 | 2N-$HNO_3$ | 6N-$HNO_3$를 3배의 물로서 희석한다. |
| 빙초산 | 17N-$CH_3COOH$ | 시약 빙초산(99.5%)을 그대로 사용한다. |
| 초산 | 6N-$CH_3COOH$ | 시약 빙초산 350mL에 물을 가하여 1L가 되게 한다. |
| 인산 | 15N-$H_3PO_4$ | 시약인산(비중 1.7)을 그대로 사용한다. |
| 진한 암모니아수 | 15N-$NH_3$(aq) | 시약 암모니아수(비중 0.9)를 그대로 사용한다. |
| 묽은 암모니아수 | 6N-$NH_3$(aq) | 시약 암모니아수(비중 0.9) 400mL에 물을 가하여 1L가 되게 한다. |
| 수산화나트륨 | 6N-NaOH | 시약 NaOH 240g을 물에 녹여 1L가 되게 한다. |
| 수산화칼륨 | 6N-KOH | 시약 KOH 340g을 물에 녹여 1L가 되게 한다. |
| 수산화바륨 | 0.4N-$Ba(OH)_2$ (포화) | 시약 $Ba(OH)_2 \cdot 8H_2O$ 60g을 물에 녹여 1L가 되게 하고, 여과하여 사용한다. |
| 염화암모늄 | 1N-$NH_4Cl$ | 시약 $NH_4Cl$ 53.5g을 물에 녹여 1L가 되게 한다. |
| 염화바륨 | 1N-$BaCl_2$ | 시약 $BaCl_2 \cdot 2H_2O$ 120g을 물에 녹여 1L가 되게 한다. |
| 질산 은 | 0.1N-$AgNO_3$ | 시약 $AgNO_3$ 17g을 물에 녹여 1L가 되게 한다. |

## 6. 실험실에서 사용하는 적정용 지시약의 종류

| 지시약 | 변색범위 | 조 제 방 법 |
|---|---|---|
| 티몰블루(산성) | 적 1.2 ~ 2.8 황 | 0.1 % 에틸알코올 용액 |
| 티몰블루(알칼리성) | 황 8.0 ~ 9.6 청 | 0.1 % 에틸알코올 용액 |
| 브롬페놀블루 | 황 3.0 ~ 4.6 청자 | 0.1 % 에틸알코올 용액 |
| 메칠오렌지 | 적 3.1 ~ 4.4 오렌지 | 0.1 % 증류수 용액 |
| 콩고레드 | 청자 3.0 ~ 5.0 적 | 0.1 % 증류수 용액 |
| 메칠레드 | 적 4.1 ~ 6.2 황 | 0.2 % 에틸알코올 용액 |
| 브롬티몰블루 | 황 6.0 ~ 7.6 청 | 0.1 % 에틸알코올 용액 |
| 페놀레드 | 황 6.8 ~ 8.4 적 | 0.1 % 에틸알코올 용액 |
| 페놀프탈레인 | 무색 8.3 ~ 10.0 적 | 0.1 % 에틸알코올 용액 |
| 티몰프탈레인 | 무색 9.3 ~ 10.5 청 | 0.1 % 에틸알코올 용액 |
| 메칠그린 | 황 0.5 ~ 2.0 청 | 0.1 % 에틸알코올 용액 |
| 알리자린 옐로우 | 황 5.5 ~ r.3 적 | 0.1 % 증류수 용액 |

## 7. 여러 종류의 산과 염기의 해리상수 (25℃)

| 물질명 | 반 응 식 | 상 수 |
|---|---|---|
| 아세트산 | $CH_3COOH \rightleftharpoons CH_3COO^- + H^+$ | $K_a = 1.75 \times 10^{-5}$ |
| 벤조산 | $C_6H_5COOH \rightleftharpoons C_6H_5COO^- + H^+$ | $K_a = 6.0 \times 10^{-5}$ |
| 아염소산 | $HClO_2 \rightleftharpoons ClO_2^- + H^+$ | $K_a = 1.1 \times 10^{-2}$ |
| 시안산 | $HOCN \rightleftharpoons OCN^- + H^+$ | $K_a = 1.2 \times 10^{-4}$ |
| 포름산 | $HCOOH \rightleftharpoons HCOO^- + H^+$ | $K_a = 1.8 \times 10^{-4}$ |
| 아조화수소산 | $HN_3 \rightleftharpoons N_3^- + H^+$ | $K_a = 1.9 \times 10^{-5}$ |
| 불산 | $HF \rightleftharpoons F^- + H^+$ | $K_a = 6.7 \times 10^{-4}$ |
| 차아브롬산 | $HOBr \rightleftharpoons OBr^- + H^+$ | $K_a = 2.1 \times 10^{-9}$ |
| 아질산 | $HNO_2 \rightleftharpoons NO_2^- + H^+$ | $K_a = 4.5 \times 10^{-4}$ |
| 비산 | $H_3AsO_4 \rightleftharpoons H_2AsO_4^- + H^+$ | $K_{a1} = 2.5 \times 10^{-4}$ |
| | $H_2AsO_4^- \rightleftharpoons HAsO_4^{2-} + H^+$ | $K_{a2} = 5.6 \times 10^{-8}$ |
| | $HAsO_4^{-2} \rightleftharpoons AsO_4^{3-} + H^+$ | $K_{a3} = 3.0 \times 10^{-13}$ |
| 탄산 | $H_2CO_3 \rightleftharpoons HCO_3^- + H^+$ | $K_{a1} = 4.2 \times 10^{-7}$ |
| | $HCO_3^- \rightleftharpoons CO_3^{2-} + H^+$ | $K_{a2} = 4.8 \times 10^{-11}$ |
| 황화수소산 | $H_2S \rightleftharpoons HS^- + H^+$ | $K_{a1} = 1.1 \times 10^{-7}$ |
| | $HS^- \rightleftharpoons S^{2-} + H^+$ | $K_{a2} = 1.0 \times 10^{-14}$ |
| 옥살산 | $H_2C_2O_4 \rightleftharpoons HC_2O_4^- + H^+$ | $K_{a1} = 5.9 \times 10^{-2}$ |
| | $HC_2O_4^- \rightleftharpoons C_2O_4^{2-} + H^+$ | $K_{a2} = 6.4 \times 10^{-5}$ |
| 인산 | $H_3PO_4 \rightleftharpoons H_2PO_4^- + H^+$ | $K_{a1} = 7.5 \times 10^{-3}$ |
| | $H_2PO_4^- \rightleftharpoons HPO_4^{2-} + H^+$ | $K_{a2} = 6.2 \times 10^{-8}$ |
| | $HPO_4^{2-} \rightleftharpoons PO_4^{3-} + H^+$ | $K_{a3} = 1.0 \times 10^{-12}$ |
| 아황산 | $H_2SO_3 \rightleftharpoons HSO_3^- + H^+$ | $K_{a1} = 1.3 \times 10^{-2}$ |
| | $HSO_3^- \rightleftharpoons SO_3^{2-} + H^+$ | $K_{a2} = 5.6 \times 10^{-8}$ |
| 암모니아 | $NH_3 + H_2O \rightleftharpoons NH_4^+ + OH^-$ | $K_b = 1.75 \times 10^{-5}$ |
| 아닐린 | $C_6H_5NH_2 + H_2O \rightleftharpoons C_6H_5NH_3^+ + OH^-$ | $K_b = 4.6 \times 10^{-10}$ |
| 디메칠아민 | $(CH_3)_2NH + H_2O \rightleftharpoons (CH_3)_2NH_2^+ + OH^-$ | $K_b = 7.4 \times 10^{-4}$ |
| 하이드라진 | $N_2H_4 + H_2O \rightleftharpoons N_2H_5^+ + OH^-$ | $K_b = 9.8 \times 10^{-7}$ |
| 피리딘 | $C_5H_5N + H_2O \rightleftharpoons C_5H_5NH^+ + OH^-$ | $K_b = 1.5 \times 10^{-9}$ |
| 트리메칠아민 | $(CH_3)_3N + H_2O \rightleftharpoons (CH_3)_3NH^+ + OH^-$ | $K_b = 7.4 \times 10^{-5}$ |

## 8. 난용성 염들의 용해도곱상수(Ksp)　　(25℃)

| 물질명 | 용해도곱상수 | 물질명 | 용해도곱상수 |
|---|---|---|---|
| $PbBr_2$ | $4.6 \times 10^{-6}$ | $Pb(OH)_2$ | $4.2 \times 10^{-15}$ |
| $Hg_2Br_2$ | $1.3 \times 10^{-22}$ | $Mg(OH)_2$ | $8.9 \times 10^{-12}$ |
| $AgBr$ | $5.0 \times 10^{-13}$ | $Mn(OH)_2$ | $2.0 \times 10^{-13}$ |
| $BaF_2$ | $2.4 \times 10^{-5}$ | $Hg(OH)_2$ | $3.0 \times 10^{-26}$ |
| $CaF_2$ | $3.9 \times 10^{-11}$ | $Ni(OH)_2$ | $1.6 \times 10^{-16}$ |
| $PbF_2$ | $4.0 \times 10^{-8}$ | $Sr(OH)_2$ | $3.0 \times 10^{-27}$ |
| $MgF_2$ | $8.0 \times 10^{-8}$ | $Zn(OH)_2$ | $4.5 \times 10^{-17}$ |
| $SrF_2$ | $7.9 \times 10^{-10}$ | $BaCrO_4$ | $8.5 \times 10^{-11}$ |
| $PbCl_2$ | $1.6 \times 10^{-5}$ | $PbCrO_4$ | $2.0 \times 10^{-16}$ |
| $Hg_2Cl_2$ | $1.1 \times 10^{-18}$ | $Hg_2CrO_4$ | $2.0 \times 10^{-9}$ |
| $AgCl$ | $1.7 \times 10^{-10}$ | $SrCrO_4$ | $3.6 \times 10^{-5}$ |
| $BaCO_3$ | $1.6 \times 10^{-9}$ | $BaC_2O_4$ | $1.5 \times 10^{-8}$ |
| $CdCO_3$ | $5.2 \times 10^{-12}$ | $CaC_2O_4$ | $1.3 \times 10^{-9}$ |
| $CaCO_3$ | $4.7 \times 10^{-9}$ | $Ag_2C_2O_4$ | $1.1 \times 10^{-11}$ |
| $CuCO_3$ | $2.5 \times 10^{-12}$ | $Ba_3(PO_4)_2$ | $6.0 \times 10^{-39}$ |
| $FeCO_3$ | $2.1 \times 10^{-11}$ | $Ca_3(PO_4)_2$ | $1.3 \times 10^{-32}$ |
| $NiCO_3$ | $1.4 \times 10^{-7}$ | $Ag_3PO_4$ | $1.8 \times 10^{-18}$ |
| $Ag_2CO_3$ | $8.2 \times 10^{-12}$ | $BaSO_4$ | $1.5 \times 10^{-9}$ |
| $SrCO_3$ | $7.0 \times 10^{-10}$ | $CaSO_4$ | $2.4 \times 10^{-5}$ |
| $ZnCO_3$ | $2.0 \times 10^{-10}$ | $PbSO_4$ | $1.3 \times 10^{-8}$ |
| $Al(OH)_3$ | $5.0 \times 10^{-33}$ | $Ag_2SO_4$ | $1.2 \times 10^{-5}$ |
| $Cr(OH)_3$ | $6.7 \times 10^{-31}$ | $SrSO_4$ | $7.6 \times 10^{-7}$ |
| $Co(OH)_3$ | $2.5 \times 10^{-43}$ | $PbI_2$ | $8.3 \times 10^{-9}$ |
| $Fe(OH)_3$ | $6.0 \times 10^{-38}$ | $Hg_2I_2$ | $4.5 \times 10^{-29}$ |
| $Ba(OH)_2$ | $5.0 \times 10^{-3}$ | $CdS$ | $1.0 \times 10^{-28}$ |
| $Cd(OH)_2$ | $2.0 \times 10^{-14}$ | $CoS$ | $5.0 \times 10^{-22}$ |
| $Co(OH)_2$ | $2.5 \times 10^{-16}$ | $ZnS$ | $2.5 \times 10^{-22}$ |
| $Cu(OH)_2$ | $1.6 \times 10^{-19}$ | $AgCN$ | $1.6 \times 10^{-14}$ |
| $Fe(OH)_2$ | $1.8 \times 10^{-15}$ | $K_2[PtCl_6]$ | $1.4 \times 10^{-6}$ |

## 9. 반쪽전지에서의 표준환원전위 (1) (25℃)

| 반 쪽 반 응 | Eo(volts) |
|---|---|
| $2H^{+} + 2e^{-} \rightarrow H_2(g)$ | 0.000 |
| $Pb^{2+} + 2e^{-} \rightarrow Pb(s)$ | −0.13 |
| $Sn^{2+} + 2e^{-} \rightarrow Sn(s)$ | −0.14 |
| $Ni^{2+} + 2e^{-} \rightarrow Ni(s)$ | −0.23 |
| $Co^{2+} + 2e^{-} \rightarrow Co(s)$ | −0.28 |
| $Cd^{2+} + 2e^{-} \rightarrow Cd(s)$ | −0.40 |
| $Fe^{2+} + 2e^{-} \rightarrow Fe(s)$ | −0.41 |
| $Cr^{3+} + e^{-} \rightarrow Cr^{2+}$ | −0.41 |
| $Cr^{2+} + 2e^{-} \rightarrow Cr(s)$ | −0.56 |
| $Cr^{3+} + 3e^{-} \rightarrow Cr(s)$ | −0.74 |
| $Zn^{2+} + 2e^{-} \rightarrow Zn(s)$ | −0.76 |
| $Mn^{2+} + 2e^{-} \rightarrow Mn(s)$ | −1.03 |
| $Al^{3+} + 3e^{-} \rightarrow Al(s)$ | −1.71 |
| $Sc^{3+} + 3e^{-} \rightarrow Sc(s)$ | −2.08 |
| $Ce^{3+} + 3e^{-} \rightarrow Ce(s)$ | −2.34 |
| $La^{3+} + 3e^{-} \rightarrow La(s)$ | −2.37 |
| $Mg^{2+} + 2e^{-} \rightarrow Mg(s)$ | −2.38 |
| $Na^{+} + e^{-} \rightarrow Na(s)$ | −2.71 |
| $Ca^{2+} + 2e^{-} \rightarrow Ca(s)$ | −2.76 |
| $Ba^{2}+ \ +2e^{-} \rightarrow Ba(s)$ | −2.90 |
| $K^{+} + e^{-} \rightarrow K(s)$ | −2.93 |
| $Li^{+} + e^{-} \rightarrow Li(s)$ | −3.05 |
| $PbSO_4(s) + 2e^{-} \rightarrow Pb(s) + SO_4^{2-}$ | −0.36 |
| $Mn(OH)_3(s) + e^{-} \rightarrow Mn(OH)_2(s) + OH^{-}$ | −0.40 |
| $Fe(OH)_3(s) + e^{-} \rightarrow Fe(OH)_2(s) + OH^{-}$ | −0.56 |

## 9. 반쪽전지에서의 표준환원전위 (2) (25℃)

| 반 쪽 반 응 | Eo(volts) |
|---|---|
| $PbO(s) + H_2O + 2e^- \rightarrow Pb(s) + 2OH^-$ | −0.58 |
| $2SO_3^{2-} + 3H_2O + 4e^- \rightarrow S_2O_3^{2-} + 6OH^-$ | −0.58 |
| $Ni(OH)_2(s) + 2e^- \rightarrow Ni(s) + 2OH^-$ | −0.66 |
| $Co(OH)_2(s) + 2e^- \rightarrow Co(s) + 2OH^-$ | −0.73 |
| $2H_2O + 2e^- \rightarrow H_2(g) + 2OH^-$ | −0.83 |
| $SO_4^{2-} + H_2O + 2e^- \rightarrow SO_3^{2-} + 2OH^-$ | −0.92 |
| $Mn(OH)_2(s) + 2e^- \rightarrow Mn(s) + 2OH^-$ | −1.47 |
| $Mg(OH)_2(s) + 2e^- \rightarrow Mg(s) + 2OH^-$ | −2.69 |
| $S_4O_6^{2-} + 2e^- \rightarrow 2S_2O_3^{2-}$ | 0.09 |
| $NO_3^- + H_2O + 2e^- \rightarrow NO_2^- + 2OH^-$ | 0.01 |
| $Hg_2^{2+} + 2e^- \rightarrow 2Hg(\ell)$ | 0.80 |
| $Ag^+ + e^- \rightarrow Ag(s)$ | 0.80 |
| $Hg_2^{2+} + 2e^- \rightarrow Hg_2^{2+}$ | 0.91 |
| $Fe^{3+} + e^- \rightarrow Fe^{2+}$ | 0.78 |
| $Cu^+ + e^- \rightarrow Cu(s)$ | 0.52 |
| $Cu^{2+} + 2e^- \rightarrow Cu(s)$ | 0.34 |
| $Cu^{2+} + e^- \rightarrow Cu^+$ | 0.16 |
| $Au^{3+} + 3e^- \rightarrow Au(s)$ | 1.42 |
| $Au^+ + e^- \rightarrow Au(s)$ | 1.68 |
| $Ce^{4+} + e^- \rightarrow Ce^{3+}$(1M $HNO_3$ solution) | 1.61 |
| $Mn^{3+} + e^- \rightarrow Mn^{2+}$ | 1.51 |
| $PbO_2(s) + SO_4^{2-} + 4H^+ + 2e^- \rightarrow PbSO_4(s) + 2H_2O$ | 1.69 |
| $MnO_4^- + 4H^+ + 3e^- \rightarrow MnO_2(s) + 2H_2O$ | 1.68 |
| $MnO_4^- + 8H+ + 5e^- \rightarrow Mn^{2+} + 4H_2O$ | 1.50 |
| $PbO_2(s) + 4H^+ + 2e^- \rightarrow Pb^{2+} + 2H_2O$ | 1.46 |

## 9. 반쪽전지에서의 표준환원전위 (3) (25℃)

| 반 쪽 반 응 | $E_0$(volts) |
|---|---|
| $MnO_2(s) + 4H^+ + 2e^- \rightarrow Mn^{2+} + 2H_2O$ | 1.21 |
| $MnO_4^- + 2H_2O + 3e^- \rightarrow MnO_2(s) + 4OH^-$ | 0.59 |
| $PbO_2(s) + H_2O + 2e^- \rightarrow PbO(s) + 2OH^-$ | 0.28 |
| $Hg_2Cl_2(s) + 2e^- \rightarrow 2Hg(\ell) + 2Cl^-$ | 0.27 |
| $AgCl(s) + e^- \rightarrow Ag(s) + Cl^-$ | 0.22 |
| $Cr_2O_7^{2-} + 14H^+ + 6e^- \rightarrow 2Cr^{3+} + 7H_2O$ | 1.33 |
| $H_2O_2 + 2H^+ + 2e^- \rightarrow 2H_2O$ | 1.78 |
| $HClO_2 + 2H^+ + 2e^- \rightarrow HClO + H_2O$ | 1.64 |
| $HClO + H^+ + e^- \rightarrow ½Cl_2(g) + H_2O$ | 1.63 |
| $2NO(g) + 2H^+ + 2e^- \rightarrow N_2O(g) + H_2O$ | 1.59 |
| $BrO_3^- + 6H^+ + 5e^- \rightarrow ½Br_2(\ell) + 3H_2O$ | 1.52 |
| $ClO_3^- + 6H^+ + 5e^- \rightarrow ½Cl_2(g) + 3H_2O$ | 1.47 |
| $Cl_2(g) + 2e^- \rightarrow 2Cl^-$ | 1.36 |
| $F_2(g) + 2e^- \rightarrow 2F^-$ | 2.87 |
| $I_2(s) + 2e^- \rightarrow 2I^-$ | 0.54 |
| $O_3(g) + H_2O + 2e^- \rightarrow O_2 + 2OH^-$ | 1.24 |
| $O_2(g) + 4H^+ + 4e^- \rightarrow 2H_2O$ | 1.23 |
| $ClO_4^- + 2H^+ + 2e^- \rightarrow ClO_3 + H_2O$ | 1.19 |
| $NO_3^- + 4H^+ + 3e^- \rightarrow NO(g) + 2H_2O$ | 0.96 |
| $O_2(g) + 2H^+ + 2e^- \rightarrow H_2O_2$ | 0.69 |
| $O_2(g) + 2H_2O + 4e^- \rightarrow 4OH^-$ | 0.40 |
| $SO_4^{2-} + 4H + +2e^- \rightarrow H_2SO_3 + H_2O$ | 0.20 |
| $Br_2(\ell) + 2e^- \rightarrow 2Br^-$ | 1.07 |
| $BrO_3^- + 3H_2O + 6e^- \rightarrow Br^- + 6OH^-$ | 0.61 |

## 10. 물에 대한 고체의 용해도(100g의 물에 대한 용해도)

| 물질명 | 화학식 | 0℃ | 20℃ | 40℃ | 60℃ | 80℃ | 100℃ |
|---|---|---|---|---|---|---|---|
| 아비산 | $As_2O_3$ | 1.2 | 1.8 | 2.9 | 4.3 | 6.2 | 8.2 |
| 암모늄명반 | $NH_4Al(SO_4)_2$ | 2.1 | 7.7 | 14.9 | 26.8 | 45.7 | 47.4 |
| 아황산나트륨 | $Na_2SO_3$ | 12.5 | 20.7 | 27.0 | 24.5 | 22.6 | 21.2 |
| 염화암모늄 | $NH_4Cl$ | 29.7 | 37.3 | 45.0 | 55.2 | 65.0 | 75.9 |
| 염화칼륨 | $KCl$ | 28.0 | 34.4 | 40.3 | 45.9 | 51.0 | 56.0 |
| 염화칼슘 | $CaCl_2$ | 59.5 | 74.5 | 115 | 137 | 147 | 159 |
| 염화코발트 | $CoCl_2$ | 30.3 | 34.6 | 41.0 | 48.4 | 49.4 | 51.5 |
| 염화제2수은 | $HgCl_2$ | 4.1 | 6.2 | 8.8 | 12.2 | 19.5 | 35.1 |
| 염화제2구리 | $CuCl_2$ | 41.0 | 42.0 | 45.0 | 46.0 | 49.0 | 55.0 |
| 염화나트륨 | $NaCl$ | 35.5 | 35.9 | 36.4 | 37.0 | 38.0 | 39.2 |
| 염화바륨 | $BaCl_2$ | 31.6 | 35.7 | 40.8 | 46.4 | 52.4 | 58.8 |
| 염화마그네슘 | $MgCl_2$ | 52.8 | 54.5 | 57.5 | 64.0 | 66.0 | 73.0 |
| 염소산칼륨 | $KClO_3$ | 3.3 | 7.1 | 14.5 | 26.0 | 39.6 | 56.0 |
| 염소산나트륨 | $NaClO_3$ | 79.0 | 101 | 126 | 155 | 189 | 230 |
| 과망간산칼륨 | $KMnO_4$ | 2.8 | 6.4 | 12.5 | 22.2 | – | – |
| 크롬산칼륨 | $K_2CrO_4$ | 59.0 | 63.0 | 67.0 | 71.0 | 75.0 | 79.0 |
| 크롬명반 | $CrK(SO)_4$ | – | 24.9 | – | – | – | – |
| 브롬화칼륨 | $KBr$ | 54.0 | 65.0 | 76.0 | 86.0 | 95.0 | 105 |
| 브롬화나트륨 | $NaBr$ | 44.5 | 47.6 | 51.4 | 54.1 | 54.2 | 54.8 |
| 중크롬산칼륨 | $K_2Cr_2O_7$ | 5.0 | 13.0 | 29.0 | 50.0 | 73.0 | 102 |
| 질산암모늄 | $NH_4NO_3$ | 118 | 192 | 297 | 421 | 580 | 571 |
| 질산아연 | $Zn(NO_3)_2$ | 48.7 | 54.2 | 67.4 | 87.4 | – | – |
| 질산칼륨 | $KNO_3$ | 13.3 | 31.6 | 64.0 | 110 | 169 | 246 |
| 질산은 | $AgNO_3$ | 115 | 215 | 335 | 470 | 650 | 910 |
| 질산제2구리 | $Cu(NO_3)_2$ | 45.0 | 55.6 | 61.5 | 64.2 | 67.5 | – |
| 질산나트륨 | $NaNO_3$ | 73.0 | 88.0 | 105 | 125 | 148 | 176 |
| 질산납 | $Pb(NO_3)_2$ | 36.5 | 52.3 | 69.4 | 88.0 | 108 | 127 |
| 질산바륨 | $Ba(NO_3)_2$ | 5.0 | 9.2 | 14.2 | 20.3 | 27.0 | 34.2 |
| 수산화칼륨 | $KOH$ | 97.0 | 112 | 137 | 146 | 159 | 177 |
| 수산화칼슘 | $Ca(OH)_2$ | 0.18 | 0.16 | 0.14 | 0.12 | 0.09 | 0.08 |
| 수산화나트륨 | $NaOH$ | 42.0 | 109 | 129 | 176 | 314 | 339 |
| 수산화바륨 | $Ba(OH)_2$ | 1.7 | 4.0 | 8.2 | 21.2 | – | – |
| 탄산칼륨 | $K_2CO_3$ | 51.0 | 52.0 | 54.0 | 56.0 | 58.0 | 61.0 |
| 탄산나트륨 | $Na_2CO_3$ | 7.0 | 22.2 | 48.9 | 46.4 | 45.4 | 45.1 |
| 탄산수소칼륨 | $KHCO_3$ | 18.6 | 25.0 | 31.3 | 37.5 | – | – |
| 탄산수소나트륨 | $NaHCO_3$ | 6.9 | 9.6 | 12.7 | 16.4 | 85.0 | – |

■ 저자약력

- **김정배(金政培)**

계명대학교 이공대학 화학과 및 대학원(이학박사)
계명대학교 환경대학 환경방재시스템학과 부교수(현재)
University of Alberta(Canada), 연구교수

- 저서 및 역서

일반화학
유기화학
환경분석화학
환경과 인간
과학과 인간생활
알기쉬운 환경과학
기초환경화학

- **박상원(朴祥元)**

University of Delaware 환경공학과(공학박사)
계명대학교 환경대학 에너지환경과학과 부교수(현재)
Stanford University, Research Associate

- 저서 및 역서

환경화학공학
Zero-Valent Iron Reactive Materials for Hazardous Waste and Inorganics Removal
Chemical Interactions between Hevy matals and Hydeous Solid

기초환경분석화학

초판 1쇄 발행 | 2008년 12월 30일
초판 2쇄 발행 | 2010년 3월 30일

저 자 | 김정배 · 박상원
펴낸이 | 신일희
펴낸곳 | 계명대학교출판부
704-701 대구시 달서구 달구벌대로 2800
전화 053-580-6233 팩스 053-583-5213
등록 | 1970. 9. 1. (신고번호 제347-1998-1호)

ISBN 978-89-7585-447-7 93570

값 18,000원